高职高专土建专业“互联网+”创新规划教材

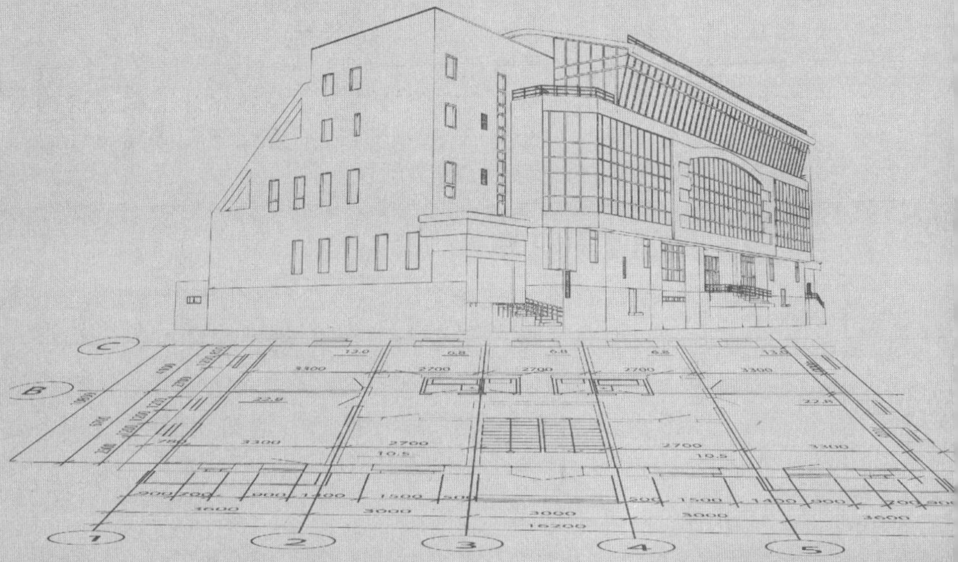

第三版

建筑制图与识图

主　编◎李元玲
副主编◎胡芳珍　高志云
参　编◎王　蕾　程　斌　张艳梅

北京大学出版社
PEKING UNIVERSITY PRESS

内 容 简 介

本书主要以现行的建筑制图国家标准为基础，结合大量工程实例，系统地介绍了建筑工程图的成图原理、识图方法。本书共分 8 章，其内容包括建筑制图的基本知识，投影的基本知识，点、直线、平面的投影，体的投影，轴测投影图，剖面图和断面图，建筑施工图和结构施工图。

本书采用全新体例编写，除附有大量实例外，还增加了知识链接、特别提示等模块。每章还附有教学目标、教学要求、章节导读、引例、小结、思考题和教学视频等内容，方便广大学生和读者抓住重点，区分难点，有针对性地学习。

本书不仅适用于高职高专院校建筑工程技术、工程造价等专业的教学，也可供建筑施工企业技术和管理人员及相关职业院校师生阅读和参考，还可为备考从业和执业资格考试的人员提供参考，具有较强的实用性。

图书在版编目(CIP)数据

建筑制图与识图/李元玲主编．—3 版．—北京：北京大学出版社，2021.9

高职高专土建专业“互联网+”创新规划教材

ISBN 978-7-301-32399-1

Ⅰ．①建… Ⅱ．①李… Ⅲ．①建筑制图—识别—高等职业教育—教材 Ⅳ．①TU204.21

中国版本图书馆 CIP 数据核字(2021)第 158144 号

书　　名 建筑制图与识图（第三版）
JIANZHU ZHITU YU SHITU（DI-SAN BAN）
著作责任者 李元玲　主　编
策 划 编 辑 刘健军
责 任 编 辑 伍大维
数 字 编 辑 蒙俞材
标 准 书 号 ISBN 978-7-301-32399-1
出 版 发 行 北京大学出版社
地　　址 北京市海淀区成府路 205 号　100871
网　　址 http://www.pup.cn　新浪微博：@北京大学出版社
电 子 邮 箱 编辑部 pup6@pup.cn　总编室 zpup@pup.cn
电　　话 邮购部 010-62752015　发行部 010-62750672　编辑部 010-62750667
印 刷 者 北京圣夫亚美印刷有限公司
经 销 者 新华书店
787 毫米×1092 毫米　16 开本　15 印张　360 千字
2012 年 2 月第 1 版　2016 年 9 月第 2 版
2021 年 9 月第 3 版　2023 年 9 月第 3 次印刷
定　　价 45.00 元

第三版前言

《建筑制图与识图（第二版）》自2016年出版以来，经有关院校教学使用，反映良好。高等职业教育肩负着培养面向生产、建设、服务和管理一线的高技能人才的使命，在加快推进社会主义现代化建设的过程中，具有不可替代的作用。为更好地开展教学，适应高职学生学习的需要，特对本教材进行第三次修订。修订后的教材具有如下特点。

（1）本教材全部采用现行的《房屋建筑制图统一标准》（GB/T 50001—2017）、《建筑制图标准》（GB/T 50104—2010）、《建筑结构制图标准》（GB/T 50105—2010）和《国家建筑标准设计图集》（16G101—1）等国家标准，与新技术、新规范同步。

（2）本教材内容的取舍以应用为目的，以“必需、够用”为原则，结合专业需要，把培养学生的专业能力和岗位能力作为重心，优化教材结构，突出其综合性、应用性和技能型的特色。

（3）本教材打破了传统的编写模式，采用了以任务为导向的编写方式，渗透了项目法教学的内涵；以引例设置案例，提出任务，阐述知识点，引导学生学习。

（4）本教材在内容阐述上力求深入浅出、层次分明、图文并茂、注重重点、分散难点，使整个教材内容简单易学；编写过程中设置了特别提示、知识链接、实例分析及教学视频等内容，使教学更贴近工程应用和生产实际，增加了教材的生动性和可读性。

（5）本教材注重理论联系实际。教材中专业例图全部来源于工程实际，以便于学生理论联系实际，提高识读施工图的能力。

（6）本教材突出对职业能力的培养。本教材以提高学生识图能力为主线，注重对学生空间想象能力的培养，阐述了应用型专业人才培养所需的制图知识和关键内容，使学生学以致用、学而能用。

此外，本书在修订时融入了党的二十大报告内容，突出职业素养的培养，全面贯彻党的二十大精神。

本教材内容推荐按60学时安排，推荐学时分配：绪论1学时，第1章4学时，第2章3学时，第3章8学时，第4章12学时，第5章4学时，第6章4学时，第7章12学时，第8章12学时。

本教材由武汉城市职业学院李元玲担任主编，李元玲完成了本教材的统稿、修改和定稿工作。武汉城市职业学院胡芳珍、湖北城市建设职业技术学院高志云担任副主编。参加编

资源索引

写的还有武汉城市职业学院王蕾、程斌、张艳梅。本教材具体编写分工为：李元玲编写绪论、第1章、第2章、第3章、第4章，胡芳珍编写第5章、第6章，王蕾与张艳梅共同编写第7章，高志云与程斌共同编写第8章。本教材在编写过程中得到了王柳平、李林宣、胡梦月、李阳娟的大力支持，王柳平与李林宣完成了全书的图形整理工作，胡梦月与李阳娟完成了全书的文字整理工作，在此深表感谢!

本教材在编写过程中参考了有关书籍、标准、图片及其他文献资料，在此谨向相关资料作者表示衷心的感谢。由于编者水平有限，加上时间仓促，教材中难免存在不足和疏漏之处，敬请各位读者批评指正。

编　者

目录

绪论

教学目标

通过绪论的学习，了解本课程的研究对象和作用，掌握本课程的学习目的和学习任务，熟练掌握本课程的学习方法。

教学要求

能力目标	知识要点	权重
了解本课程的研究对象和作用	课程的研究对象和作用	30%
掌握本课程的学习目的和学习任务	学习本课程的目的和任务	35%
熟练掌握本课程的学习方法	学习本课程的态度、方法和要求	35%

1. 本课程的研究对象和作用

在现代工程建设中，无论是建造房屋还是修建道路、桥梁，都离不开工程图样。所谓工程图样就是用投影的方法来表达工程实体的形状、大小、构造及各组成部分相互关系的图样。它是用来表达设计意图、交流技术思想的重要工具，也是用来指导施工、管理等技术工作的重要技术文件。不会读图，就无法理解别人的设计意图；不会画图，就无法表达自己的构想。因此，工程图样一直被称为“工程界的技术语言”。工程图样还是一种国际性语言，因为各国的工程图样都是根据同一投影原理绘制出来的。凡是从事建筑工程设计、施工、管理的工程技术人员都离不开工程图样。作为建筑工程方面的技术人员，只有具备熟练的绘制和阅读本专业工程图样的能力，才能更好地从事工程技术工作。

本课程主要研究建筑工程图样的形成原理和方法，培养学生的空间想象能力、空间构型能力和工程图样的阅读绘制能力，它是建筑工程技术、给排水工程、道路与桥梁工程、建筑工程造价、建筑工程监理等专业的一门主要技术课程，它可为学生学习后续课程和完成课程设计、毕业实习打下必要的基础。

2. 本课程的目的和任务

学习本课程的主要目的：学生通过学习，了解并掌握建筑工程图样的各种图示方法和制图标准的有关规定，掌握建筑工程图样的内容，并通过实践，培养空间思维能力，提高识读建筑工程图样的能力。

学习本课程的主要任务如下。

(1) 学习投影法(主要是正投影法)的基本理论及其应用。

(2) 学习并贯彻国家制图标准和有关规定。

(3) 培养绘制和阅读本专业及相关专业工程图样的能力。

(4) 培养空间想象能力和空间几何问题的分析图解能力。

(5) 培养耐心细致、一丝不苟的学习作风和工作作风。

3. 本课程的学习方法

(1) 理论联系实际。建筑制图是建筑各专业的技术基础课程，其理论性比较强，比较抽象，对初学者来说是全新的概念，所以学习时必须加强实践方面的环节，并且要能够做到及时复习，及时完成作业。

(2) 培养空间想象能力。本课程图形较多，无论是学习还是练习，都要将画图和读图相结合，能够掌握从空间到平面，并能从平面又回到空间的过程。

(3) 遵守国家标准的相关规定。在解决有关建筑制图的相关问题时，遵守国家标准规定，按照正确的方法和步骤作图，养成正确使用绘图工具和仪器的习惯。

(4) 认真负责、严谨细致。建筑工程图样是施工的依据，图样上的一条线的疏忽或者一个数字的差错都会造成严重的返工浪费。因此，应该严格要求自己，养成认真负责、严谨细致的工作作风。

(5) 自觉完成练习和作业，逐步提高绘图的速度、精度和技能。

第1章 建筑制图的基本知识

教学目标

让学生通过对常用制图工具与仪器的使用方法、建筑制图的基本标准、建筑制图的绘制过程和方法、常用几何图形的作图原理和作图方法、建筑制图的绘制过程和方法等内容的学习，熟练掌握《房屋建筑制图统一标准》(GB/T 50001—2017)中的基本内容，掌握常用几何图形的作图方法和作图过程，熟悉建筑制图的常用工具与仪器的使用方法和维护方法，了解建筑制图的绘制过程和步骤。

教学要求

能力目标	知识要点	权重
熟悉建筑制图常用工具与仪器的使用	铅笔、图板、丁字尺、三角板等制图工具的使用方法	20%
熟练掌握建筑制图标准中关于图纸的规定	图纸幅面、标题栏与会签栏的内容和格式	25%
熟练掌握建筑制图的基本标准	图线、字体、比例、尺寸标注的基本要求	25%
掌握常用几何图形的作图方法	圆的内接正多边形、椭圆、圆弧连接的作图方法	20%
了解建筑制图的绘制过程和步骤	图纸的固定方法、绘图步骤和方法	10%

章节导读

建筑制图的常用工具主要有铅笔、图板、丁字尺、三角板、比例尺、圆规和分规等，建筑制图的基本标准主要是关于图幅、图线、字体、比例、尺寸标注的规定，常用几何图形主要包括圆的内接正五边形、圆的内接正六边形、椭圆、圆弧等。

从20世纪90年代开始，计算机绘图在我国已逐渐普及，学习常用手工绘图工具的使用和维护方法是为计算机绘图奠定基础，也便于养成严谨的制图习惯，而掌握建筑制图的基本标准和常用几何图形的作图方法是正确识图和绘图的基本技能。

引　例

请看某民用建筑平面图(图1.0)。

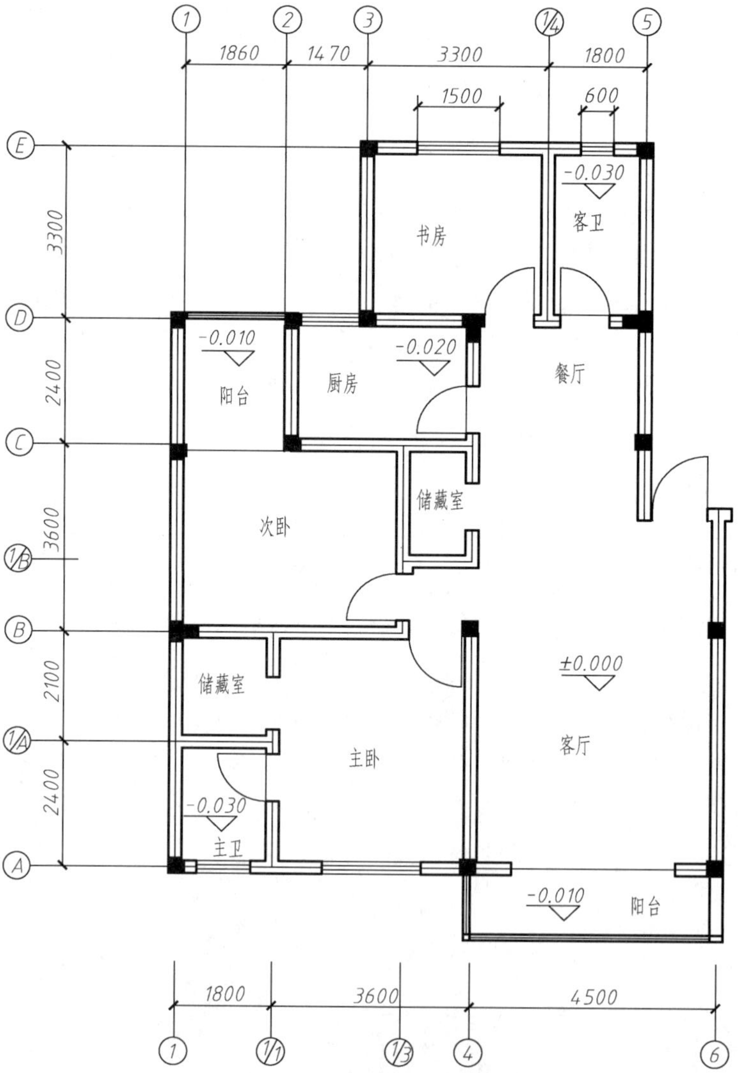

图1.0　某民用建筑平面图

(1) 图 1.0 为某民用建筑平面图，图中有大量的水平线和垂线，它们长短不一，手工绘图时这些水平线和垂线用什么工具绘制？

(2) 图形外围有多个直径相同的圆，用什么工具可以快速将这些圆画出？

(3) 图中线条很多，有粗有细，不同的线型各代表什么含义？

(4) 图形的构成主要以线条为主，其中也有少量汉字和数字，这些汉字和数字在图中有什么特殊规定？

(5) 图形在这里只能画这么大，而实际住宅尺寸和面积远比图形大，图形和实物是如何对应的？住宅实际尺寸又如何表示？

1.1 制图工具及其用法

所有的工程图样都有一定的精度要求，因此必须使用工具和仪器绘制，或者采用计算机绘制。手工绘图时，为了提高绘图质量，加快绘图速度，应了解各种绘图工具和仪器的性能及其使用、维护方法。常用的绘图工具、仪器和用品有铅笔、图板、丁字尺、三角板、比例尺、圆规、分规、绘图墨线笔、建筑模板、曲线板等。

1.1.1 铅笔

画图用的铅笔是专用的绘图铅笔，其铅芯有软硬之分，分别有 B、2B…6B 及 H、2H…6H，以及 HB 等。笔端字母 B 表示铅芯的黑度，H 表示铅芯的硬度。字母前的数字越大，表示铅芯越软或越硬。绘图铅笔常用型号为 HB、2H、B。通常用 HB 画细线或写字，用 2H 画底稿，用 B 画粗线。铅笔应从无标志的一端开始使用，以便保留标志易于辨认铅笔的软硬。铅笔应削成长度为 20～25mm 的圆锥形，铅芯露出约 6～8mm，画线时运笔要均匀，并应缓慢转动，向运动方向倾斜 75°，并使笔尖与尺边距离始终保持一致，这样线条才能画得平直准确，如图 1.1 所示。

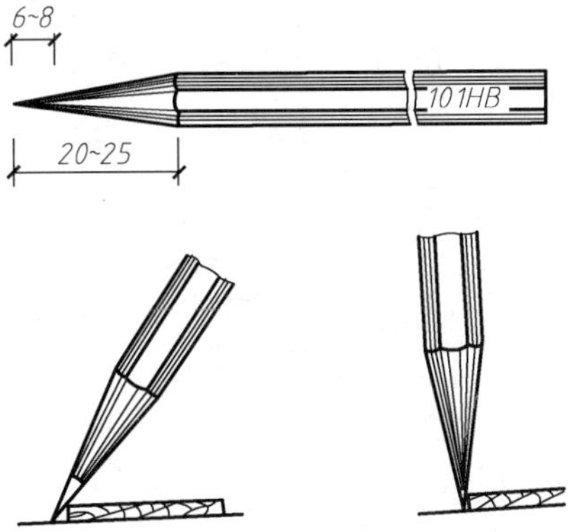

图 1.1 铅笔及其用法

1.1.2 图板

图板是绘图板的简称，由胶合板制作而成，作用是固定图纸。图板要求板面平整光滑，有一定的弹性，由于丁字尺在边框上滑行，边框应平直，如图 1.2 所示。图板是木制品，用后应妥善保存，既不能曝晒，也不能在潮湿的环境中存放。

图板大小的选择一般应与绘图纸张的尺寸相适应，常用图板规格见表 1-1。

表 1-1　常用图板规格　　单位：mm

图板规格代号	0	1	2	3
图板尺寸(宽×长)	920×1220	610×920	460×610	305×460

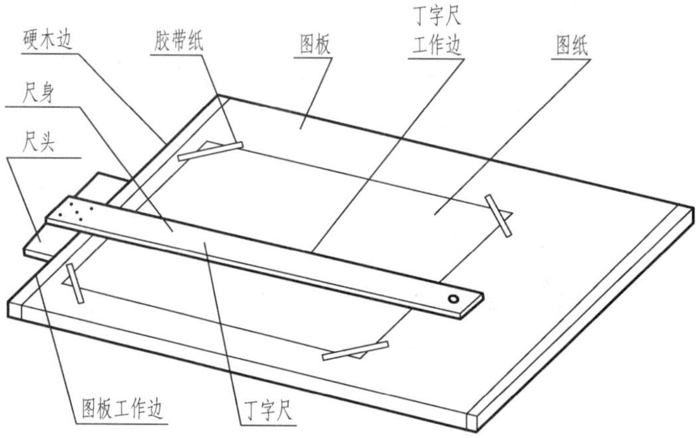

图 1.2　图板及丁字尺

1.1.3　丁字尺和三角板

丁字尺（图 1.2）主要用于画水平线，它由尺头和尺身两部分组成。尺身沿长度方向带有刻度的侧边为工作边。使用时，左手握尺头，使尺头紧靠图板左边缘。尺头沿图板的左边缘上下滑动到需要画线的位置，即可从左向右画水平线，如图 1.3(a)所示。应注意，尺头不能靠图板的其他边缘滑动，图 1.3(b)虚线所示为错误用法。

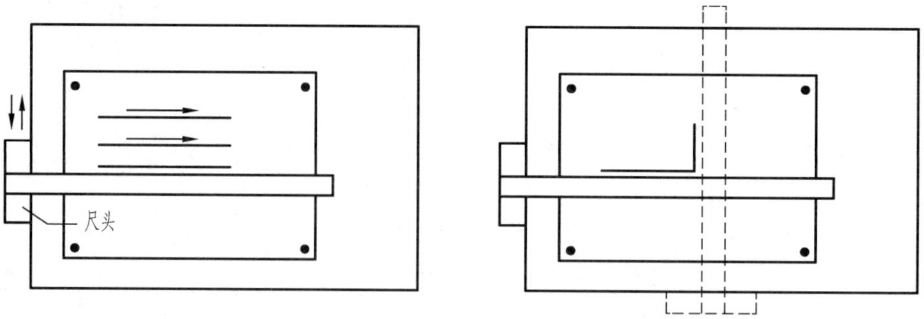

(a) 正确用法　　(b) 错误用法

图 1.3　丁字尺的使用

绘图用的三角板是由两块直角三角板组成一副，一块为等腰直角三角板(简称 45°三角板)，另一块为有一个内角为 30°或 60°的直角三角板(简称 30°或 60°三角板)，其作用是配合丁字尺画竖线和斜线。画线时，使丁字尺尺头与图板工作边靠紧，三角板与丁字尺靠紧，左手按住三角板和丁字尺，右手画竖线和斜线。丁字尺和三角板配合使用，可以画出 15°、30°、45°、60°、75°的斜线，图 1.4 为丁字尺和三角板配合使用画出各种角度的斜线，图 1.5 所示为三角板和丁字尺配合使用画垂线。

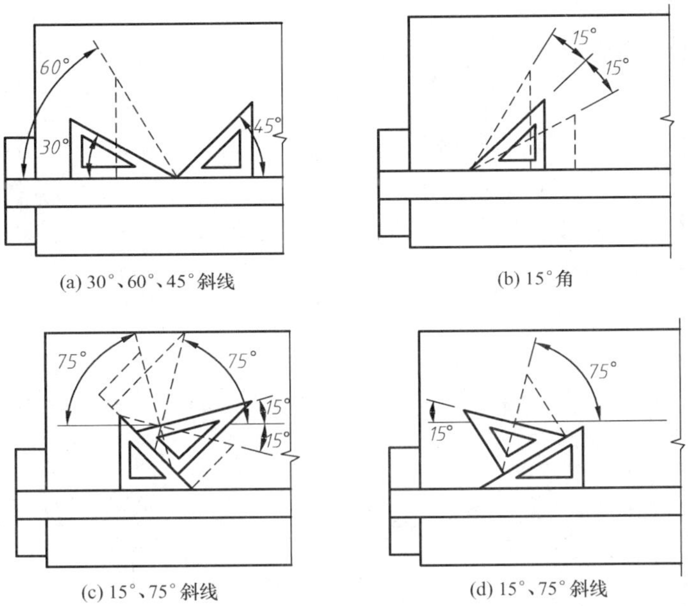

(a) 30°、60°、45°斜线　　(b) 15°角

(c) 15°、75°斜线　　(d) 15°、75°斜线

图 1.4　丁字尺和三角板配合使用画出各种角度的斜线

特别提示

引例(1)的解答：图板、丁字尺、三角板互相配合，可以画出无数条水平线和垂线，丁字尺沿图板从上至下可以画出长短不一的水平线，三角板沿丁字尺从左至右可以画出长短不一的垂线。

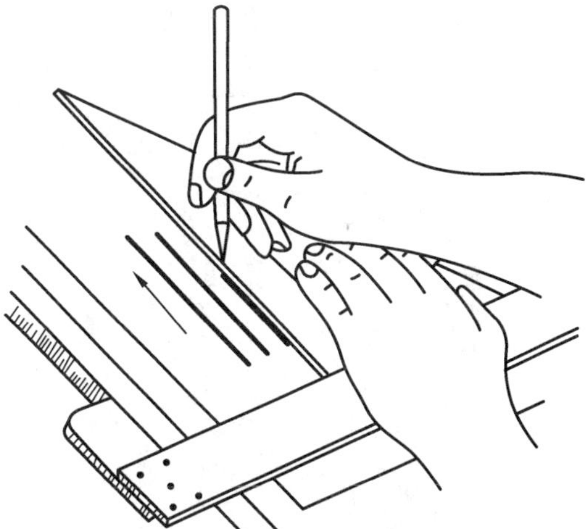

图 1.5　三角板和丁字尺配合使用画垂线

1.1.4　比例尺

为了方便绘制不同比例的图样，可使用比例尺来绘图。常用的比例尺是三棱比例尺，上面有 6 种刻度，如图 1.6 所示。画图时可按所需比例，用尺上标注的刻度直接量取，不需要换算。但所画图样如正好是比例尺上刻度的 10 倍或 1/10，则可换算使用比例尺。

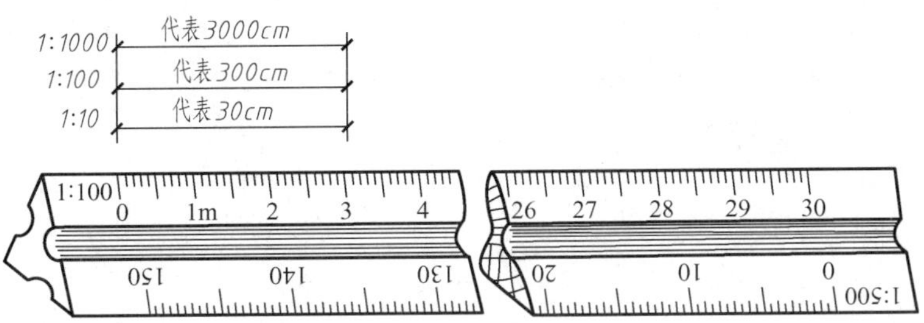

图 1.6　比例尺

1.1.5 圆规、分规

圆规是画圆及圆弧的工具。画圆时，首先调整好钢针和铅芯，使钢针和铅芯并拢时钢针略长于铅芯。再取好半径，右手食指和拇指捏好圆规旋柄，左手协助将针尖对准圆心，顺时针旋转。转动时圆规可稍向画线方向倾斜，如图 1.7 所示。画较大圆时，应加延伸杆，使圆规两端都与纸面垂直。

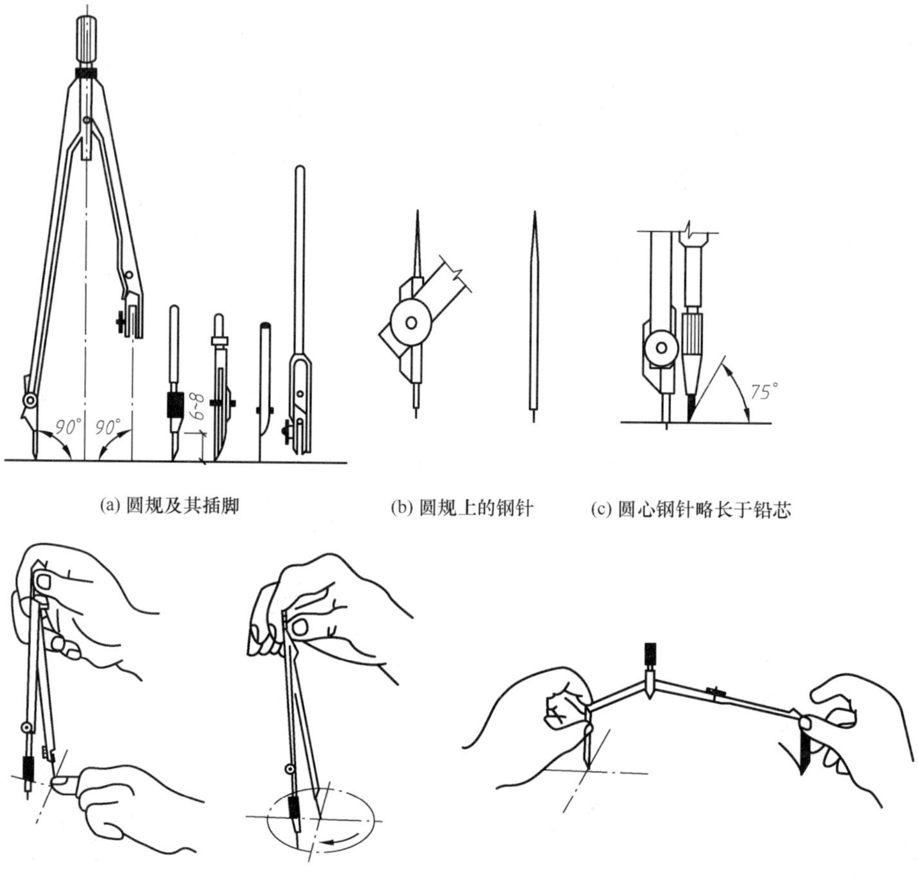

(a) 圆规及其插脚　(b) 圆规上的钢针　(c) 圆心钢针略长于铅芯

(d) 圆的画法　(e) 画大圆时加延伸杆

图 1.7　圆规的用法

分规是截量长度和等分线段的工具，如图 1.8 所示。为了能准确地量取尺寸，分规的两针尖应保持尖锐，使用时，两针尖应调整到平齐，即当分规两腿合拢后，两针尖必须聚于一点。

等分线段时，经过试分，逐渐地使分规两针尖调到所需距离，然后在图纸上使两针尖沿要等分的线段依次摆动前进。

1.1.6 绘图墨线笔

绘图墨线笔的作用是画墨线或描图，由针管、通针、吸墨管和笔套组成，如图 1.9 所

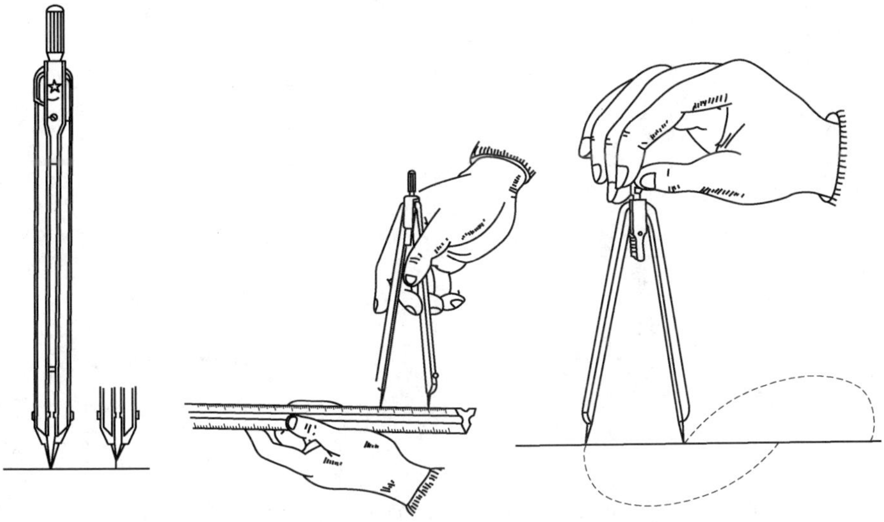

图 1.8　分规及其使用方法

示。针管直径有 0.2～1.2mm 粗细不同的规格。画线时针管笔应略向画线方向倾斜，发现下水不畅时，应上下晃动笔杆，使通针将针管内的堵塞物串通。绘图墨线笔应使用专用墨水，用完后立即清洗针管，以防堵塞。

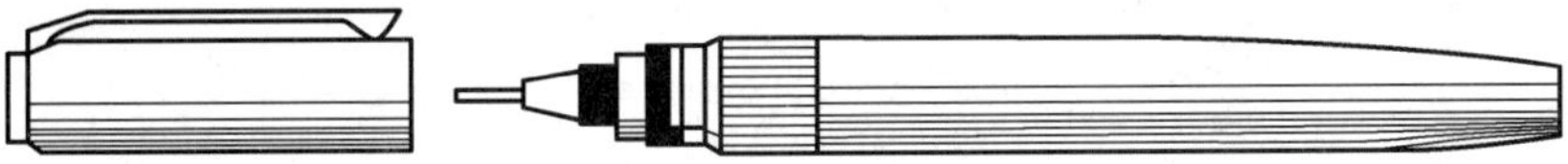

图 1.9　绘图墨线笔

1.1.7　建筑模板

为了提高制图的速度和质量，将图样上常用的符号、图形刻在有机玻璃板上，做成模板，方便使用。模板的种类很多，如建筑模板、家具模板、结构模板、给排水模板等。图 1.10所示为建筑模板。

特别提示

引例(2)的解答：少数几个圆和直径较大的圆可以用圆规画，引例图中多个直径相同的圆可用建筑模板快速画出。

1.1.8　曲线板

曲线板是用来画非圆曲线的工具。曲线板的使用方法如图 1.11 所示。首先求得曲线上若干点；再徒手用铅笔过各点轻轻勾画出曲线；然后将曲线板靠上，在曲线板边缘上选择一段至少能经过曲线上 3～4 个点，沿曲线板边缘自点 1 起画曲线至点 3 与点 4 的中间；

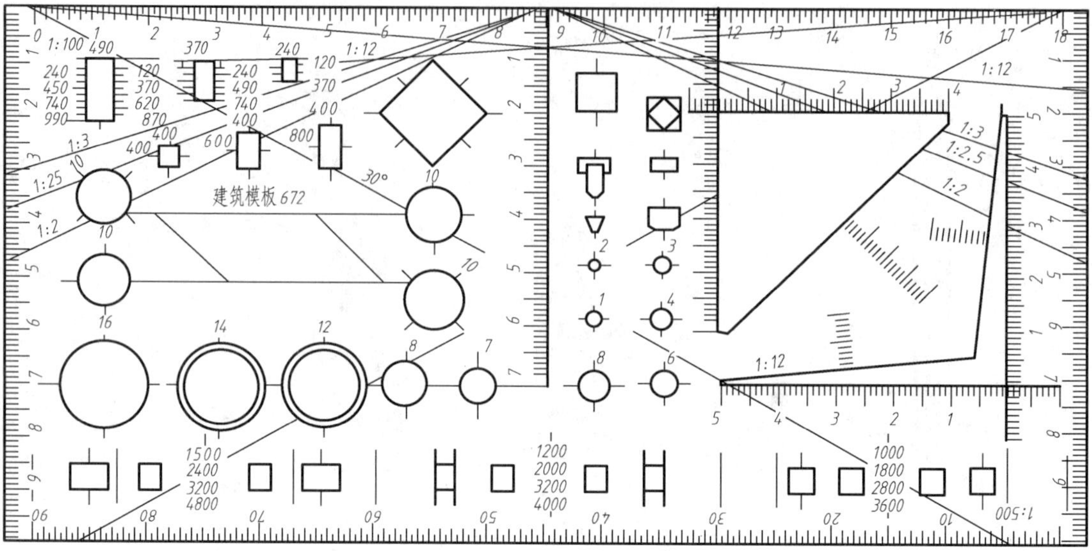

图 1.10　建筑模板

再移动曲线板，选择一段边缘能过 3、4、5、6 诸点，自前段接画曲线至点 5 与点 6，如此延续下去，即可画完整段曲线。

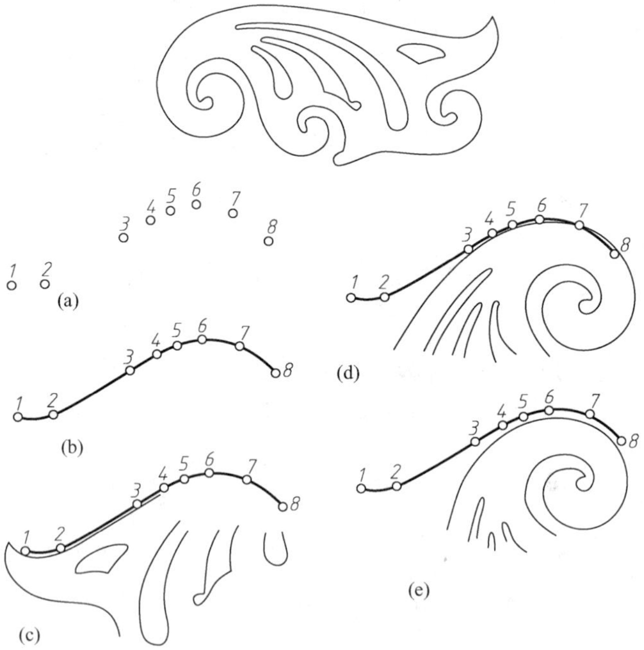

图 1.11　曲线板的使用方法

1.1.9 其他用品

绘图时还需要的其他用品有图纸、绘图墨水、小钢笔、刀片、橡皮、胶带纸、擦图片(图 1.12)等。

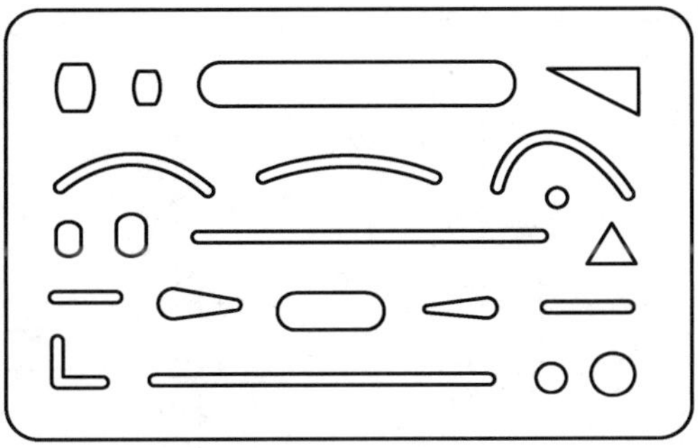

图 1.12 擦图片

1.2 建筑制图的基本标准

工程图样是工程施工、生产、管理等环节最重要的技术文件，是工程师的技术语言。为了便于技术交流，提高生产效率，国家指定专门机关负责组织制定国家标准（简称“国标”，代码为“GB”）。为了区别不同技术标准，一般在代码后面加若干字母和数字等。我国现行有关建筑制图方面的标准共有 6 种，即《房屋建筑制图统一标准》（GB/T 50001—2017）、《总图制图标准》（GB/T 50103—2010）、《建筑制图标准》（GB/T 50104—2010）、《建筑结构制图标准》（GB/T 50105—2010）、《建筑给水排水制图标准》（GB/T 50106—2010）和《暖通空调制图标准》（GB/T 50114—2010）。所有从事建筑工程技术的人员，在设计、施工、管理中都应该严格执行国家的有关建筑制图标准。

1.2.1 图幅

图幅是图纸幅面的简称，指图纸尺寸的大小。单位工程的施工图要装订成套，为了使整套施工图方便装订，国标规定图纸按其大小分为 5 种，见表 1-2。表中，A0 幅面是 A1 幅面的 2 倍，A1 幅面是 A2 幅面的 2 倍，依此类推，即 A0＝2A1＝4A2＝8A3＝16A4。同一项工程的图纸，幅面不宜多于两种。一般 A0～A3 图纸宜横式使用，必要时也可立式使用，如图 1.13 所示。如图纸幅面不够，可将图纸长边加长，但短边不宜加长，长边加长后尺寸应符合表 1-3 的规定。

表 1-2 幅面及图框尺寸　　单位：mm

尺寸	幅面代号				
	A0	A1	A2	A3	A4
$b \times l$	841×1189	594×841	420×594	297×420	210×297
c	10			5	
a	25				

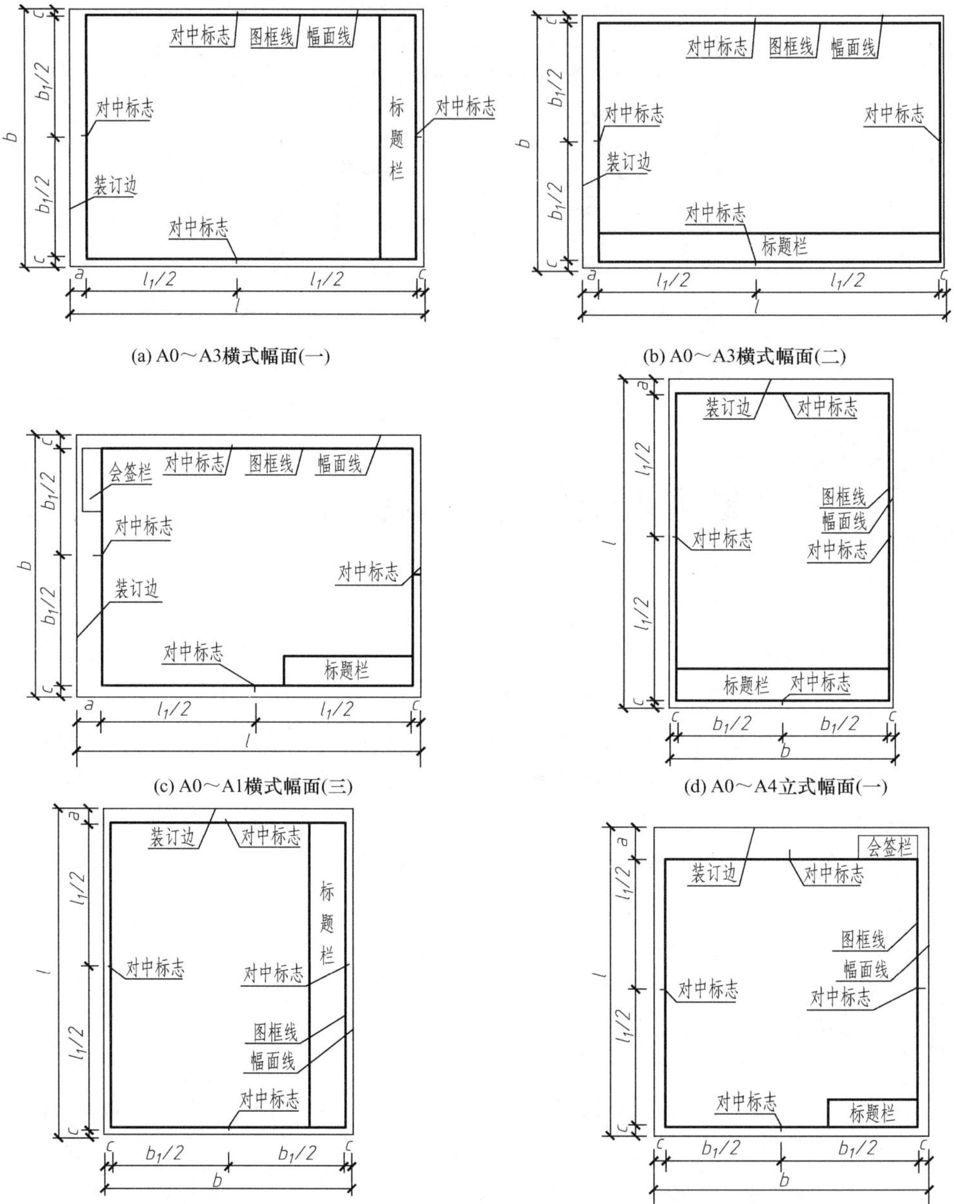

(a) A0～A3横式幅面(一)　(b) A0～A3横式幅面(二)

(c) A0～A1横式幅面(三)　(d) A0～A4立式幅面(一)

(e) A0～A4立式幅面(二)　(f) A0～A2立式幅面(三)

图 1.13　图纸的幅面格式

表 1－3　图纸长边加长后尺寸　　单位：mm

幅面代号	长边尺寸	长边加长后尺寸
A0	1189	1486、1783、2080、2378
A1	841	1051、1261、1471、1682、1892、2102
A2	594	743、891、1041、1189、1338、1486、1635、1783、1932、2080
A3	420	630、841、1051、1261、1471、1682、1892

注：有特殊需要的图纸，可采用 $b\times l$ 为 841mm×891mm 和 1189mm×1261mm 的幅面。

1.2.2 标题栏

在每张施工图中，为了方便查阅图纸，图纸的右侧或下侧都有标题栏，形式如图1.14所示。标题栏主要以表格形式表达本张图纸的一些属性，如设计单位名称、工程名称、图样名称、图样类别、编号，以及设计、审核、负责人的签名；如为涉外工程，还应加注“中华人民共和国”字样。学生制图作业的标题栏各校可自行设计，图1.15所示为制图作业的标题栏。

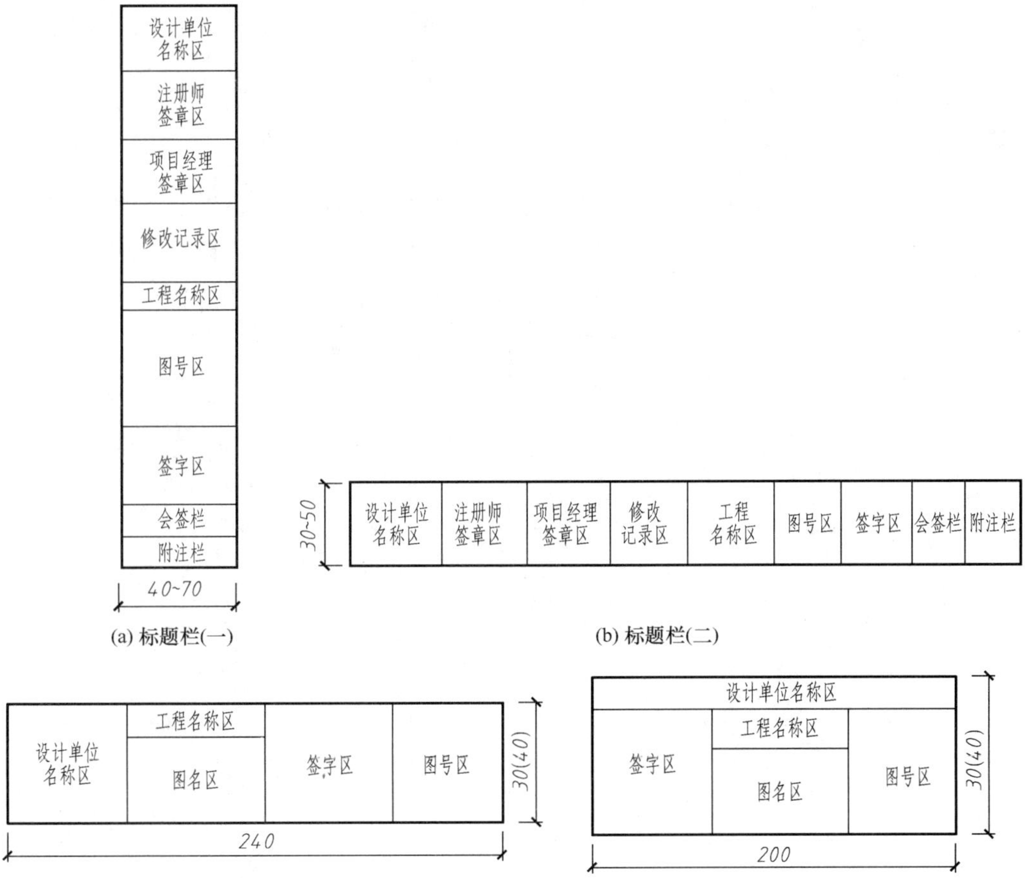

(a) 标题栏(一)　(b) 标题栏(二)

(c) 标题栏(三)　(d) 标题栏(四)

图1.14　标题栏

特别提示

目前的施工图中，除少数复杂的涉及专业较多的工业建筑施工图会签栏按标准设置外，大多数施工图的会签栏可省略或空置。

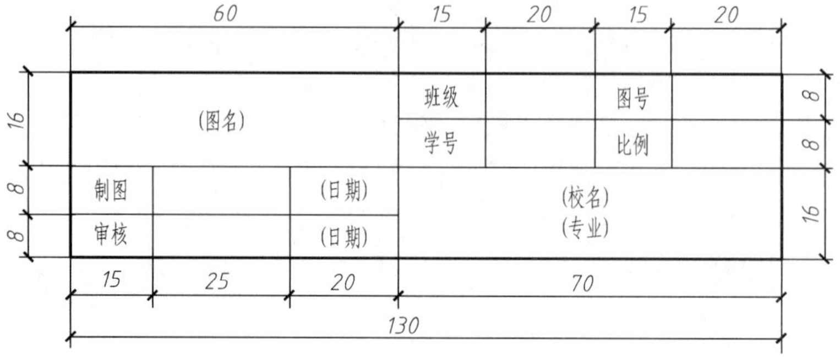

图 1.15　制图作业的标题栏

1.2.3 图线

工程图样中的内容都用图线表达。为了使各种图线所表达的内容统一，国标对建筑工程图样中图线的种类、用途和画法都做了规定。在建筑工程图样中图线的线型、线宽及其用途见表 1-4。

表 1-4　图线

名称		线型	线宽	用途
实线	粗		b	主要可见轮廓线
	中粗		$0.7b$	可见轮廓线、变更云线
	中		$0.5b$	可见轮廓线、尺寸线
	细		$0.25b$	图例填充线、家具线
虚线	粗		b	见各有关专业制图标准
	中粗		$0.7b$	不可见轮廓线
	中		$0.5b$	不可见轮廓线、图例线
	细		$0.25b$	图例填充线、家具线
单点长画线	粗		b	见各有关专业制图标准
	中		$0.5b$	见各有关专业制图标准
	细		$0.25b$	中心线、对称线、轴线等
双点长画线	粗		b	见各有关专业制图标准
	中		$0.5b$	见各有关专业制图标准
	细		$0.25b$	假设轮廓线、成型前原始轮廓线
折断线	细		$0.25b$	断开界线
波浪线	细		$0.25b$	断开界线

表中线宽 b 可根据图样的复杂程度合理选择，较复杂的图样选择较细的图线，如 0.5mm、0.35mm；较简单的图样选择较粗的图线，如 0.7mm、1.0mm。中粗线为 $0.5b$，细线为 $0.25b$。图线的线宽可从表 1-5 中选用。

表 1-5 线宽组 单位：mm

线宽比	线宽组			
b	1.4	1.0	0.7	0.5
$0.7b$	1.0	0.7	0.5	0.35
$0.5b$	0.7	0.5	0.35	0.25
$0.25b$	0.35	0.25	0.18	0.13

特别提示

引例(3)的解答：房屋施工图中线条非常多，这些线条代表了建筑物各部分的轮廓线，建筑构配件的位置线和图例线，不同的线型有各自不同的用途，建筑物各部分轮廓线的重要与否、可见与不可见分别用线型的粗细与虚实加以区分。

画图时应注意以下几个问题。

(1) 在同一张图纸中，相同比例的各图样应选择相同的线宽组。

(2) 图纸的图框和标题栏线可采用表 1-6 中规定的线宽。

表 1-6 图框和标题栏线的线宽

幅面代号	图框线	标题栏外框线	标题栏分格线
A0、A1	b	$0.5b$	$0.25b$
A2、A3、A4	b	$0.7b$	$0.35b$

(3) 相互平行的图线，其净间隙或线中间隙不宜小于 0.2mm。

(4) 虚线、单点长画线或双点长画线的线段长度和间隔，宜各自相等。

(5) 单点长画线或双点长画线，当在较小的图形中绘制有困难时，可用实线代替。

(6) 单点长画线或双点长画线的两端，不应采用点。点画线与点画线交接或点画线与其他图线交接时，应采用线段交接。

(7) 虚线与虚线交接或虚线与其他图线交接时，应是线段交接。虚线为实线的延长线时，不得与实线连接。

(8) 图线不要与文字、数字或符号重叠、混淆，不可避免时，应首先保证文字等的清晰。

各种图线相交画法正误见表 1-7。

表 1-7　各种图线相交画法正误

名称	正确	错误
虚线与虚线相交		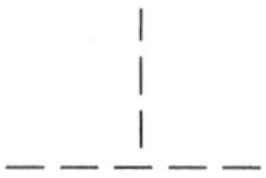
虚线与实线相交	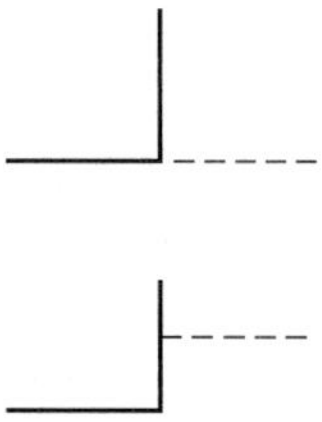	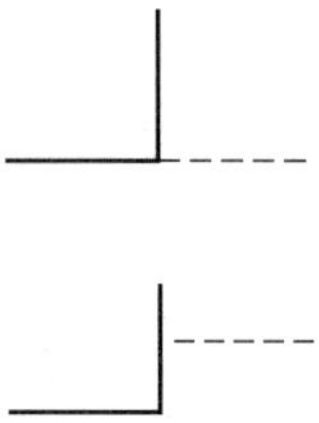
中心线相交	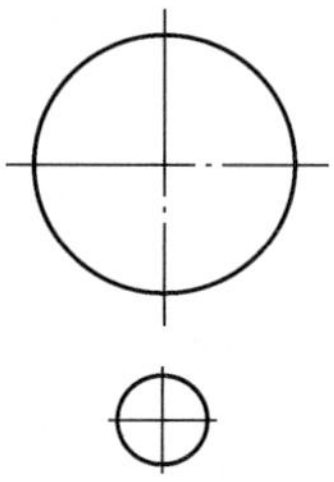	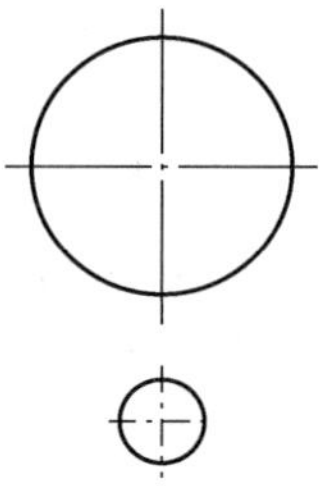
虚线圆与中心线相交	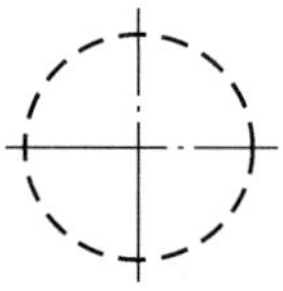	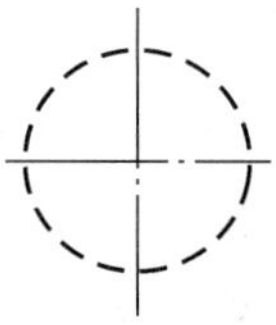

1.2.4　字体

建筑工程图样除用不同的图线表示建筑物及其构件的形状、大小外，有些内容是无法用图线表达的，如建筑装修的颜色、对各部位施工的要求、尺寸标注等，因此，在图样中必须用文字加以注释。在建筑施工图中的文字有汉字、拉丁字母、阿拉伯数字、符号、代号等。为了保持图样的严肃性，图样中的字体均应笔画清晰、字体端正、排列整齐、间隔均匀，标点符号应清楚正确。汉字、数字、字母等字体的大小以字号来表示，字号就是字体的高度。图纸中字体的大小应依据图纸幅面、比例等情况从国家标准规定的下列字高系列中选用：3.5mm、5mm、7mm、10mm、14mm、20mm。如书写更大的字，其高度应按$\sqrt{2}$的比值递增，并取毫米整数。

图及说明的汉字，应采用长仿宋体，其高度与宽度的关系，应符合表 1-8 的规定。

表 1-8 长仿宋体字高宽关系 单位：mm

字高	20	14	10	7	5	3.5
字宽	14	10	7	5	3.5	2.5

工程图样中汉字的简化书写，必须遵守国务院公布的《简化字总表》的有关规定。长仿宋体字的书写要领是：横平竖直、注意起落、填满方格、结构匀称、排列整齐、字体端正。长仿宋体字的基本笔画为横、竖、撇、捺、挑、点、钩、折。长仿宋体字基本笔画的写法见表 1-9。

表 1-9 长仿宋体字基本笔画的写法

名称	横	竖	撇	捺	挑	点	钩	折
形状	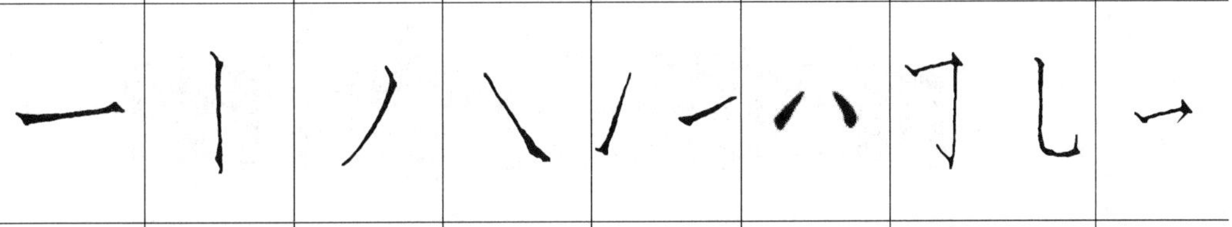							
笔法	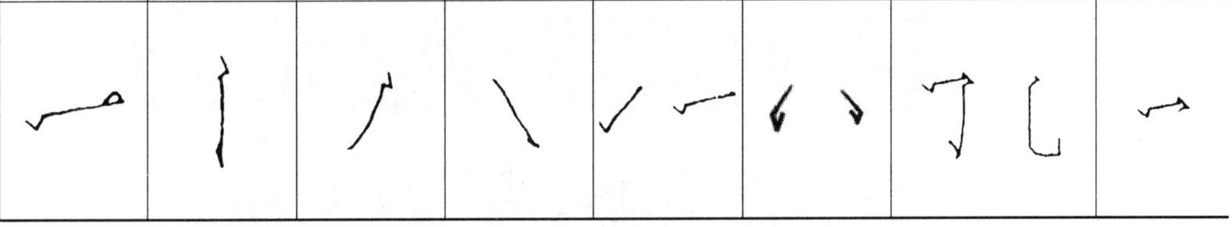							

在书写长仿宋体字时，还应注意字体的结构，即妥善安排字体的各个部分应占的比例，笔画布局要均匀紧凑。长仿宋体字示例如图 1.16 所示。

工	业	民	用	建	筑	厂	房	屋	平	立	剖	面	详	图
结	构	施	说	明	比	例	尺	寸	长	宽	高	厚	砖	瓦
木	石	土	砂	浆	水	泥	钢	筋	混	凝	截	校	核	梯
门	窗	基	础	地	层	楼	板	梁	柱	墙	厕	浴	标	号
轴	材	料	设	备	标	号	节	点	东	南	西	北	校	核
制	审	定	日	期	一	二	三	四	五	六	七	八	九	十

图 1.16 长仿宋体字示例

拉丁字母及数字(包括阿拉伯数字和罗马数字)有窄字体和一般字体两种，其中又有直体字和斜体字之分。拉丁字母、阿拉伯及罗马数字的规格见表 1-10，其写法如图 1.17 和图 1.18 所示。

表 1-10　拉丁字母、阿拉伯数字及罗马数字的规格

项目		一般字体	窄字体
字母高	大写字母	h	h
	小写字母(上下均无延伸)	$7/10h$	$10/14h$
小写字母向上或向下延伸部分		$3/10h$	$4/14h$
笔画宽度		$1/10h$	$1/14h$
间隔	字母间	$2/10h$	$2/14h$
	上下行底线间最小间隔	$14/10h$	$20/14h$
	文字间最小间隔	$6/10h$	$6/14h$

图 1.17　窄字体示例

特别提示

引例(4)的解答：图线是构成图形的主要和基本元素，少数无法用图形表示的地方可以用汉字、数字和字母表示，建筑施工图中的汉字、数字和字母的书写与 Word 文档中的要求完全不同，其字体大小和书写方法要按国家标准设置。

图 1.18 一般字体示例

1.2.5 比例

建筑物是较大的物体，不可能也没有必要按 1∶1 的比例绘制，应根据其大小采用适当的比例绘制，图样的比例是指图形与实物相应要素的线性尺寸之比。比例的大小是指其比值的大小，如 1∶50 大于 1∶100。比例通常注写在图名的右方，与文字的基准线应取平，字高比图名小一号或两号，如图 1.19 所示。

图 1.19 比例的注写

绘图所用的比例应根据图样的用途与被绘对象的复杂程度，从表 1-11 中选用，并优先选用常用比例。

表 1-11 绘图所用的比例

常用比例	1∶1、1∶2、1∶5、1∶10、1∶20、1∶50、1∶100、1∶150、1∶200、1∶500、1∶1000、1∶2000
可用比例	1∶3、1∶4、1∶6、1∶15、1∶25、1∶30、1∶40、1∶60、1∶80、1∶250、1∶300、1∶400、1∶600、1∶5000、1∶10000、1∶20000、1∶50000、1∶100000、1∶200000

1.2.6 尺寸标注

工程图样中的图形除了按比例画出建筑物或构件的形状外，还必须标注完整的实际尺寸，作为施工的依据。因此，尺寸标注必须准确无误、字体清晰，不得有遗漏，否则可能会给施工造成很大的损失。

1. 尺寸的组成

尺寸由尺寸界线、尺寸线、尺寸起止符号和尺寸数字 4 部分组成，如图 1.20 所示。

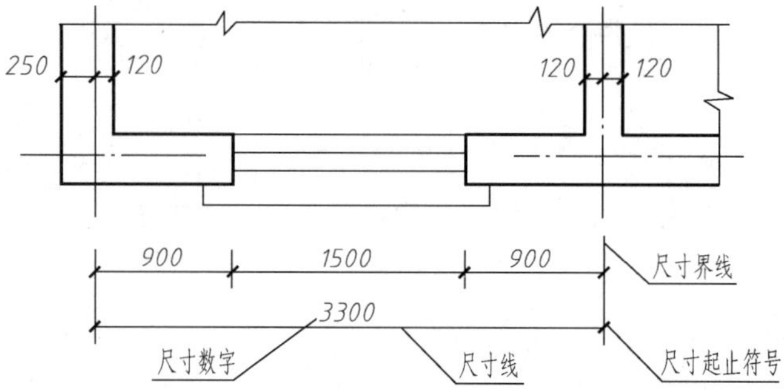

图 1.20 尺寸的组成

(1) 尺寸界线。

尺寸界线用细实线绘制，与所要标注的轮廓线垂直。其一端应离开图样轮廓线不小于 2mm，另一端超过尺寸线 2～3mm，图样轮廓线、轴线和中心线可以作为尺寸界线。

(2) 尺寸线。

尺寸线表示所要标注的轮廓线的方向，用细实线绘制，与所要标注的轮廓线平行，与尺寸界线垂直，不得超越尺寸界线，也不得用其他图线代替。互相平行的尺寸线的间距应大于 7mm，并应保持一致，尺寸线离图样轮廓线的距离应不小于 10mm，如图 1.20 所示。

(3) 尺寸起止符号。

尺寸起止符号是尺寸的起点和止点。建筑工程图样中的尺寸起止符号一般用 2～3mm 的中粗短线表示，其倾斜方向应与尺寸界线成顺时针 45°角。半径、直径、角度和弧长的尺寸起止符号，宜用箭头表示。箭头的画法如图 1.21 所示。

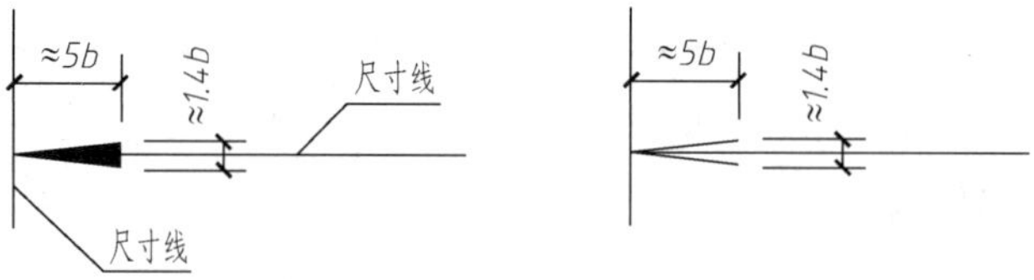

(a) 涂黑箭头 (b) 不涂黑箭头

图 1.21 箭头的画法

(4) 尺寸数字。

尺寸数字必须用阿拉伯数字注写。建筑工程图样中的尺寸数字表示建筑物或构件的实际大小，与所绘图样的比例和精度无关。尺寸数字的单位，在国标中规定，除总平面图上的尺寸单位和标高的单位以“m”为单位外，其余尺寸均以“mm”为单位，在施工图中尺寸数字后不注写单位。尺寸标注时，当尺寸线是水平线时，尺寸数字应写在尺寸线的上方中部，字头朝上；当尺寸线是竖线时，尺寸数字应写在尺寸线的左方中部，字头向左。当尺寸线为其他方向时，其注写方向如图 1.22 所示。

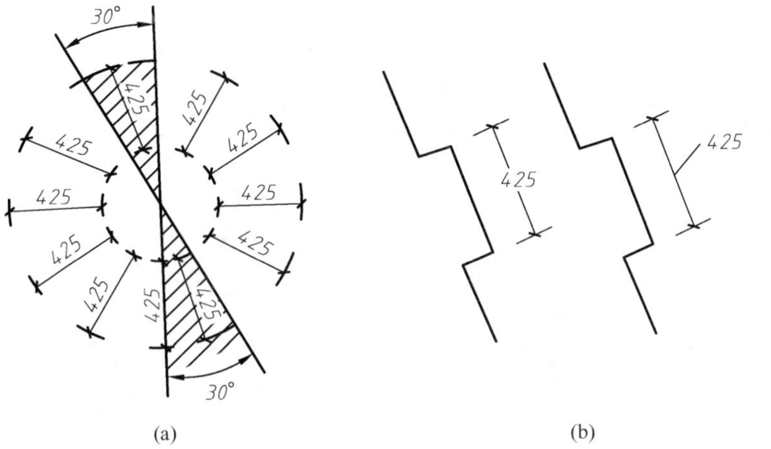

图 1.22　尺寸数字的注写方向

尺寸数字宜标注在图样轮廓线以外，不宜与图线、文字及符号等相交，如图 1.23 所示。尺寸数字如果没有足够的位置注写时，两边的尺寸可以注写在尺寸界线的外侧，中间相邻的尺寸可以错开注写，如图 1.24 所示。

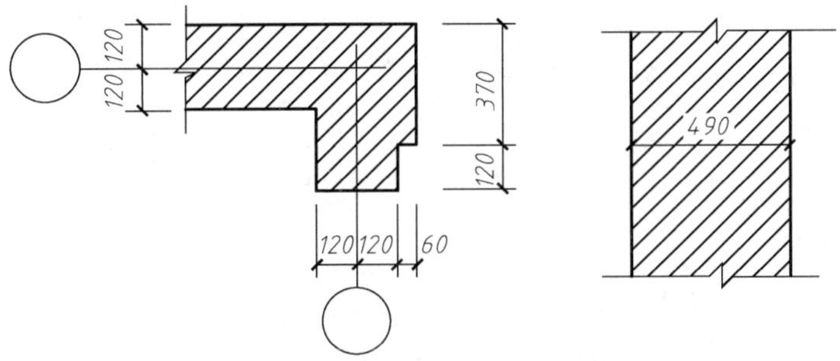

图 1.23　尺寸数字的注写

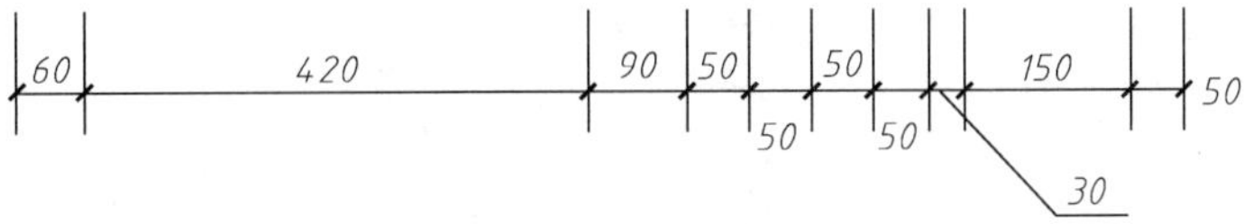

图 1.24　尺寸数字的注写位置

特别提示

引例(5)的解答：绘制图形的图纸最大尺寸是 0 号图纸，任何建筑物都必须缩小一定的比例才能画在图纸上，比例是连接实物和图形的桥梁。建筑物各部分的实际大小不能通过图形上各线段的长短来判断，而要通过尺寸标注来表示。

2. 圆、圆弧及球体的尺寸标注

圆及圆弧的尺寸标注，通常标注其直径和半径。标注直径时，应在直径数字前加注字母“ϕ”，如图 1.25 所示。标注半径时，应在半径数字前加注字母“R”，如图 1.26 所示。球体的尺寸标注应在其直径和半径前加注字母“S”，如图 1.27 所示。

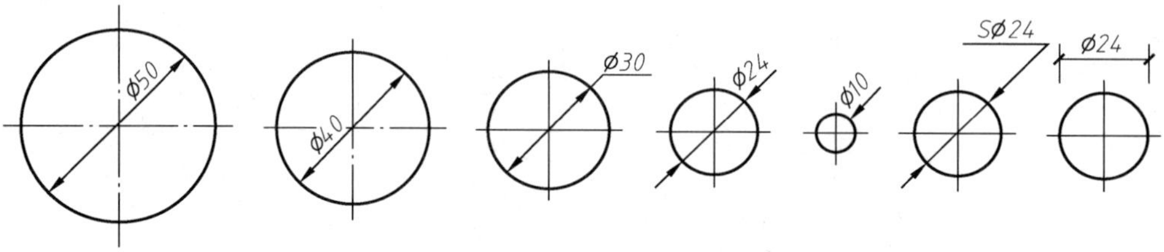

图 1.25　直径的尺寸标注

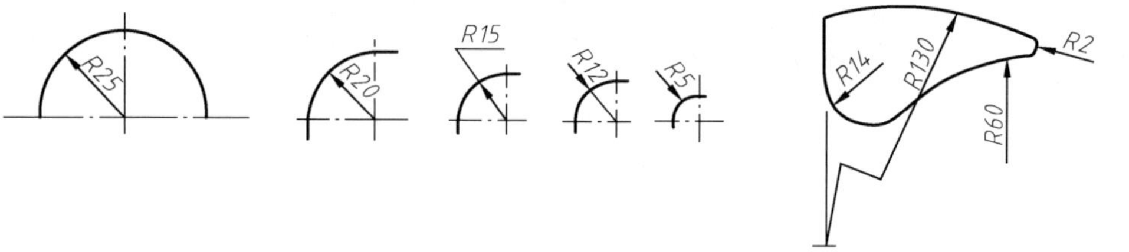

图 1.26　半径的尺寸标注

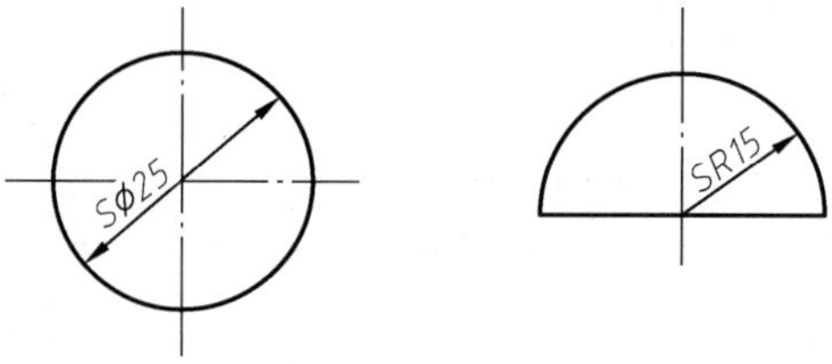

图 1.27　球体的尺寸标注

3. 其他尺寸标注

其他尺寸标注示例见表 1-12。

表 1-12　其他尺寸标注示例

项目	标注示例	说明
角度、弧长与弦长的尺寸标注	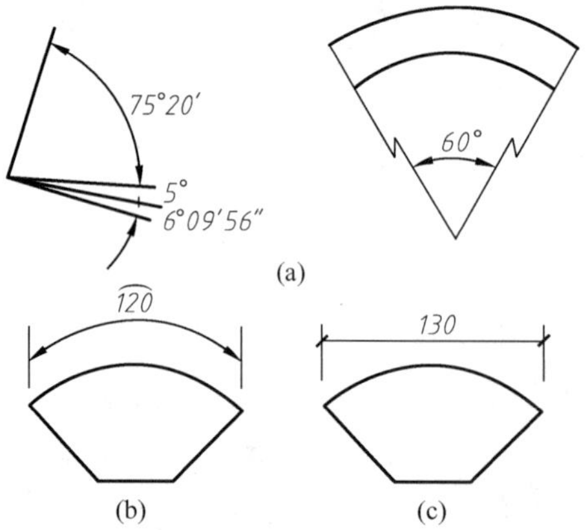	角度的尺寸线是以角顶为圆心的圆弧，角度数字水平书写在尺寸线之外，如图(a)所示。 标注弧长或弦长时，尺寸界线应垂直于该圆弧的弦。弧长的尺寸线是该弧的同心圆，尺寸数字上方应加注符号“⌒”，如图(b)所示。弦长的尺寸线平行于该弦，如图(c)所示

续表

项目	标注示例	说明
坡度的标注	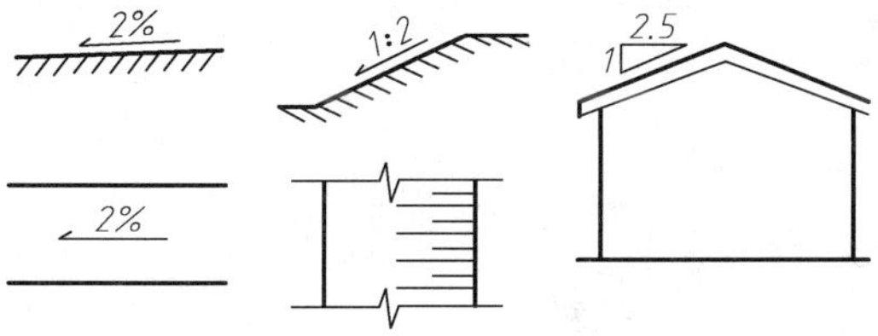	在坡度数字下，应加注坡度符号“←”。坡度符号为单箭头，箭头应指向下坡方向，标注形式如示例所示
等长尺寸的简化标注	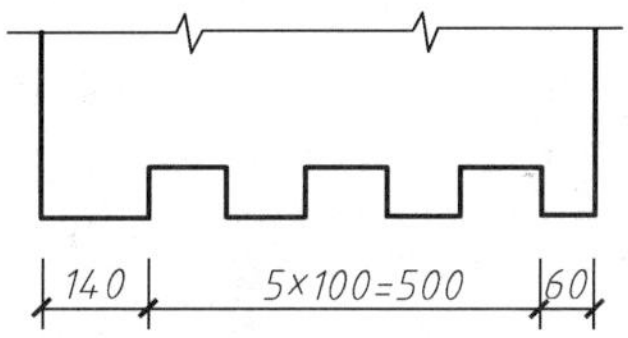	连续排列的等长尺寸，可用“个数×等长＝总长”的形式标注
薄板厚度的标注	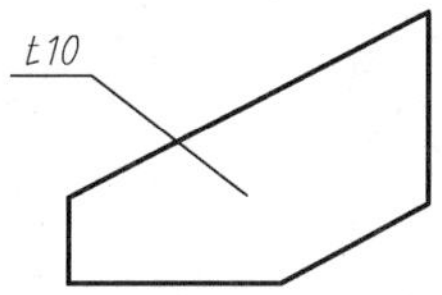	在厚度数字前加注符号“*t*”
杆件的尺寸标注	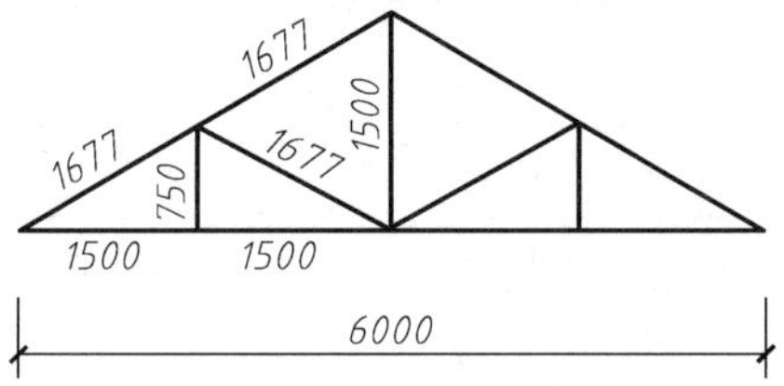	杆件的长度，在单线图上，可直接标注，尺寸沿杆件的一侧注写
非圆曲线的标注	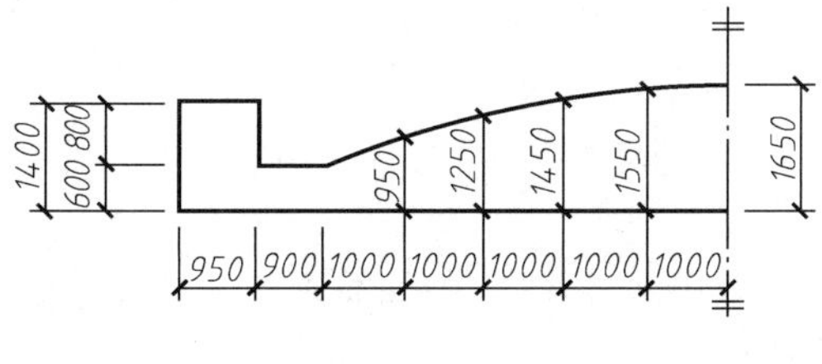	曲线部分用坐标形式标注尺寸
相同要素的尺寸标注	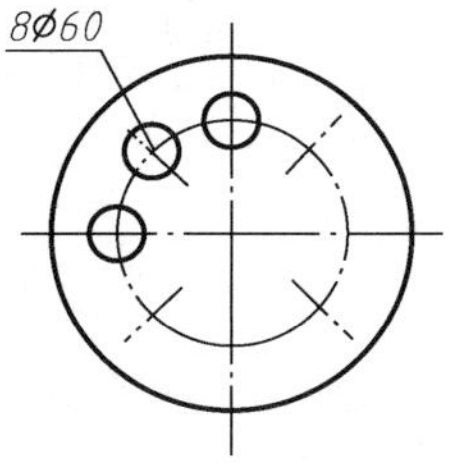	标注其中一个要素的尺寸，并在尺寸数字前注明个数

在进行尺寸标注时，经常会出现一些错误的标注方法（表 1 - 13），标注时应注意。

表 1 - 13　尺寸标注的常见错误

说明	正确	错误
轮廓线、中心线不能用作尺寸线	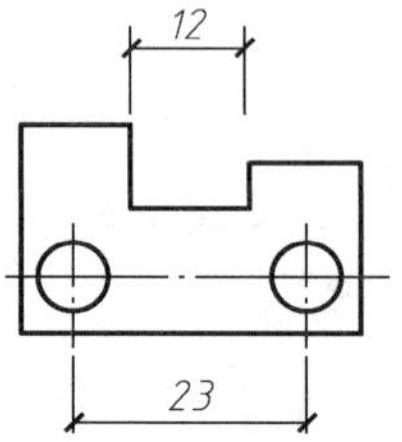	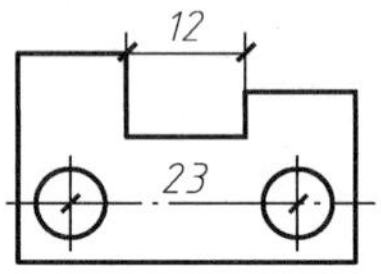
不能用尺寸界线作尺寸线	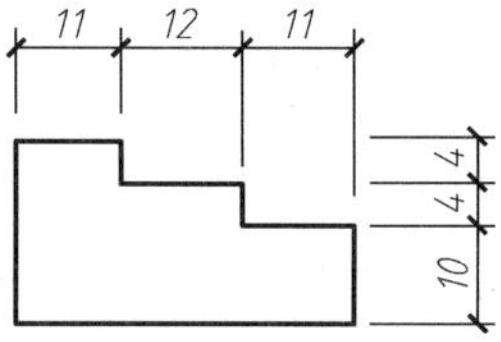	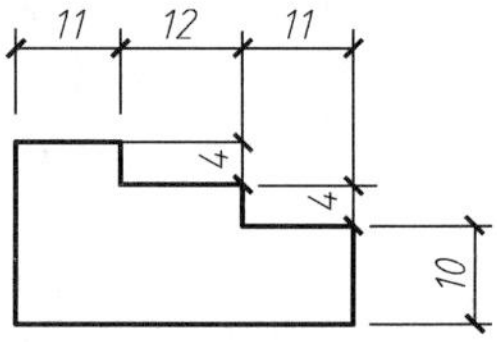
应将大尺寸标注在外侧，小尺寸标在内侧	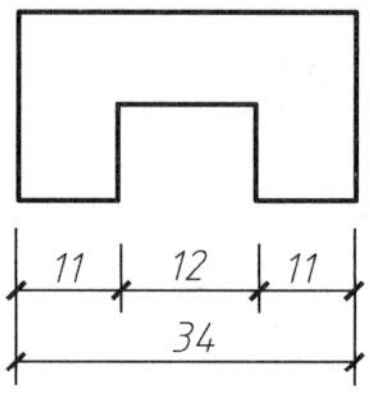	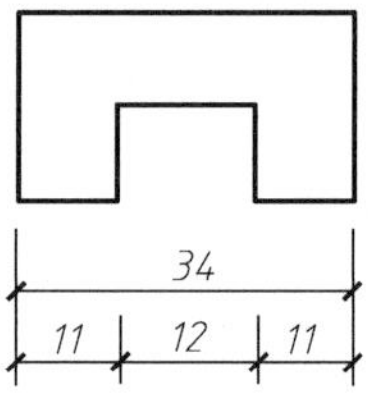
尺寸线为水平线，尺寸数字应在尺寸线上方中部，尺寸线为竖线，尺寸数字应在尺寸线左侧	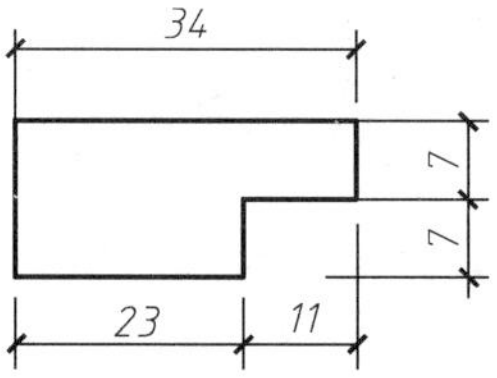	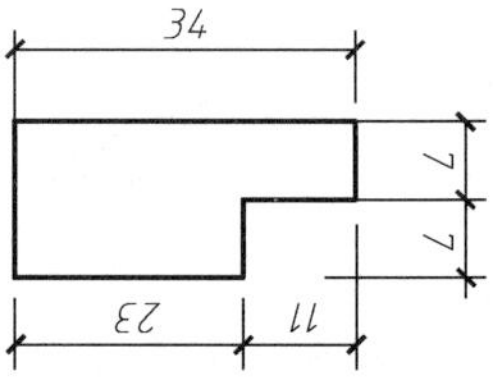

知识链接

《房屋建筑制图统一标准》（GB/T 50001—2017）的主要内容如下。

① 总则。规定了本标准的适应范围。

② 术语。解释了本标准中的相关名词。

③ 图纸幅面规格与图纸编排顺序。规定了图纸幅面的格式、尺寸的要求，标题栏、会签栏的位置及图纸编排的顺序。

④ 图线。规定了图线的线型、线宽及用途。

⑤ 字体。规定了图纸上的汉字、数字、字母及各类符号的书写要求和规则。

⑥ 比例。规定了比例的系列和适用范围。

⑦ 符号。对图面符号做了统一的规定。

⑧ 定位轴线。规定了定位轴线的绘制方法、编号及编写方法。

⑨ 常用建筑材料图例。规定了常用建筑材料的统一表达方式。

⑩ 图样画法。规定了图样的投影法、图样布置、断面图与剖面图、轴测投影图等的画法。

⑪ 尺寸标注。规定了标注尺寸的方法和要求。

⑫ 计算机辅助制图文件。对计算机辅助制图文件的工程图纸编号和文件命名等内容做了统一规定。

⑬ 计算机辅助制图文件图层。对计算机辅助制图文件的图层命名做了统一规定。

⑭ 计算机辅助制图规则。对计算机辅助制图的方向与指北针、坐标系与原点、计算机辅助制图的布局与比例等内容做了统一规定。

⑮ 协同设计。对协同设计的分级、制图文件组织、计算机辅助制图文件参照等内容做了说明。

1.3 几何作图

建筑物的形状虽然多种多样，但其投影轮廓都是由一些直线、圆弧或其他曲线组成的几何图形，为了能够正确、迅速地绘制出工程图样中的平面图形，必须熟练地掌握各种几何图形的作图原理、作图方法及图形与尺寸间相互依存的关系。

1.3.1 作平行线

过已知点作已知直线的平行线的作图过程如图 1.28 所示。

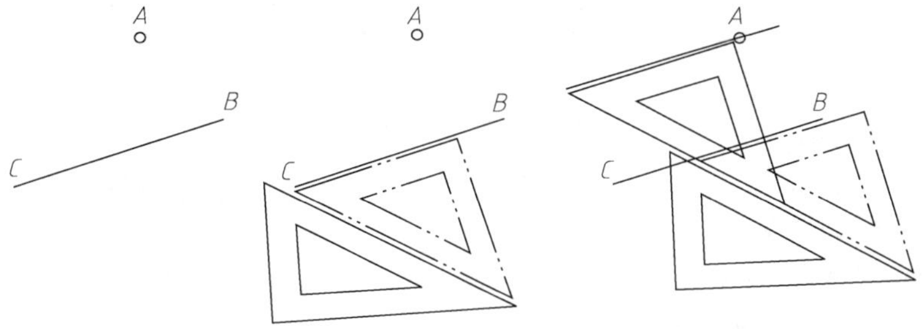

图 1.28 过已知点作已知直线的平行线的作图过程

作图步骤如下。

(1) 已知点 A 和直线 BC。

(2) 用三角板的一边与 BC 重合，另一块三角板的一边与前一个三角板的另一边紧靠。

(3) 推动前一块三角板至点 A，画出直线即为所求。

1.3.2 作垂线

过已知点作已知直线的垂线的作图过程如图 1.29 所示。

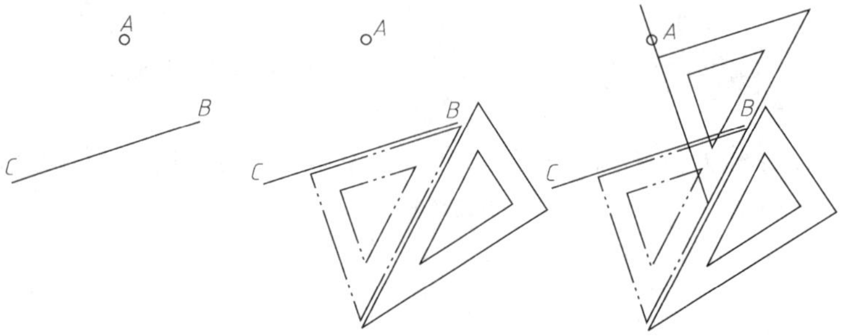

图 1.29 过已知点作已知直线的垂线的作图过程

作图步骤如下。

(1) 已知点 A 和直线 BC。

(2) 先用 45°三角板的一直角边与 BC 重合，再使它的斜边紧靠另一块三角板。

(3) 推动 45°三角板一直角边至点 A，画出直线即为所求。

1.3.3 等分线段

将已知线段五等分的作图过程如图 1.30 所示。

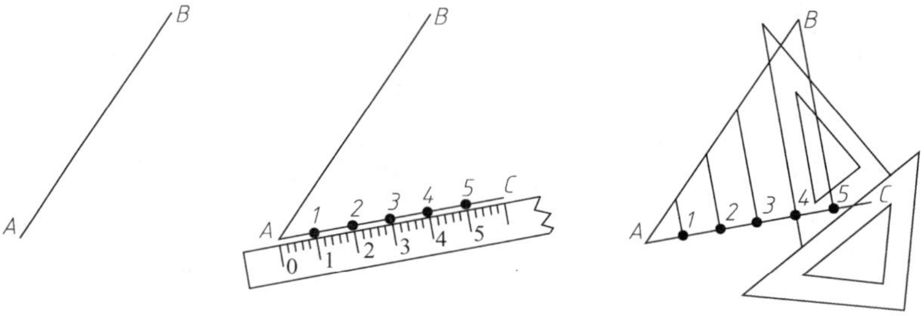

图 1.30 将已知线段五等分的作图过程

作图步骤如下。

(1) 已知线段 AB。

(2) 过点 A 作任意线段 AC，用直尺在 AC 上从点 A 取任意等分长度(如五等分)得点 1、2、3、4、5。

(3) 连线 $B5$，然后过其他点分别作直线与 $B5$ 平行，交 AB 于 4 个等分点。

1.3.4 分两平行线间的距离为已知等份

分两平行线间的距离为五等份的作图过程如图 1.31 所示。

作图步骤如下。

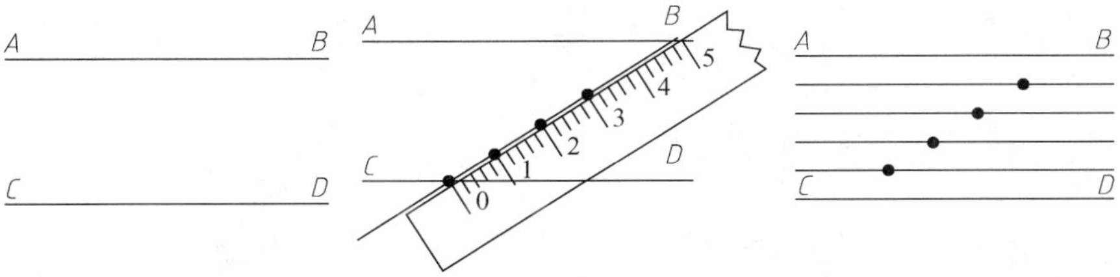

图 1.31 分两平行线间的距离为五等份的作图过程

（1）已知线段 AB 和 CD 平行。

（2）将刻度尺的 0 点置于 CD 上，使刻度 5 落在 AB 上，得 1、2、3、4 点。

（3）过各点作 AB(或 CD)的平行线，即为所求。

特别提示

等分线段和分两平行线间的距离为已知等份的作图过程要按几何作图的原理进行，用绘图工具完成，不能用计算方式进行，否则作图容易有误差。

1.3.5 作圆内接正五边形

圆的内接正五边形的作图过程如图 1.32 所示。

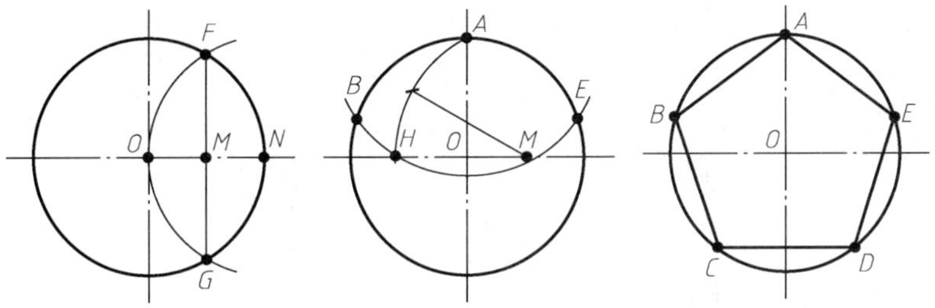

图 1.32 圆的内接正五边形的作图过程

作图步骤如下。

（1）以点 N 为圆心、NO 为半径作圆弧，交圆于点 F、G；连线 FG，与 ON 相交得点 M。

（2）以点 M 为圆心、MA 为半径作圆弧，交水平直径于点 H；再以点 A 为圆心、AH 为半径作圆弧，交外接圆于点 B、E。

（3）分别以点 B、E 为圆心，弦长 BA 为半径作圆弧，交圆于点 C、D。

（4）连接点 A、B、C、D、E，即为所求的正五边形。

1.3.6 作圆内接正六边形

圆的内接正六边形的作图过程如图 1.33 所示。

作图步骤如下。

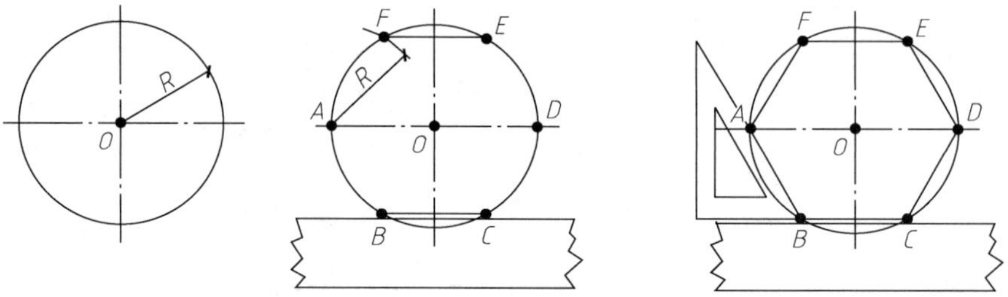

图 1.33　圆内接正六边形的作图过程

(1) 已知圆的半径为 R。

(2) 以半径 R 为长，在圆周上截得点 A、B、C、D、E、F。

(3) 按照顺序连接点 A、B、C、D、E、F，即为所求的正六边形。

1.3.7　已知长短轴作椭圆

1. 四心法

用四心法作椭圆如图 1.34 所示。

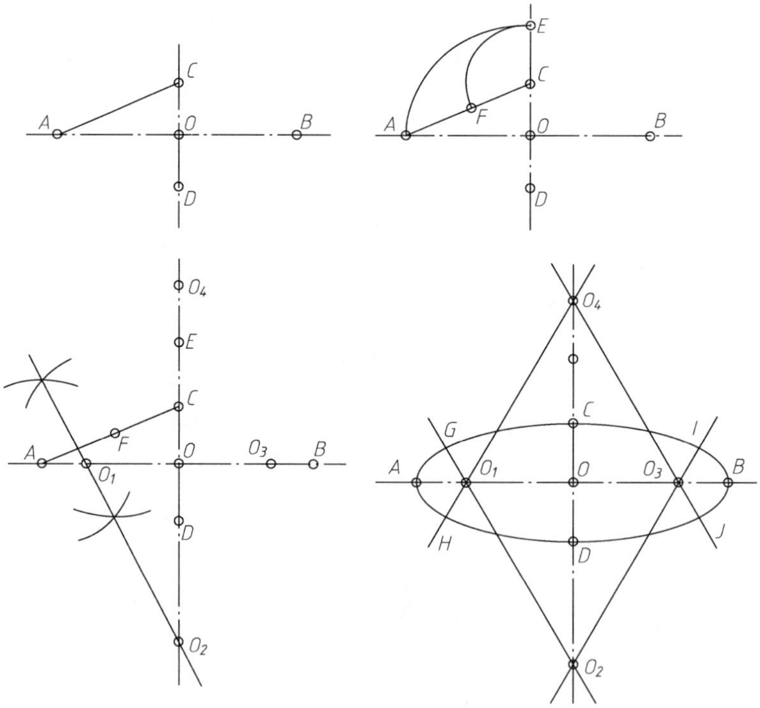

图 1.34　用四心法作椭圆

作图步骤如下。

(1) 已知长短轴 AB 和 CD。

(2) 以点 O 为圆心、OA 为半径作圆弧，交 OC 的延长线于点 E；以点 C 为圆心、CE 为半径作圆弧交 CA 于点 F。

(3) 作 AF 的垂直平分线，交长轴于点 O_1，交短轴的延长线于点 O_2，在 AB 上截取

$OO_3=OO_1$，在 CD 的延长线上截取 $OO_4=OO_2$。

(4) 分别以点 O_1、O_2、O_3、O_4 为圆心，O_1A、O_2C、O_3B、O_4D 为半径作圆弧，即为所求的椭圆。

2. 同心圆法

用同心圆法作椭圆如图 1.35 所示。

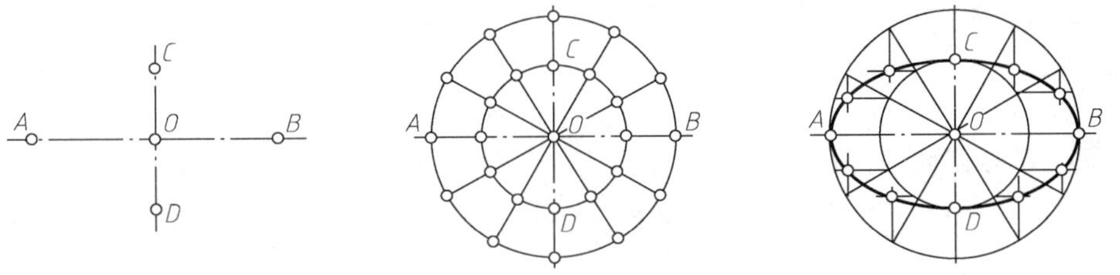

图 1.35　用同心圆法作椭圆

作图步骤如下。

(1) 已知长短轴 AB 和 CD。

(2) 分别以 AB 和 CD 为直径作两个同心圆，并等分两圆周为若干等份，如 12 等份。

(3) 从大圆的各等分点作竖直线，与过小圆的各对应的等分点所作的水平线相交，得到椭圆上的各点，用曲线板连接起来，即为所求的椭圆。

特别提示

四心法和同心圆法都是椭圆的近似作图方法。

1.3.8 圆弧连接

圆弧连接，实质上就是用已知半径的弧光滑连接两直线、两圆弧、一直线一圆弧。在中间起连接作用的已知圆弧称为连接弧。其作图原理是相切，作图的关键是要准确地求出连接弧圆心，准确地求出连接点(即切点)。为实现圆弧连接，必须根据已知条件和连接弧的半径 R，求出连接弧的圆心和连接点(切点)，才可保证光滑连接。下面介绍圆弧连接的几个基本作图法。

1. 用圆弧连接两直线

用圆弧连接两直线，如图 1.36 所示。

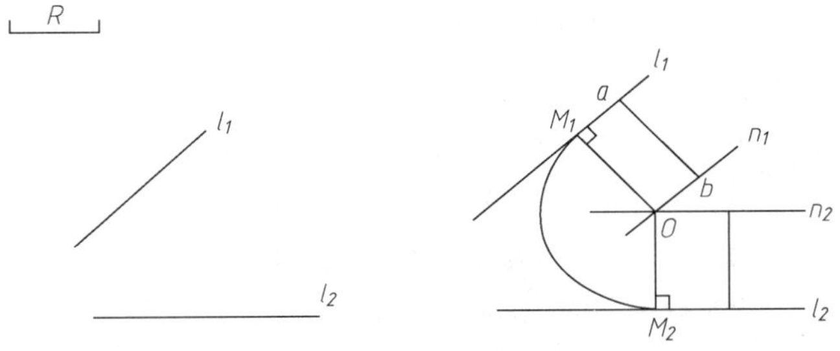

图 1.36　用圆弧连接两直线

作图步骤如下。

(1) 已知两直线 l_1、l_2 和连接弧的半径 R。

(2) 过直线 l_1 上任一点 a 作该直线的垂线 ab，在 ab 上截取 $ab=R$，过点 b 作直线 $n_1 /\!/ l_1$。

(3) 同上方法作直线 $n_2 /\!/ l_2$。

(4) 过直线 n_1 与 n_2 的交点 O(连接弧圆心)分别向直线 l_1、l_2 作垂线，得点 M_1、M_2(连接点)。

(5) 以点 O 为圆心、R 为半径作圆弧，即完成全图。

2. 用圆弧连接两已知圆弧(外切)

用圆弧连接两已知圆弧(外切)，如图 1.37 所示。

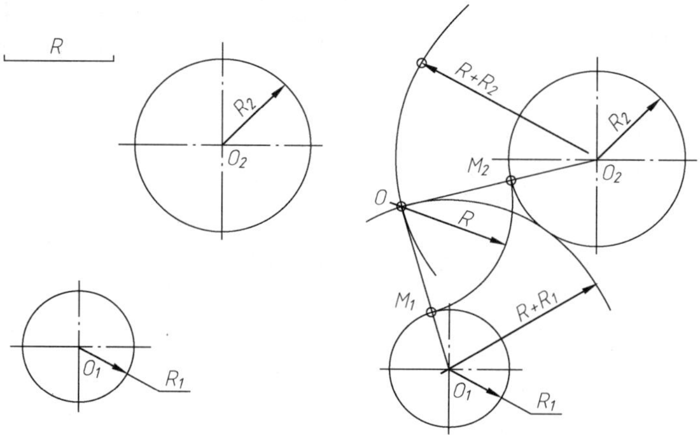

图 1.37 用圆弧连接两已知圆弧(外切)

作图步骤如下。

(1) 已知两圆 O_1、O_2 的半径分别为 R_1、R_2。

(2) 以点 O_1 为圆心、R_1+R 为半径和以点 O_2 为圆心、R_2+R 为半径分别作圆弧，两圆弧的交点 O 即为连接弧圆心。

(3) 作连心线 OO_1、OO_2，分别与圆 O_1、O_2 相交于点 M_1、M_2，此即为连接点。

(4) 以点 O 为圆心、R 为半径作圆弧，即完成作图。

3. 用圆弧连接两已知圆弧(内切)

用圆弧连接两已知圆弧(内切)，如图 1.38 所示。

作图步骤如下。

(1) 已知两圆 O_1、O_2 的半径分别为 R_1、R_2。

(2) 以点 O_1 为圆心、$R-R_1$ 为半径和以点 O_2 为圆心、$R-R_2$ 为半径分别作圆弧，两圆弧的交点 O 即为连接弧圆心。

(3) 作连心线 OO_1、OO_2，分别与圆 O_1、O_2 相交于点 M_1、M_2，此即为连接点。

(4) 以点 O 为圆心、R 为半径作圆弧，即完成作图。

4. 用一已知半径的圆弧连接一直线和一圆弧

用一已知半径的圆弧连接一直线和一圆弧，如图 1.39 所示。

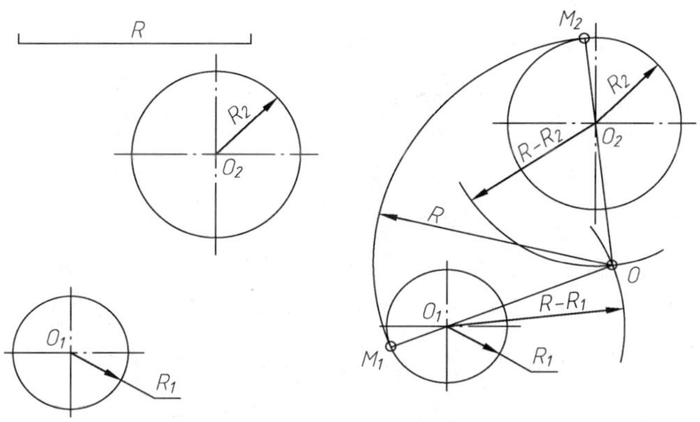

图 1.38 用圆弧连接两已知圆弧(内切)

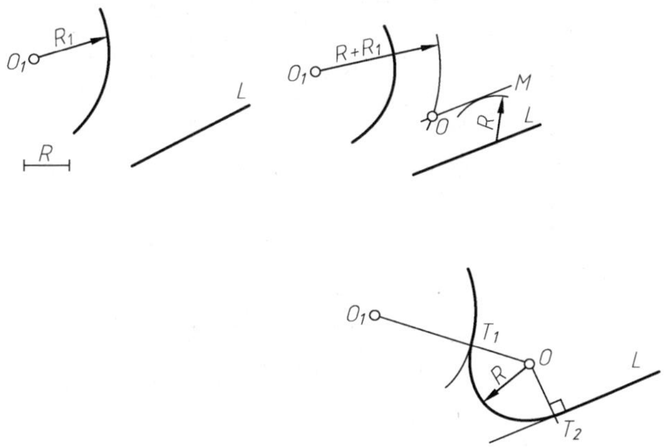

图 1.39 用一已知半径的圆弧连接一直线和一圆弧

作图步骤如下。

(1) 已知一直线 L 和一半径为 R_1 的圆弧，连接圆弧半径为 R。

(2) 作直线 L 的平行线 M，间距为 R。

(3) 以点 O_1 为圆心、$R+R_1$ 为半径作圆弧，交直线 M 于点 O。

(4) 连线 OO_1，交已知圆弧于切点 T_1，过点 O 作直线上的垂线，垂足为点 T_2。

(5) 以点 O 为圆心、R 为半径作圆弧，即完成作图。

特别提示

连接圆弧两端的连接对象有 3 种情况：两端连接的都是直线；两端连接的都是圆弧；一端连接直线，一端连接圆弧。

1.3.9 平面图形的分析

1. 平面图形的尺寸分析

平面图形中的尺寸包括定形尺寸、定位尺寸和总尺寸。定形尺寸就是用以确定平面图形中各组成部分的形状和大小的尺寸。定位尺寸就是用以确定平面图形中各组成部分之间相对位置的尺寸。定位尺寸都是从某些点和线出发的，这种作为标注尺寸的起始位置的点和线称为尺寸基准。在标注尺寸时，必须在平面图形的长和宽两个方向分别选定尺寸基准，通常以对称图形的轴线、较大圆的中心线、较长的直线等作为尺寸基准。总尺寸是指形体的总长和总宽。如图 1.40 所示，基准是水平对称轴、左侧 *R*1500 圆的垂直中心线和最右边的垂线；图中尺寸 3200、1000 为矩形的长和宽，反映了矩形的形状大小；尺寸 *R*1500、*R*750 等反映了圆的半径大小，都属于定形尺寸；尺寸 6000 表示 *R*1500、*R*750 的中心与右端的距离；尺寸 3500 表示 *R*500 半圆的圆心位置；尺寸 600 表示矩形离右端的距离。这些尺寸都表明了几何图形的位置关系，都属于定位尺寸，如图 1.40 所示。

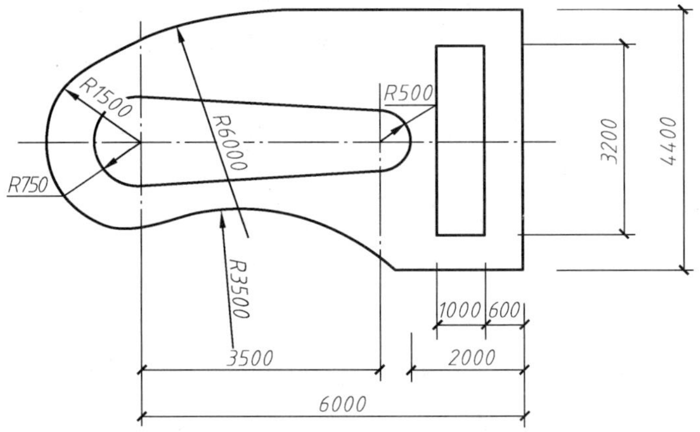

图 1.40 平面图形

2. 平面图形的线段分析

绘制平面图形时首先要对图中的各线段进行分析，找出线段之间的连接关系，确定哪些是能够直接画出的线段，哪些是需要几何作图才能画出的线段。根据线段所给的尺寸，平面图形中的线段可以分为以下两种情况。

(1) 直接画出。根据已知尺寸和尺寸基准能够直接画出的线段。图 1.40 中的 *R*1500、*R*750、*R*500、3200、1000 等都是根据已知条件能够直接画出的圆弧和直线。

(2) 间接画出。需要根据相邻线段之间的几何条件才能作出的线段。图 1.40 中的 *R*3500、*R*6000 等尺寸是需要根据相邻线段之间的几何条件才能作出的直线段或者曲线段。

1.4 建筑制图的绘制过程和方法

为了充分保证绘图质量，提高绘图速度，除正确使用绘图工具与仪器，严格遵守国家制图标准外，还应注意绘图的过程和方法。

1. 做好准备工作

(1) 准备好所用的工具和仪器，并将工具、仪器擦拭干净。

(2) 将图纸固定在图板的左下方，使图纸的左方和下方留有一个丁字尺的宽度。

2. 画底图(用较硬的铅笔，如 2H、3H 铅笔等)

(1) 根据国标规定先画好图框线和标题栏的外轮廓。

(2) 根据所绘图样的大小、比例、数量进行合理的图面布置，如图形有中心线，应先画中心线，并注意给尺寸标注留有足够的位置。

(3) 画图形的主要轮廓线，由大到小，由整体到局部，直至画出所有轮廓线。为了方便修改，底图的图线应轻而淡，能定出图形的形状和大小即可。

(4) 画尺寸界线、尺寸线及其他符号。

(5) 最后仔细检查底图，擦去多余的底稿图线。

3. 铅笔加深(用较软的铅笔，如 B、2B 铅笔等，文字说明用 HB 铅笔)

(1) 先加深图样，按照水平线从上到下、垂直线从左到右的顺序一次完成。如有曲线与直线连接，应先画曲线，再画直线与其相连。各类线型的加深顺序依次是中心线、粗实线、虚线、细实线。

(2) 加深尺寸界线、尺寸线，画尺寸起止符号，写尺寸数字。

(3) 写图名、比例及文字说明。

(4) 画标题栏，并填写标题栏内的文字。

(5) 加深图框线。

图样加深完后，应做到图面干净、线型分明、图线匀称、布图合理。

特别提示

用绘图工具手工绘图时要严格按此步骤进行，计算机绘图可参照此步骤进行。

4. 描图

为了满足工程上同时使用多套图纸的要求，用描图笔将图样描绘在描图纸上，作为底图，可复制多套施工图。描图的步骤与铅笔加深基本相同，如描图中出现错误，应等墨线干了以后，用刀片刮去需要修改的部分，当修整后必须在原处画线时，应将修整的部位用光滑坚实的物品压实、磨平，然后再重新画线。

小 结

建筑工程施工图是建筑施工的技术文件，所有从事建筑工程的人员必须熟悉其基本规定、作图原理及作图方法。本章详细介绍了《房屋建筑制图统一标准》(GB/T 50001—2017)中的相关规定、几何作图及制图工具等内容。

(1) 在一套施工图中，图纸的幅面应基本一致，通常使用 A1、A2 两种幅面。在使用时尽量横向放置，必要时也可竖向放置。标题栏和会签栏通常情况下应分别放在图纸的右下角和左上方。

(2) 建筑工程图样中的基本图线有 6 种，分别是实线、虚线、单点长画线、双点长画线、折断线和波浪线。为了更进一步细化图线的作用，对前 4 种图线又进行了分类，分别为粗线、中粗线、中线和细线，各自表达的内容都不相同。应重点掌握各类图线的用途。

(3) 图样中的文字是对图样中未能表达清楚的内容加以必要的说明，所有文字书写均应清晰、明了、整齐。汉字宜采用长仿宋体，字号大部分为 5 号、7 号、10 号 3 种。阿拉伯数字大部分用在尺寸标注上，宜用 3 号和 5 号字。

(4) 建筑工程的图样基本上是缩小比例的图样，使用时尽量采用常用比例。比例应注写在图名的右方，字号比图名小一至两号。

(5) 尺寸标注是施工图上的重要组成部分，是施工过程中的施工依据，由尺寸界线、尺寸线、尺寸起止符号、尺寸数字 4 部分组成，应注意其标注要求。尺寸数字的单位除总平面图和标高这两种特殊情况以“m”作单位外，其他一律以“mm”作单位。

(6) 为了能够正确、迅速地绘制出工程图样中的平面图形，应掌握常见几何图形的作图原理和方法，具体包括圆的内接正五边形、圆的内接正六边形、已知长短轴作椭圆、圆弧连接等。

(7) 平面图形中的尺寸包括定形尺寸、定位尺寸和总尺寸。平面图形中的线段可以分为直接画出和间接画出两种情况。

(8) 绘制施工图有两种方法，即手工绘图和计算机绘图。在学习制图初期，首先应了解手工绘图的方法和步骤，因此应熟悉绘图工具和仪器的使用方法。常用的工具和仪器主要有铅笔、图板、丁字尺、三角板、比例尺、圆规、分规等。

思考题

1. 手工制图的主要工具有哪些?
2. 图纸幅面有哪几种规格? 标题栏、会签栏应画在图纸的什么位置?
3. 线型有哪几种? 每种线型的宽度和用途是什么?
4. 对图纸上所需书写的文字、数字或符号等有什么要求?
5. 什么是比例? 常用比例有哪些?
6. 图样上的尺寸由什么组成?
7. 图样上的尺寸排列与布置有什么要求?
8. 平面图形中的尺寸包括哪几种?

第2章 投影的基本知识

教学目标

通过对投影的形成及分类、正投影的基本特性、三面投影图的形成等内容的学习，掌握投影的形成、概念和分类，熟悉正投影的基本特性，基本熟练掌握三面正投影的投影规律，了解各种投影法在建筑工程中的应用。

教学要求

能力目标	知识要点	权重
掌握投影的形成、概念和分类	中心投影、平行投影（正投影、斜投影）等概念	25%
熟悉正投影的基本特性	全等性、积聚性、类似性等投影特性	20%
熟练掌握三面正投影的投影规律	三面正投影的形成、三面正投影的规律	40%
了解各种投影法在建筑工程中的应用	正投影图、透视投影图、轴测投影图等的特性	15%

章节导读

投影来源于日常生活中影子的形成过程。投影分为中心投影和平行投影两大类，其中平行投影中的正投影是建筑工程图普遍采用的投影法。建立三投影面体系就形成了三面投影图，三面投影图的投影规律是长对正、高平齐、宽相等。建筑工程中常用的投影图有正投影图、透视投影图、轴测投影图和标高投影图。

学习投影理论和投影知识，掌握三面投影图的形成和三面正投影的基本规律，是培养空间想象能力的关键环节，也是学好本课程的基本要求。本章内容的学习为后续内容的学习奠定了坚实的基础。

引　例

图 2.0 所示为两个图形：图 2.0(a)显示了空间物体在灯光照耀下在墙面上产生的影子；图 2.0(b)显示了大树或物体在阳光照耀下在地面上产生的影子。

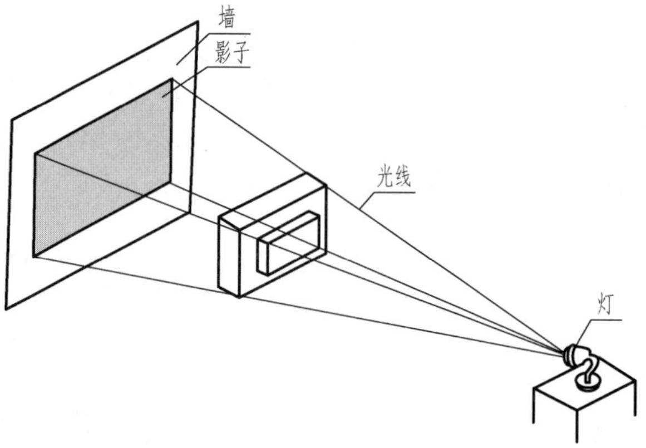

(a) 空间物体在灯光照耀下在墙面上产生的影子

(b) 大树或物体在阳光照耀下在地面上产生的影子

图 2.0　影子

(1) 图 2.0(a)中空间物体外部轮廓分明，而墙面影子灰蒙蒙一片，什么时候影子能反映物体的外部轮廓？

(2) 图 2.0(a)和图 2.0(b)中影子的外部尺寸都比空间对象的真实尺寸大，什么时候影子的尺寸能反映物体的真实大小呢？

2.1 投影的形成及投影法的分类

2.1.1 投影的形成

在日常生活中，经常看到物体在灯光或阳光照射下，会在墙面或地面上产生影子，这种现象就是自然界的投影现象。人们从这一现象中认识到光线、物体、影子之间的关系，归纳出表达物体形状、大小的投影原理和作图方法。通常把发出光线的光源称为投影中心，把光线称为投影(射)线，把光线的射向称为投影方向，把落影的平面称为投影面，把构成影子的内外轮廓称为投影，如图 2.1 所示。产生投影必须具备 3 个条件：投影线、投影面和形体(几何元素)。这三者缺一不可，称为投影三要素。

▶ 投影的形成

自然界的物体投影与工程制图上反映的物体投影是有区别的，前者一般是外部轮廓线较清晰而内部混沌一片，而后者不仅要求外部轮廓线清晰，同时还要求能反映内部轮廓及形状，这样才能清晰表达工程物体形状和大小的要求。所以，要形成工程制图所要求的投影，应有以下 3 个假设。

(1) 光线能够穿透物体。

(2) 光线在穿透物体的同时能够反映其内部、外部的轮廓(看不见的轮廓用虚线表示)。

(3) 对形成投影的射向作相应的选择，以得到不同的投影。

用投影表达物体的形状和大小的方法称为投影法，用投影法画出物体的图形称为投影图。制图上投影图的形成如图 2.2 所示。

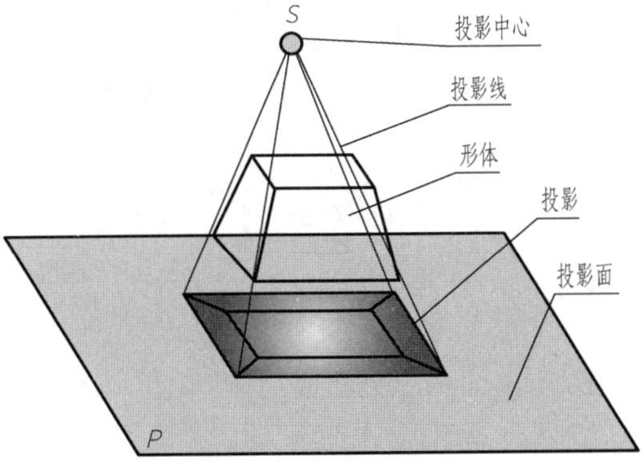

图 2.1 投影的形成

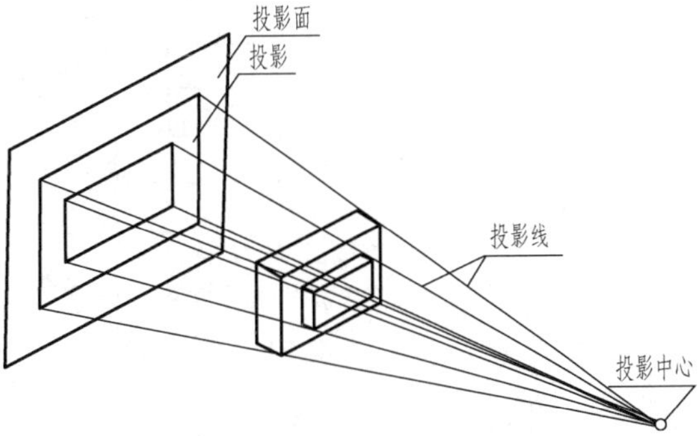

图 2.2 投影图的形成

特别提示

引例(1)的解答：将日常生活中影子的形成过程进行升华，做出相应假设，在理想化状态下用投影法画出物体的投影图才能反映物体的外部轮廓。

2.1.2 投影法的分类

令投影线通过点或其他形体，向选定的投影面进行投影，并在该面上得到投影的方法，称为投影法。根据投影中心与投影面的不同位置，将投影法分为两大类，即中心投影法和平行投影法。

1. 中心投影法

中心投影法是指投影线由一点放射出来的投影方法，如图 2.1 和图 2.2 所示。显然这种投影法作出的投影图，其大小与原物体不相等。在投影中心与投影面距离假定不变的情况下，形体距投影中心越近，影子则越大；反之，影子则越小。所以，中心投影法不能正确地度量出物体的尺寸大小。这种投影法一般在绘制透视投影图时应用。

2. 平行投影法

当投影中心离开物体无限远时，投影线可看作是相互平行的，投影线相互平行时的投影方法，称为平行投影法。

平行投影法有以下两种。

(1) 正投影法。

正投影法是指投影线相互平行且垂直于投影面的投影法，又称直角投影法，如图 2.3 所示。

用正投影法画出的物体图形，称为正投影图。

正投影图虽然直观性较差，但能反映物体的真实形状和大小，度量性好，作图简便，是工程制图中经常采用的一种图示方法。

(2) 斜投影法。

斜投影法是指投影线相互平行，但倾斜于投影面的投影方法，如图 2.4 所示。这种投影方法一般在轴测投影时应用。

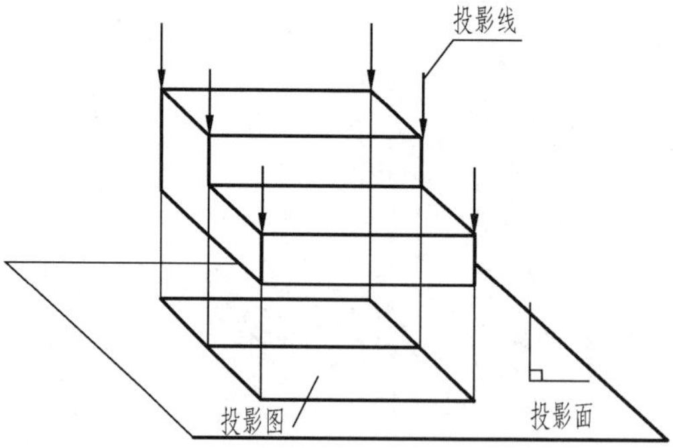

图 2.3 正投影法

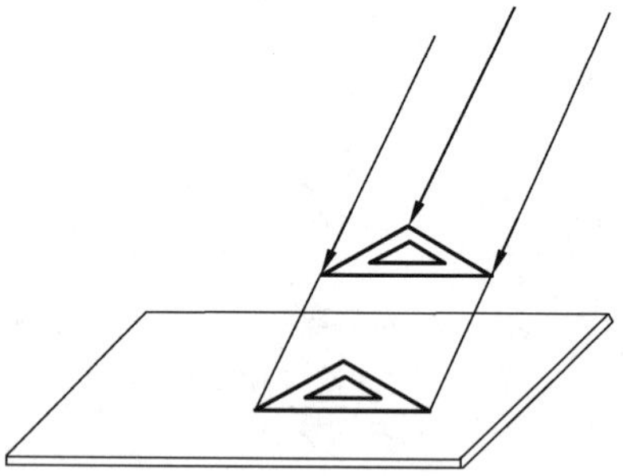

图 2.4 斜投影法

特别提示

引例(2)的解答：采用平行投影法中的正投影法画出的物体正投影图就能反映空间形体的真实形状和大小，建筑工程图基本上都是用正投影法绘制的。

2.1.3 各种投影法在建筑工程中的应用

工程上常用的投影图

为了满足工程建设的需要，较好地表示不同工程对象的形体与图示特征，在工程中人们总结出 4 种常用的图示方法。

1. 正投影图

正投影图是运用正投影法将形体向两个或两个以上的互相垂直的投影面进行投影，然后按照一定规则展开在一个平面上所得到的投影图，如图 2.5 所示。正投影图的特点是作图简便，能准确地反映物体的形状和大小，便于度量和标注尺寸。其缺点是立体感差，不易看懂，如图 2.5 所示。这种图是工程上最主要的图样。

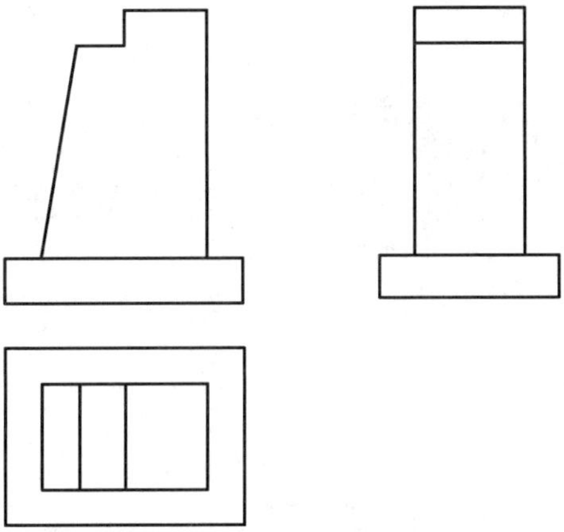

图 2.5 正投影图

2. 透视投影图

透视投影图是运用中心投影的原理，绘制出物体在一个投影面上的中心投影，简称透视图，如图 2.6 所示。这种图真实、直观、形象、逼真，且符合人们的视觉习惯；但其绘制复杂，且不能在投影图中度量和标注形体的尺寸，所以不能作为施工的依据。在建筑设计中常用透视图来表示建筑物建成后的外貌。

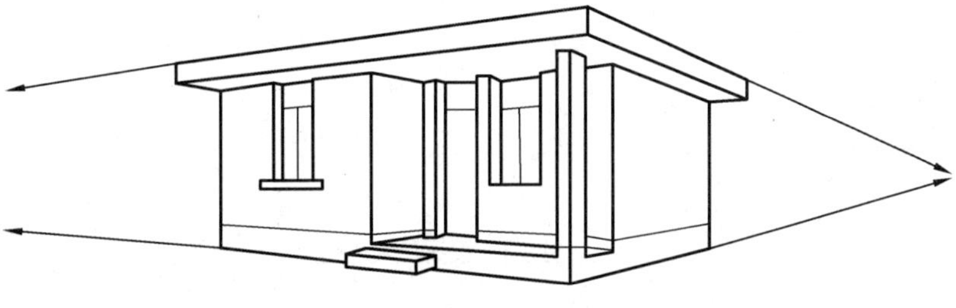

图 2.6 透视图

3. 轴测投影图

轴测投影图是运用平行投影的原理，将物体平行投影到一个投影面上所作出的投影图，简称轴测图，如图 2.7 所示。轴测图的特点是作图较透视图简便，容易看懂，相互平行的线平行画出，但立体感不如透视图，且其度量性差。工程中常用轴测图作辅助图样。

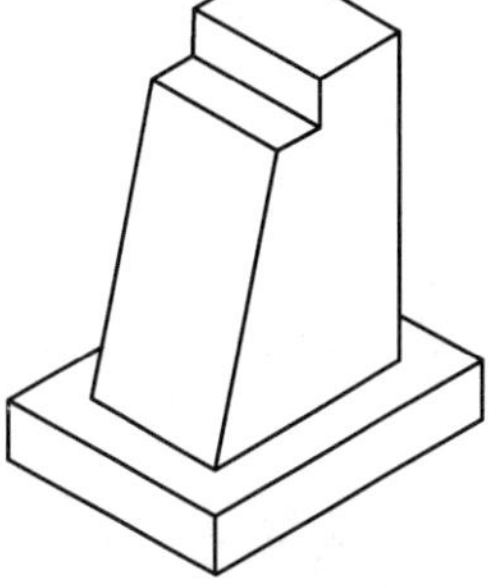

图 2.7 轴测图

4. 标高投影图

标高投影图是标有高度数值的水平正投影图，如图 2.8 所示。它是运用正投影原理来反映物体的长度和宽度，其高度用数字来标注。工程中常用标高投影图来表示地面的起伏变化、地形、地貌等。作图时常用一组间隔相等而高度不同的水平剖切平面剖切地物，其交线反映在投影图上，称为等高线。将不同高度的等高线自上而下投影在水平投影面上时，即得到了等高线图。

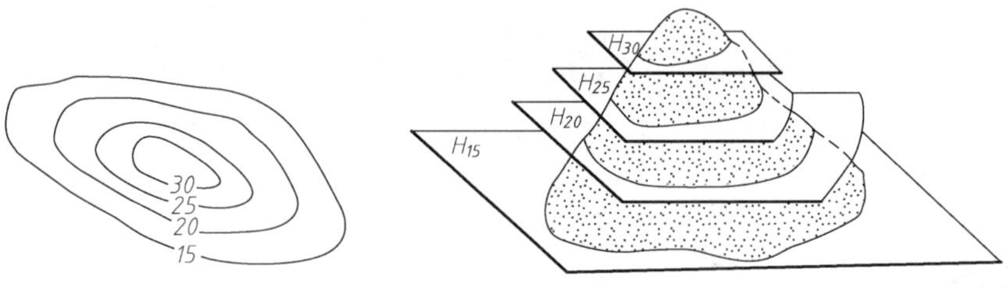

图 2.8　标高投影图

2.2　正投影的特性

正投影的特性

构成物体最基本的元素是点，直线是由点移动形成的，而平面是由直线移动形成的。在正投影法中，可利用点、直线和平面的投影现象分析正投影的特性。

2.2.1　全等性

空间直线 AB 平行于投影面 H，作点 A 和 B 两个端点在 H 面上的正投影 a 和 b(即过点 A、B 向 H 作垂线，求其交点，用同名小写表达)，则 ab 即为直线 AB 在 H 面上的正投影。根据 AB 平行于 H 面，可得 $Aa=Bb$，因而有 $ABba$ 为矩形，最后可以证明 $ab=AB$，如图 2.9 所示。同理可推出：当□$ABCD$ 平行于 H 面时，它在 H 面上的正投影□$abcd$ 全等于□$ABCD$。

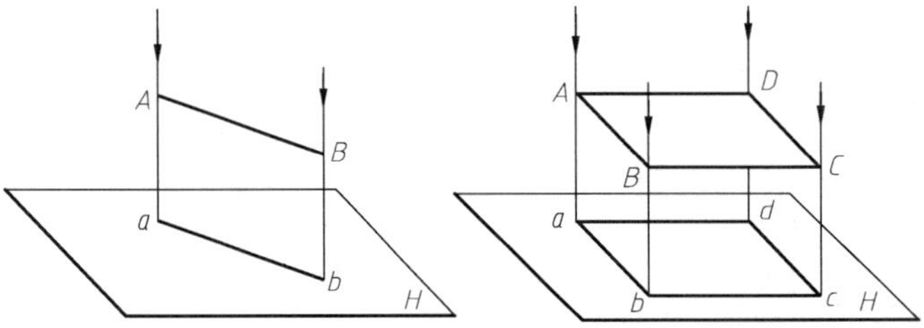

图 2.9　投影的全等性

通过以上分析得出结论：平行于投影面的直线或平面图形，在该投影面上的投影反映线段的实长或平面图形的实形，这种投影特性称为全等性。

特别提示

全等性是正投影最基本的特性，广泛用于建筑工程各专业施工图的形成，也正是因为全等性，广大工程技术人员才能利用建筑工程施工图指导施工。

2.2.2　积聚性

如图 2.10 所示，空间直线 AB 垂直于投影面 H，作直线 AB 在 H 面上的正投影时，由于直线 AB 与投影线方向一致，可以得出直线 AB 在 H 面上的正投影重叠为一点 $a(b)$，

(由于点 A 比点 B 距 H 面远，点 B 被点 A 遮住了，因此点 B 为不可见。通常将不可见点的投影加括弧以示区别)。同理可推出：当□$ABCD$ 垂直于投影面 H 时，其在 H 面上的正投影为一条积聚的直线 $a(b)d(c)$。

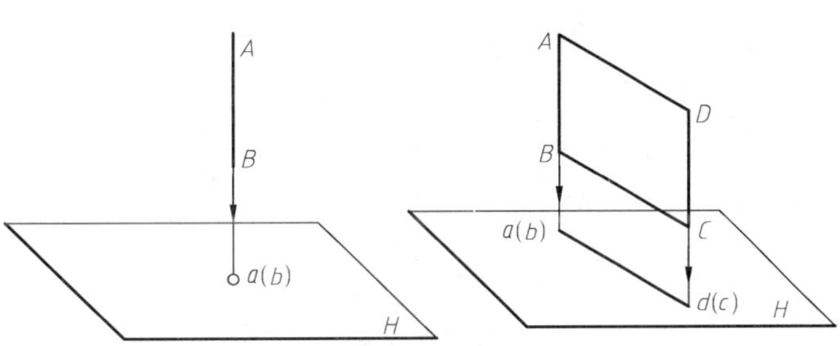

图 2.10　投影的积聚性

通过以上分析得出结论：当直线或平面图形垂直于投影面时，它们在该投影面上的投影积聚成一点或一直线，这种投影特性称为积聚性。

2.2.3 类似性

如图 2.11 所示，空间直线 AB 倾斜于投影面 H，它在 H 面上的正投影 ab 显然比 AB 短，但同时可以看出 ab 仍为一直线。平面 $ABCD$ 倾斜于投影面 H，它在 H 面上的正投影为平面 $abcd$，显然平面 $abcd$ 不仅面积比平面 $ABCD$ 小，而且形状也发生了变化。同理可推出：当空间为 n 边形的平面图形倾斜于投影面时，其投影仍为 n 边形，只是大小与空间 n 边形不全等而已。

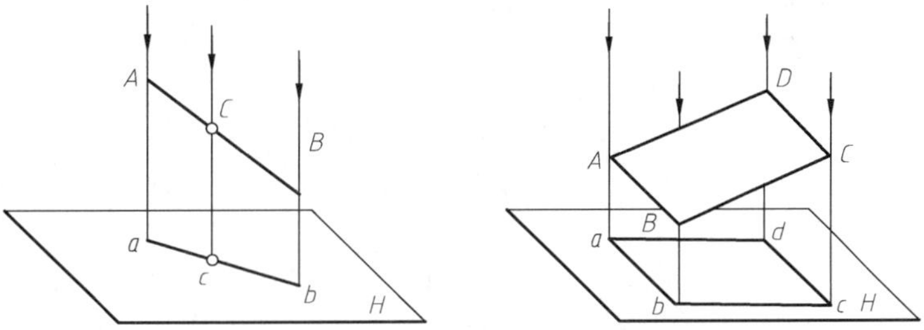

图 2.11　投影的类似性

通过以上分析得出结论：当直线倾斜于投影面时，直线的投影仍为直线，但不反映实长；当平面图形倾斜于投影面时，在该投影面上的投影为原图形的类似形(注意：类似形并不是相似形，它和原图形只是边数相同、形状类似，如圆的投影为椭圆)。

2.3 三面正投影的形成

2.3.1 三投影面体系的建立

三面正投影的形成

图 2.12(a)中 6 个不同形状的物体及图 2.12(b)中 6 个不同形状的物体，它们在同一个投影面上的投影都是相同的。因此，在正投影法中，物体的一个投影一般是不能反映空间物体形状的。

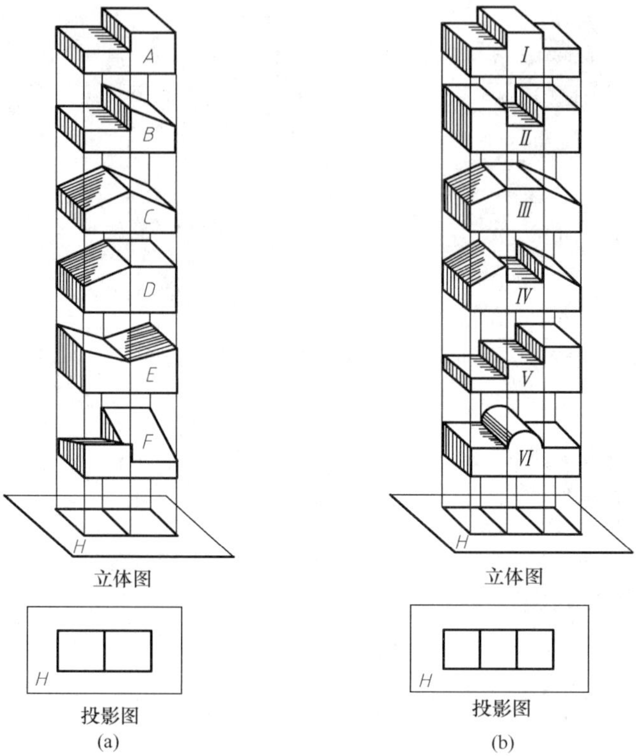

图 2.12　不同形体的单面投影

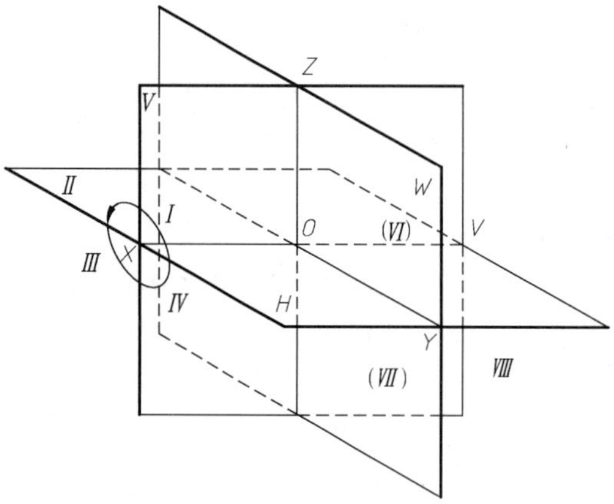

图 2.13　三投影面体系

那么需要几个投影才能确定空间物体的形状呢？一般来说，用 3 个相互垂直的平面作投影面，用物体在这 3 个投影面上的 3 个投影，才能比较充分地表示出这个物体的空间形状。这 3 个相互垂直的投影面称为三投影面体系，如图 2.13 所示。

图中水平方向的投影面称为水平投影面，用字母 H 表示，也可以称为 H 面。

与水平投影面垂直相交的正立方向的投影面称为正立投影面，用字母 V 表示，也可以称为 V 面。

与水平投影面及正立投影面同时垂直相交的投影面称为侧立投影面，用字母 W 表示，也可以称为 W 面。

这 3 个投影面将空间分为 8 个部分，称为 8 个分角(象限)，分别称为Ⅰ、Ⅱ、Ⅲ…Ⅷ分角。

我国和世界上有些国家采用第Ⅰ分角投影来绘制工程图样，称为第Ⅰ角法，也有一些国家采用第Ⅲ分角投影绘制工程图样，称为第Ⅲ角法。

图 2.14(a)、(b)所示为第Ⅰ分角的 3 个投影面。各投影面的交线称为投影轴，其中 V 面和 H 面的交线称作 X 轴，W 面和 H 面的交线称作 Y 轴，V 面和 W 面的交线称作 Z 轴。3 个投影轴的交点 O，称为原点。

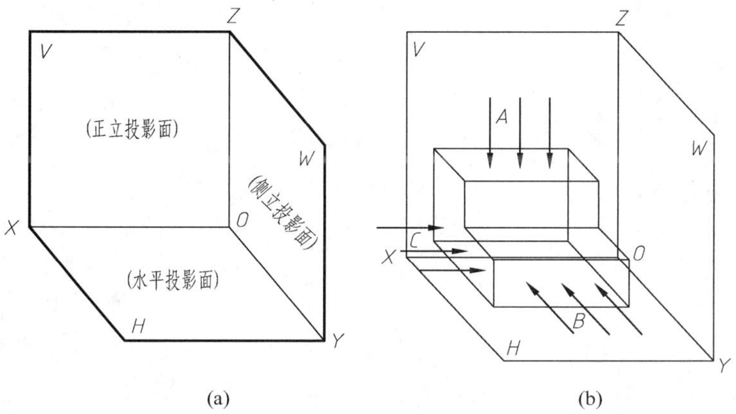

图 2.14 第Ⅰ分角的 3 个投影面

在三投影面体系中，作物体的 3 个投影，就有 3 组投影线，如图 2.14（b)中 A、B 及 C 3 组投影线。各组投影线应分别与各投影面垂直。

2.3.2 3 个投影面的展开

将一个踏步模型按水平位置放到三投影面体系中的第Ⅰ分角内，把物体分别投影到 3 个投影面上，得到 3 个投影图，如图 2.15 所示。

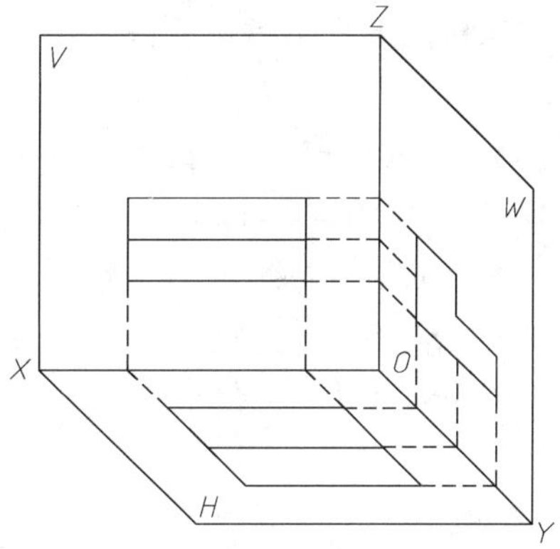

图 2.15 踏步模型的三面投影

由于 3 个投影面是相互垂直的，因此，踏步的 3 个投影也就不在一个平面上。为了能在一张图纸上同时反映出这 3 个投影，需要把 3 个投影面按一定规则回转展平在一个平面上，其展平方法如图 2.16（a）所示。

按规定 V 面不动，H 面绕 X 轴向下转到与 V 面重合于同一面上，W 面则绕 Z 轴向右转到也与 V 面

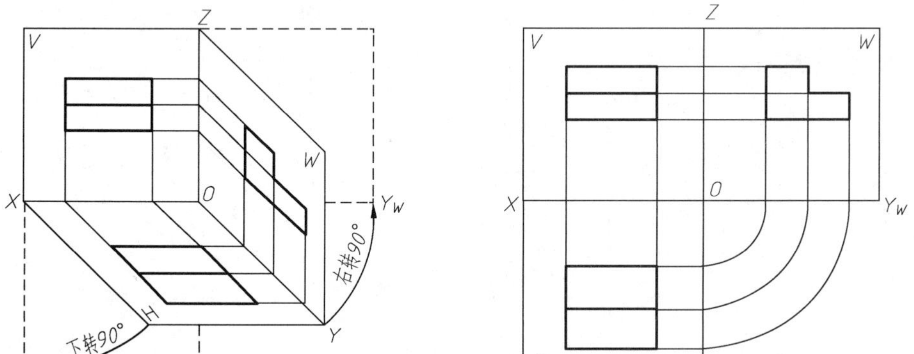

图 2.16 三投影面的展开方法

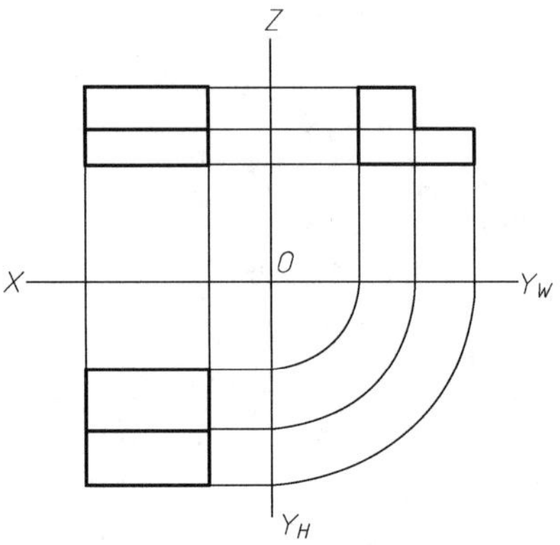

图 2.17　踏步模型的三面正投影图

重合于同一面上，使展平后的 H、V、W 3 个投影面处于同一平面上，这样就能在图纸上用 3 个方向的投影把物体的形状表示出来了。这里要注意 Y 轴是 H 面和 W 面的交线，因此，展平后 Y 轴被分为两部分，随 H 面回转而在 H 面上的 Y 轴用 Y_H 表示，随 W 面回转而在 W 面上的 Y 轴用 Y_W 表示，如图 2.16(b)所示。

投影面是人们设想的，并无固定的大小边界范围，故在作图时，可以不必画出其外框。在工程图样中，投影轴一般也不画出，但在初学投影作图时，还需将投影轴保留，且常用细实线画出。上述踏步模型的三面正投影图如图 2.17 所示。

知识链接

房屋是有多个表面的空间形体，而图纸是一个平面，只有在三投影面体系中形成投影图，在展开后的三投影面中绘制投影图，才能完成房屋施工图的绘制和识读。在表达房屋施工图时，为节约图纸、合理布图，以房屋各外墙面或屋面为对象的投影图可以灵活安排，不画在同一张图纸上。

在作投影图时，根据物体的复杂情况，有时只需要画出它的 H 面投影和 V 面投影(即无 W 面，也无 OZ 轴和 OY 轴)，这种只有 H 面和 V 面的投影面体系即为两投影面体系。

为了准确表达形体水平投影和侧立投影之间的投影关系，在作图时可以采用过原点作45°斜线的方法求得，该 45°斜线称为投影传递线，一般用细线画出；两图之间的细线称为投影连线，如图 2.18 所示。

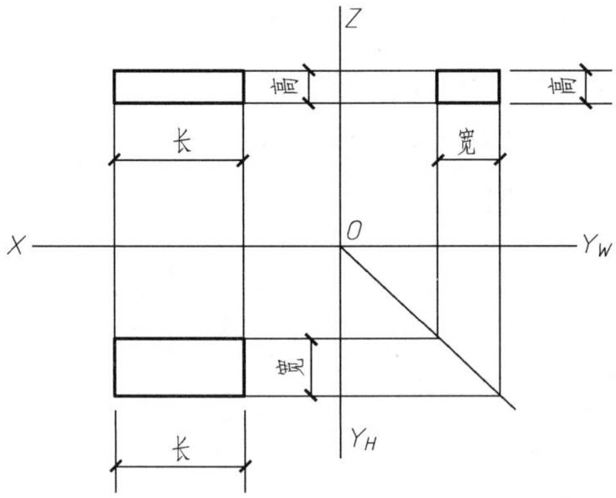

图 2.18　三面正投影图

2.3.3　三面正投影图的投影规律

1. 三投影面体系中形体长、宽、高的确定

空间的形体都有长、宽、高 3 个方向的尺度。为使绘制和识读方便，有必要对形体的长、宽、高做统一的约定：首先确定形体的正面(通常选择形体有特征的一面作为正面)，此时形体左右两面之间的距离称为长度，前后两面之间的距离称为宽度，上下两面之间的距离称为高度，如图 2.19 所示。

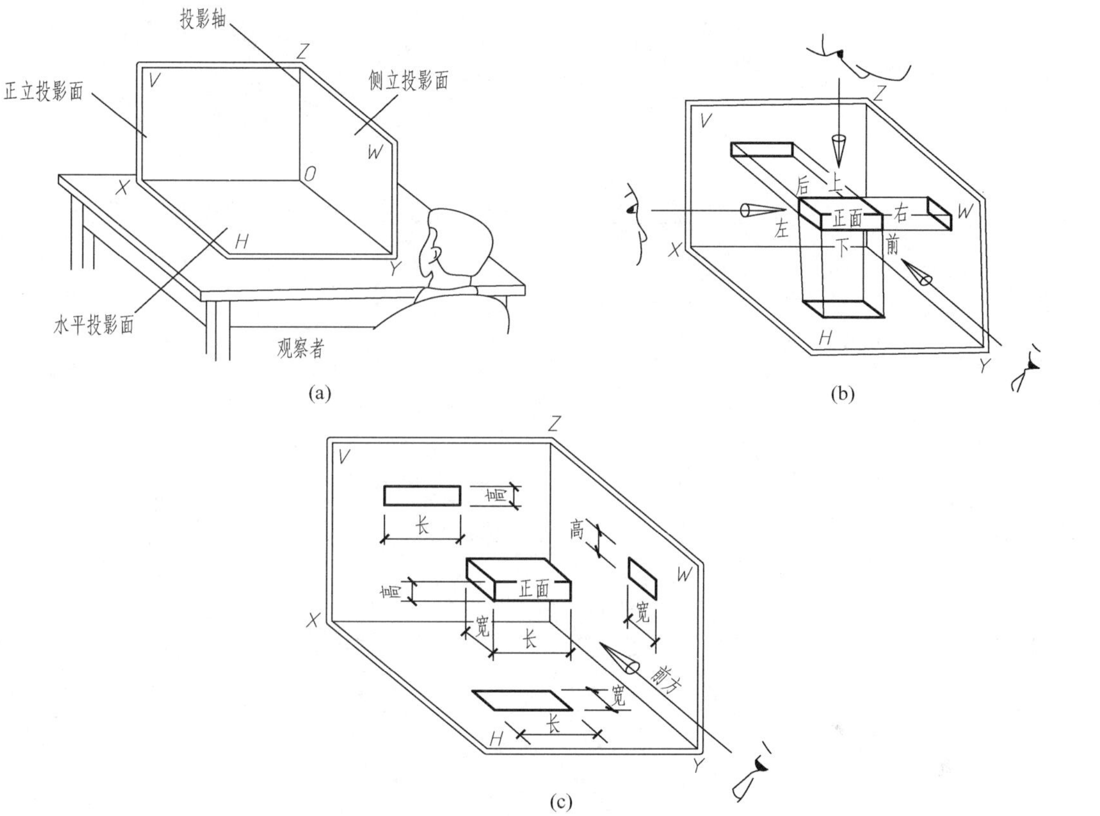

(a) (b) (c)

图 2.19　三面正投影图的投影规律

2. 三面正投影图的投影规律

从图 2.18 的长方体三面正投影图可知，H、V 面投影在 X 轴方向均反映形体的长度，且互相对正；V、W 面投影在 Z 轴方向均反映形体的高度，且互相平齐；H、W 面投影在 Y 轴方向均反映形体的宽度，且彼此相等。各图中的这些关系，称为三面正投影图的投影关系。为简明起见，可归结为“长对正、高平齐、宽相等”，这 9 个字概括总结了三面正投影图的投影规律，也是投影理论的重要规律。

特别提示

三面正投影图“长对正、高平齐、宽相等”的投影规律是本课程的核心内容，建筑工程图绘制和识读的各个环节都以这一投影规律为指导。

3. 三面正投影图上反映的方位

将图 2.19(b)展开可以得到如图2.20 所示的投影图。从图中可知形体的前、后、左、右、上、下 6 个方位。在三面正投影图中都相应反映出其中的 4 个方位，如 H 面投影反映形体左、右、前、后的方位关系，要注意，此时的前方位于 H 面投影的下侧，这是由

于 H 面向下旋转、展开的缘故。在 W 面投影上的前、后两方位，初学者常易与左、右两方位相混。在投影图上识别形体的方位关系对于培养空间想象能力和读图能力是很有帮助的。

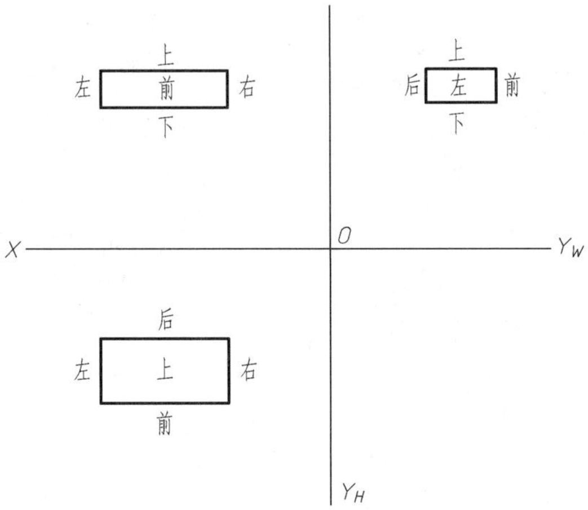

图 2.20　三面正投影图上的方位

小　结

(1) 投影来源于日常生活中影子的形成过程，是研究投影线、空间形体、投影面三者关系的，可分为中心投影和平行投影两大类，平行投影又可分为正投影和斜投影两种。

(2) 正投影的基本特性是全等性、积聚性、类似性。

(3) 建筑工程中常用的投影图有正投影图、透视投影图、轴测投影图和标高投影图。

(4) 在投影作图中，用单面投影和两面投影来表达形体形状，通常是不够的，三面投影则比较全面。形体在三面正投影图上必定符合“长对正、高平齐、宽相等”的投影规律。

思考题

1. 投影分哪几类?

2. 什么是正投影? 正投影的基本特性是什么?

3. 三投影面体系有哪些投影面? 它们的代号及空间位置怎样?

4. 在三投影面体系中，形体的长、宽、高是如何确定的? 在 H、V、W 面投影图上各反映哪些方向尺寸及方位?

第3章 点、直线、平面的投影

教学目标

通过学习点的投影形成、点的标注、点的坐标、点的投影规律、两点的相对位置及重影点的判断，直线投影的形成、各种位置直线的投影规律、点和直线的关系、直角三角形法、两直线的位置关系，各种位置平面的投影规律、点和直线及平面的关系等内容，熟练掌握点在三面投影图中的投影特点、各种位置直线的投影规律、各种位置平面的投影规律，两点的相对位置及重影点的判断、直线上点的投影规律、点在线上及线在面上的几何条件；熟悉直角三角形法的应用、两直线的位置关系的判断；了解点的坐标表示方法、平面的几何表示方法。

教学要求

能力目标	知识要点	权重
熟练掌握点的三面投影的画法及投影规律	点的投影的形成、标注、投影规律、坐标	20%
熟练掌握各种位置直线的投影规律	直线投影的形成、各种位置直线的投影规律	20%
熟练掌握各种位置平面的投影规律	平面投影的形成、各种位置平面的投影特性	20%
掌握两点的相对位置及重影点的判断	两点的相对位置判断、重影点的可见性判别	10%
掌握点、直线、平面的关系	直线上点的投影规律、点在线上及线在面上的几何条件	15%
熟悉直角三角形法的应用、两直线的位置关系的判断	一般位置直线的实长和倾角、两直线的相对位置关系	10%
了解点的坐标、平面的几何表示方法	点的坐标表示方法、平面的几何表示方法	5%

章节导读

点、直线、平面是组成空间形体最基本的几何元素，学习点、直线、平面的投影形成、投影规律和投影作图方法要和正投影的规律联系起来，要用“长对正、高平齐、宽相等”的投影规律研究这些最基本几何元素的投影规律，再用几何元素的投影规律去研究立体的投影规律。本章的学习为立体的投影奠定了基础，学生通过本章的学习可以培养空间想象力，提高运用三等关系绘制三面投影图的基本技能。

引　例

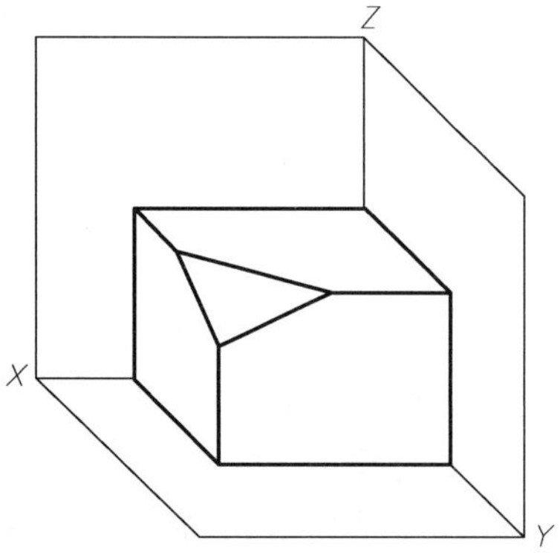

图 3.0　立体模型

请看以下图形。

(1) 图 3.0 是一个简单的立体模型，如何将这个立体模型用一张图纸表达清楚呢？

(2) 对它进行分析，可以看出这个立体模型是由平面围成的，而平面是由线围成的，线又是由点确定的。因此要想把立体模型用平面图形表达清楚，就需要学习如何把一个空间中的点在平面图形中表达出来。

(3) 空间中的点表达清楚后，运用两点确定一直线的原则再学习如何确定空间中的直线在平面图形中的表达。

(4) 依此类推可以学会空间中的平面的表达方法，为后面基本体在平面图形中的表达打好基础。

3.1　点的投影

点的投影规律

前面已经学习了正投影法的表达特点，在本书中除了做特殊说明的以外，大多数的工程图样都使用正投影法进行表达，均要遵循“长对正、高平齐、宽相等”的原则。

3.1.1　点的三面投影及其标注

在引例中选一个空间中的点 A 作为研究对象，如图 3.1(a)所示。

假设空间中有一点 A，过点 A 分别向 H 面、V 面和 W 面作垂线，得到 3 个垂足 a、a'、a''，它们便是点 A 在 3 个投影面上的投影，如图 3.1(b)所示。在这里规定用大写字母(如 A)表示空间中的点，它的水平投影、正面投影和侧面投影分别用相应的小写字母(如 a、a'和 a'')表示。

根据三面投影图的形成规律将其展开，可以得到如图 3.1(c)所示的带边框的三面投影图，即得到点 A 的三面投影；省略投影面的边框线，就得到如图 3.1(d)所示的点 A 的三面投影图。

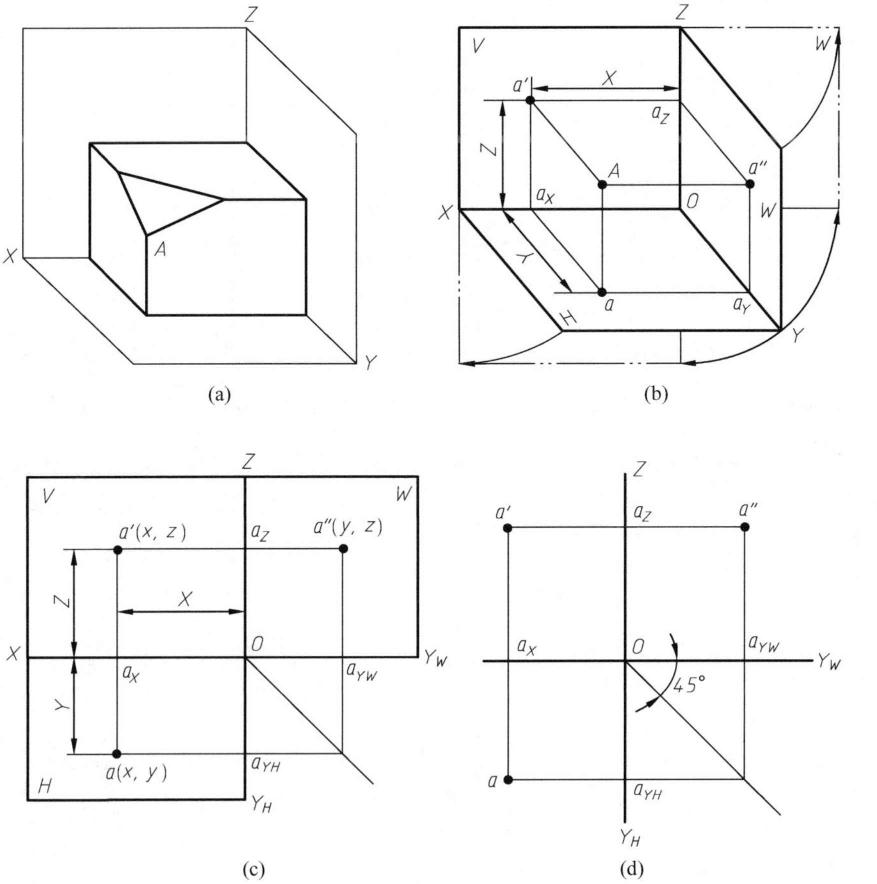

图 3.1　点的三面投影及标注

3.1.2　点的投影规律

从图 3.1(b)中可以看出，Aa、Aa'、Aa''分别为点 A 到 H、V、W 面的距离，即 $Aa=a'a_X=a''a_Y$(即 $a''a_{YW}$)，反映空间中的点 A 到 H 面的距离；$Aa'=aa_X=a''a_Z$，反映空间中的点 A 到 V 面的距离；$Aa''=a'a_Z=aa_Y$(即 a_{YH})，反映空间中的点 A 到 W 面的距离。

上述即是点的投影与点的空间位置的关系，根据这个关系，若已知点的空间位置，就可以画出点的投影；反之，若已知点的投影，就可以完全确定点的空间位置。

$aa_{YH}=a'a_Z$，即 $a'a\perp OX$；$a'a_X=a''a_{YW}$，即 $a'a''\perp OZ$；$aa_X=a''a_Z$。

这说明点的 3 个投影不是孤立的，而是彼此之间有一定的位置关系。而且这个关系不因空间中的点的位置改变而改变，因此可以把它概括为以下几点普遍性的投影规律。

(1) 点的正面投影和水平投影的连线垂直于 OX 轴，即 $a'a\perp OX$。

(2) 点的正面投影和侧面投影的连线垂直于 OZ 轴，即 $a'a''\perp OZ$。

(3) 点的水平投影 a 到 OX 轴的距离等于侧面投影 a''到 OZ 轴的距离，即 $aa_X=a''a_Z$。

根据上述投影规律，若已知点的任何两个投影，就可求出它的第 3 个投影。

【例 3-1】 如图 3.2 所示，已知点 A 的正面投影 a'和侧面投影 a''，求作其水平投影 a。

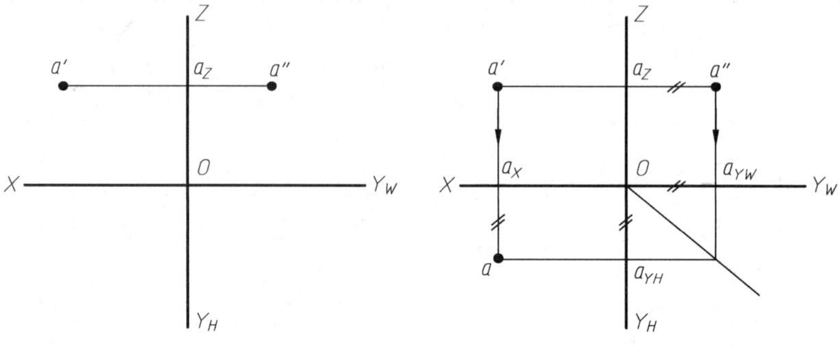

(a) (b)

图 3.2 已知点的两个投影求第三个投影

解： 由于点 a 与点 a'的连线垂直于 OX 轴，因此点 a 一定在过点 a'而垂直于 OX 轴的直线上。又由于点 a 到 OX 轴的距离必等于点 a''到 OZ 轴的距离，因此截取 $aa_X=a''a_Z$，便可求得点 a。

为了作图简便，可自点 O 作辅助线(与水平方向夹角为 45°)，以表明 $aa_X=a''a_Z$ 的关系。

3.1.3 点的投影与坐标

三投影面体系可以看成是一个空间直角坐标系，因此可用直角坐标确定点的空间位置。投影面 H、V、W 作为坐标面，3 条投影轴 OX、OY、OZ 作为坐标轴，三轴的交点 O 作为坐标原点，如图 3.3 所示。

可以看出点 A 的直角坐标与其 3 个投影的关系如下。

点 A 到 W 面的距离$=Oa_X=a'a_Z=aa_{YH}=x$ 坐标。

点 A 到 V 面的距离$=Oa_{YH}=aa_X=a''a_Z=y$ 坐标。

点 A 到 H 面的距离$=Oa_Z=a'a_X=a''a_{YW}=z$ 坐标。

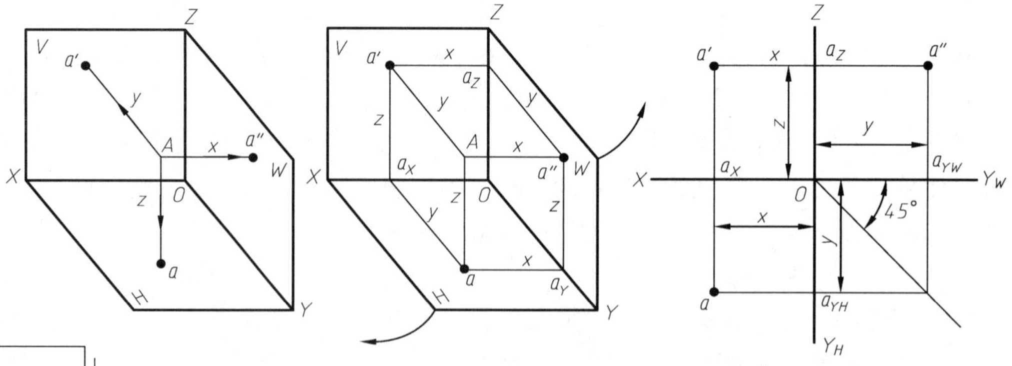

(a) (b) (c)

图 3.3 点的三面投影与直角坐标

点的坐标

用坐标来表示空间中的点的位置比较简单，可以写成 $A\ (x,\ y,\ z)$的形式。坐标 x 和 z 决定点的正面投影 a'，坐标 x 和 y 决定点的水平投影 a，坐标 y

和 z 决定点的侧面投影 a''，若用坐标表示，则分别为 $a(x, y, 0)$，$a'(x, 0, z)$，$a''(0, y, z)$。

因此，已知一点的三面投影，就可以得出该点的 3 个坐标；反之，已知一点的 3 个坐标，就可以得出该点的三面投影。

【例 3-2】 已知点 A 的坐标(20，10，18)，作出该点的三面投影，并画出其立体图。

解： 画点的三面投影作图方法如下(图 3.4)。

(1) 画坐标轴，在 OX 轴上自点 O 向左量取 20mm，定出点 a_X。

(2) 过点 a_X 作 OX 轴的垂线，并从点 a_X 向下量取 $aa_X=10$mm，得点 a，从点 a_X 向上量取 $a'a_X=18$mm，得点 a'。

(3) 自点 a' 作 OZ 轴的垂线，得交点 a_Z，自点 a_Z 向右量取 $a_Za''=10$mm，得点 a''。

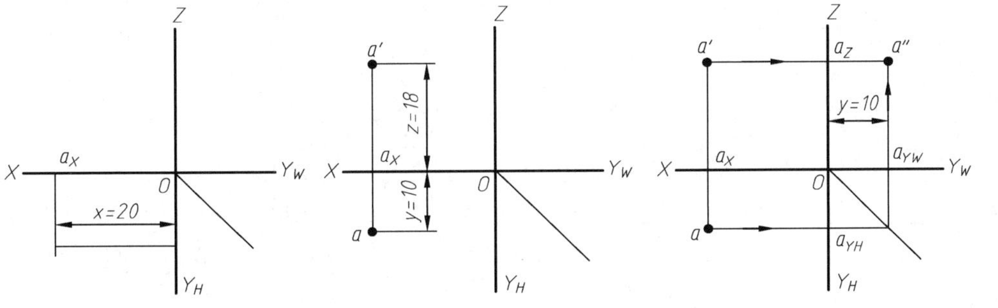

图 3.4 已知点的坐标画其三面投影

画点的立体图作图方法如下(图 3.5)。

(1) 根据投影图的坐标值，按 1∶1 的比例沿各轴量取 x、y、z 尺寸得点 a_X、a_Y、a_Z。

(2) 过点 a_X、a_Y、a_Z 在各坐标面上分别引各轴的平行线，得点 A 的 3 个投影 a、a'、a''。

(3) 过点 a 作 $aA /\!/ OZ$，过点 a' 作 $a'A /\!/ OY$，过点 a'' 作 $a''A /\!/ OX$，所作三直线的交点即为空间中的点 A。

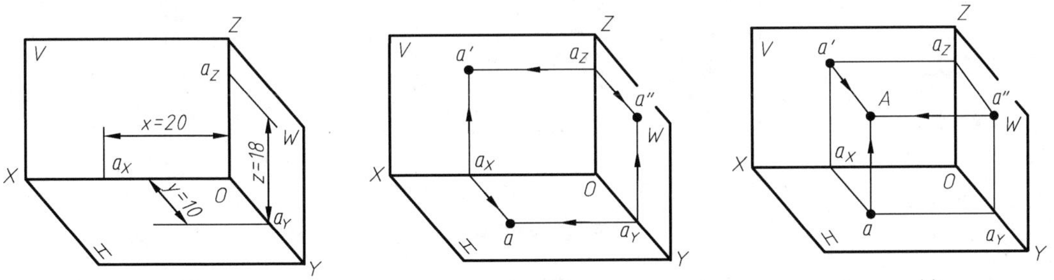

图 3.5 已知点的坐标画其立体图

3.1.4 两点的相对位置

两点的相对位置

空间中的两点的相对位置可以通过其三面投影图进行描述，由它们在同一投影面上投影的坐标差来判别，其中 x 坐标可判别左、右方位，y 坐标可判别前、后方位，z 坐标可判别上、下方位。

图 3.6(a)所示引例中的空间中的两点 A、B，它们的相对位置可通过绘制其三面投影图进行分析。

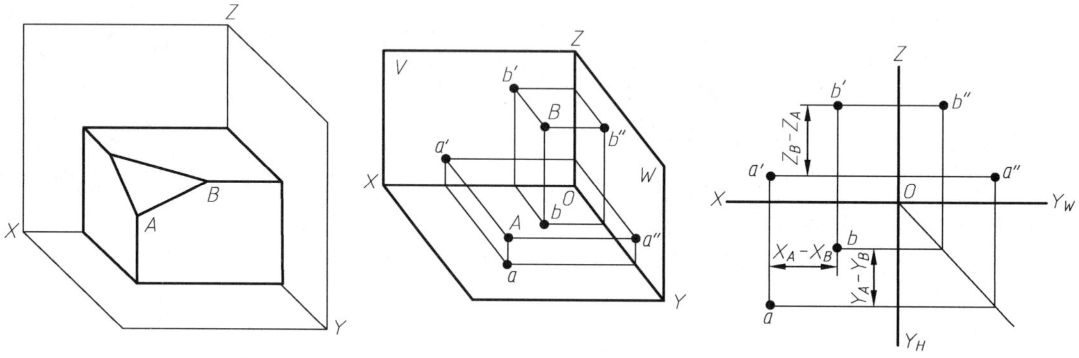

(a) (b) (c)

图 3.6　两点的相对位置

绘制已知空间中的两点的投影，即点 A 的 3 个投影 a、a'、a''和点 B 的 3 个投影 b、b'、b''，如图 3.6(b)所示。用 A、B 两点的同面投影坐标差就可判别 A、B 两点的相对位置。如图 3.6(c)所示，$x_A > x_B$，故点 B 在点 A 的右方；$z_B > z_A$，故点 B 在点 A 的上方；同理，$y_A > y_B$，故点 B 在点 A 的后方。也就是说点 B 在点 A 的右、后、上方。

观察图 3.7(a)所示引例中的空间中的两点 A、C，发现它们的相对位置具有一些特殊性，即它们在水平投影面上的投影是重合的。

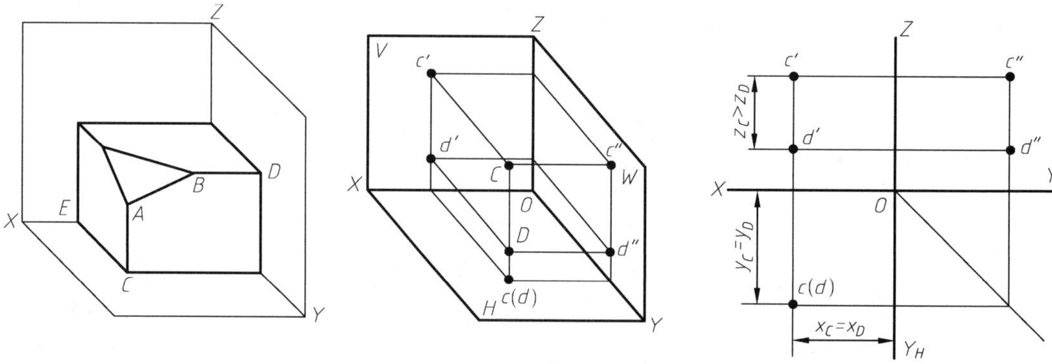

(a) (b) (c)

图 3.7　重影点

若空间中的两点在某一投影面上的投影重合，则这两点是该投影面上的重影点。这时，两点的某两坐标相同，并在同一投影线上。当两点的投影重合时，就需要判别其可见性，即两点中哪一点可见，哪一点不可见。

重影点

判别重影点的可见性时应注意以下规律。

(1) 对 H 面的重影点，从上向下观察，z 坐标值大者可见。

(2) 对 W 面的重影点，从左向右观察，x 坐标值大者可见。

(3) 对 V 面的重影点，从前向后观察，y 坐标值大者可见。

为了在投影图上对投影进行区分，规定将不可见的投影用加括号的方法表示，如点(*a*)。

图 3.7(b)所示的空间中的点 *C*、*D* 位于垂直 *H* 面的投影线上，其水平投影 *c*、*d* 重合为一点，则点 *C*、*D* 对 *H* 面的重影点，*z* 坐标值大的点为可见点，图中 $z_C > z_D$，故点 *c* 为可见，点 *d* 为不可见，用点 *c*(*d*)表示，如图 3.7(c)所示。

3.1.5 特殊位置上的点

在图 3.7(a)所示引例中的空间中的点 *C*、*D*、*E*，它们的空间位置有一些特殊性，点 *C* 在水平投影面上，点 *D* 在侧面投影面上，而点 *E* 则在 *OX* 投影轴上。通常称这些点为特殊位置上的点。

1. 在投影面上的点

特殊位置点的投影

由于点在投影面上，故它有一个坐标为 0。它的三面投影，必定有两个投影在投影轴上，另一个投影和其空间点本身重合。例如，在 *V* 面上的点 *A*，它的 *y* 坐标为 0。所以，它的水平投影 *a* 在 *OX* 轴上，侧面投影 *a*″在 *OZ* 轴上，而正面投影 *a*′在 *V* 面上与其空间点本身重合为一点，如图 3.8(a)所示。

2. 在投影轴上的点

由于点在投影轴上，故它有两个坐标为 0。它的三面投影中，必定有一个投影在原点上，另两个投影和其空间点本身重合。例如，在 *OZ* 轴上的点 *A*，它的 *x*、*y* 坐标为 0。所以，它的水平投影 *a* 在原点，正面投影 *a*′、侧面投影 *a*″在 *OZ* 轴上与其空间点本身重合为一点，如图 3.8(b)所示。

3. 在原点上的点

在原点上的点，由于它有 3 个坐标都为 0，因此，它的 3 个投影必定都在原点上，如图 3.8(c)所示。

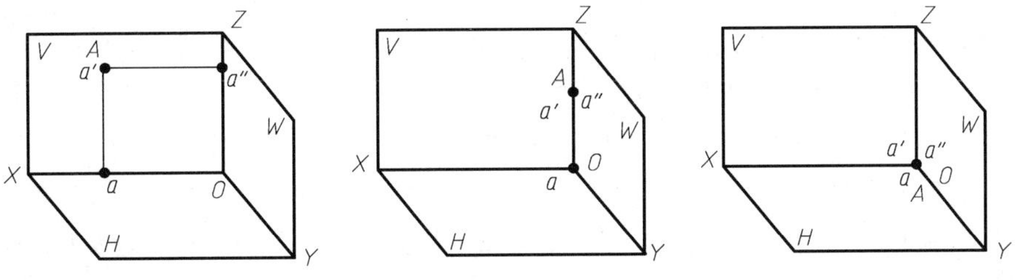

(a) 点在*V*投影面上　(b) 点在*OZ*投影轴上　(c) 点在原点上

图 3.8　特殊位置上的点

特别提示

观察本章引例中有哪些点是重影点，有哪些点是特殊位置上的点。特殊位置上的点，其投影的标注要遵循标注原则，即应该标注在对应的投影面上。

3.2 直线的投影

3.2.1 直线投影的形成

观察引例中的 A、B 两点可以看出它是空间中的一条直线，如图 3.7(a)所示。也就是说空间中的一条直线的投影可由直线上的两点(通常取线段两个端点)的同面投影来确定。图 3.9(a)所示的直线 AB，求作它的三面投影图时，可分别作出 A、B 两端点的投影(a、a'、a'')、(b、b'、b'')，如图 3.9(b)所示；然后将其同面投影连接起来即得直线 AB 的三面投影图(ab、$a'b'$、$a''b''$)，如图 3.9(c)所示。

直线投影的形成

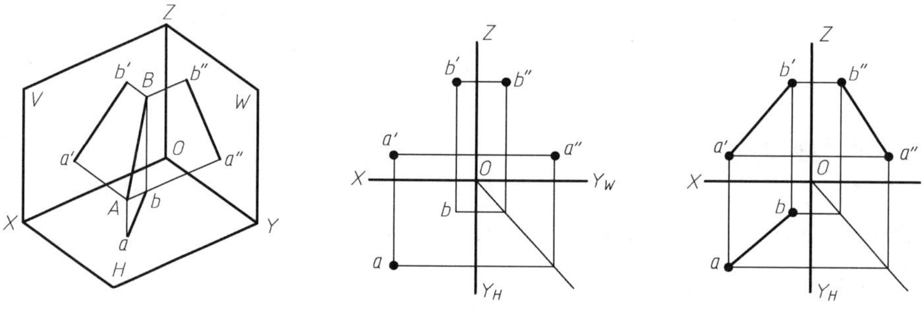

(a) (b) (c)

图 3.9　直线的投影

3.2.2 各种位置直线的投影

空间中的直线对投影面有 3 种位置关系：平行、垂直和一般位置(倾斜)。

投影面平行线投影特性

1. 投影面平行线投影特性

若空间中的直线平行于一个投影面，倾斜于其他两个投影面，则这样的直线称为投影面平行线。平行于 V、H、W 面的投影面平行线分别称为正平线、水平线和侧平线。投影面平行线在其平行的投影面上的投影反映实长，其他两个投影面上的投影垂直于相应的投影轴，且投影线段的长小于空间线段的实长，投影面平行线的立体图、投影图及投影特性见表 3－1。

表 3－1　投影面平行线的立体图、投影图及投影特性

类型	正平线(//V)	水平线(//H)	侧平线(//W)
实例	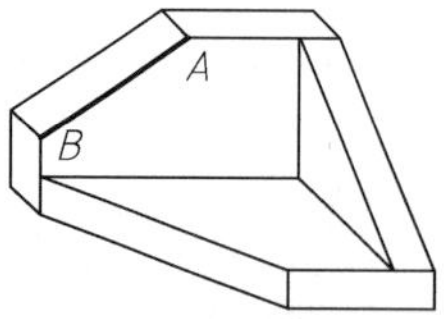	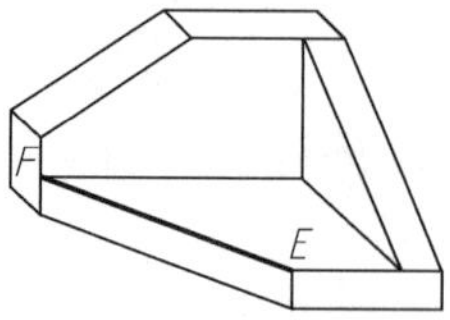	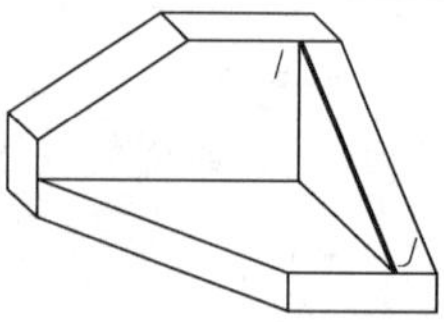

续表

立体图	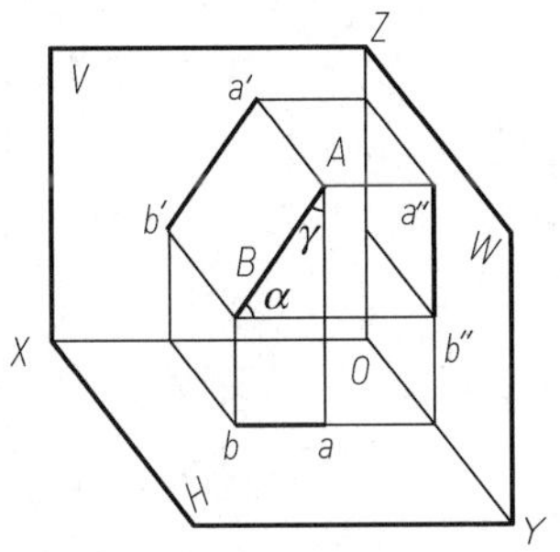	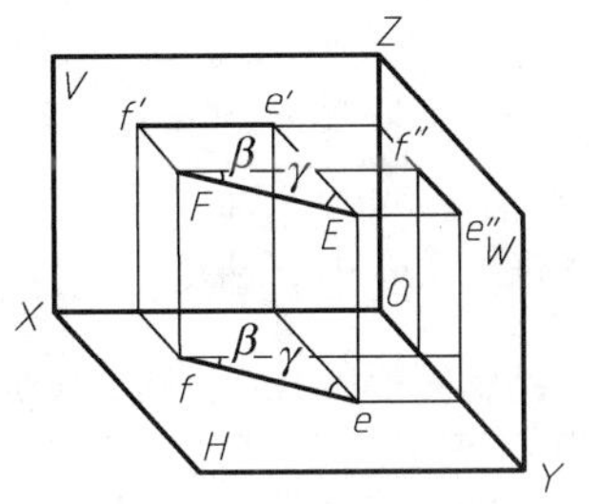	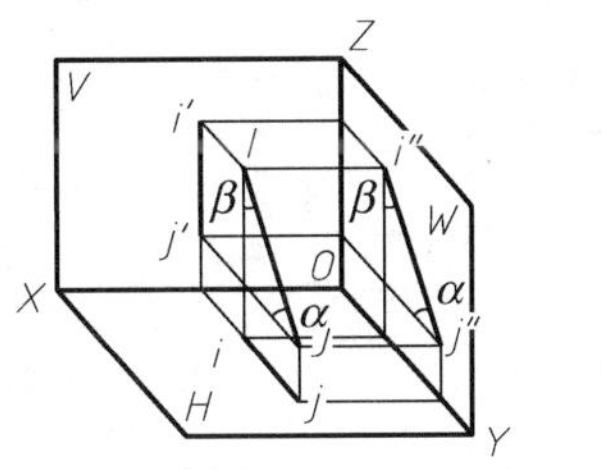
投影图	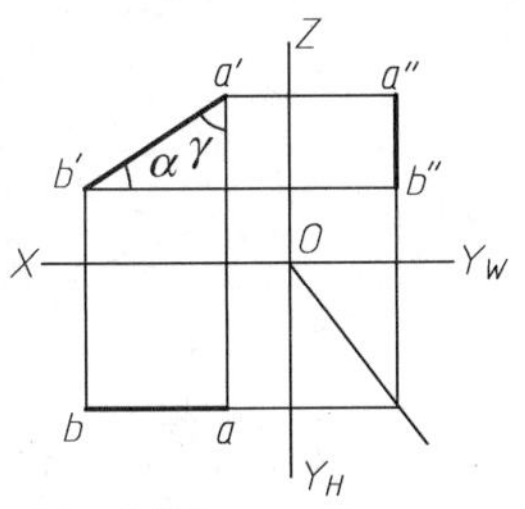	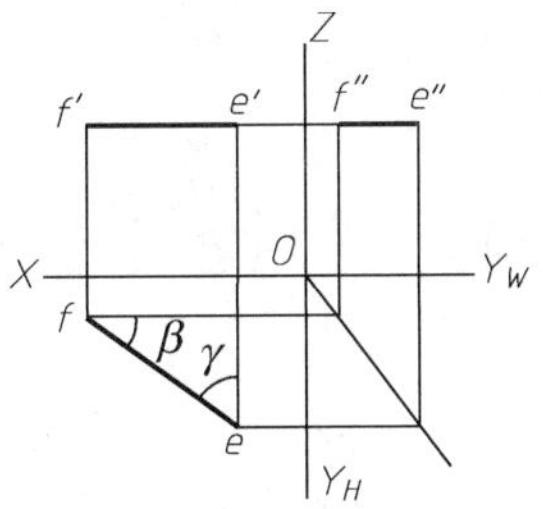	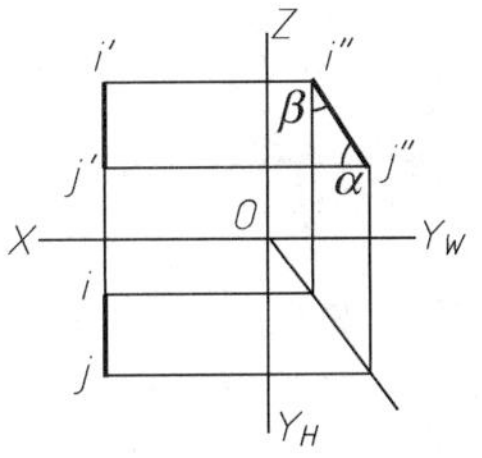
投影特性	(1) 正面投影 $a'b'$ 反映实长 (2) 正面投影 $a'b'$ 与 OX 轴和 OZ 轴的夹角 α、γ 分别为 AB 对 H 面和 W 面的倾角 (3) 水平投影轴 ab // OX 轴，侧面投影 $a''b''$ // OZ 轴，且都小于实长	(1) 水平投影 ef 反映实长 (2) 水平投影 ef 与 OX 轴和 OY_H 的夹角 β、γ 分别为 EF 对 V 面和 W 面的倾角 (3) 正面投影 $e'f'$ // OX 轴，侧面投影 $e''f''$ // OY_W，且都小于实长	(1) 侧面投影 $i''j''$ 反映实长 (2) 侧面投影 $i''j''$ 与 OZ 轴和 OY_W 轴的夹角 β、α 分别为 IJ 对 V 面和 H 面的倾角 (3) 正面投影 $i'j'$ // OZ 轴，水平投影 ij // OY_H，且都小于实长

【例 3-3】 如图 3.10(a)所示，已知直线 AB 的水平投影 ab，并知 AB 对 H 面的倾角为 30°，点 A 距 H 面为 5mm，点 A 在点 B 的左下方，求 AB 的正面投影 $a'b'$。

解： 由直线 AB 的水平投影 ab 可知直线 AB 是正平线；正平线的正面投影与 OX 轴的夹角反映直线与 H 面的倾角。又知点 A 到 H 面的距离等于正面投影到 OX 轴的距离，为此，可以求出点 a'。

作图方法如下。

(1) 过点 a 作 OX 轴的垂线 aa_X，在 aa_X 的延长线上截取 $a'a_X$=5mm，如图 3.10(b)所示。

(2) 过点 a' 作与 OX 轴成 30°的直线，与过点 b 作 OX 轴的垂线 bb_X 的延长线相交，因点 A 在点 B 的左下方，得点 b'，连接点 a'、b'，得 AB 的正面投影 $a'b'$，如图 3.10(c)所示。

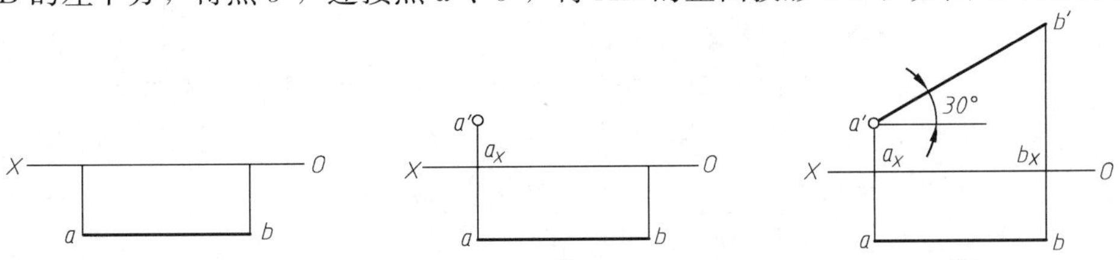

(a) (b) (c)

图 3.10 求正平线的投影

投影面垂线投影特性

2. 投影面垂线投影特性

若空间中的直线垂直于一个投影面，则必平行于其他两个投影面，这样的直线称为投影面垂线。垂直于 V、H、W 面的投影面垂线分别称为正垂线、铅垂线和侧垂线。投影面垂线在其垂直的投影面上的投影积聚为一个点，其他两个投影面上的投影垂直于相应的投影轴，且反映实长，投影面垂线的立体图、投影图及投影特性见表 3－2。

表 3－2　投影面垂线的立体图、投影图及投影特性

类型	正垂线($\perp V$)	铅垂线($\perp H$)	侧垂线($\perp W$)
实例	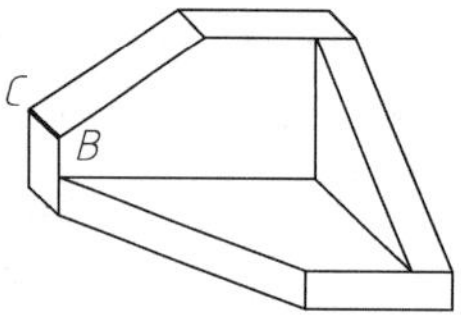	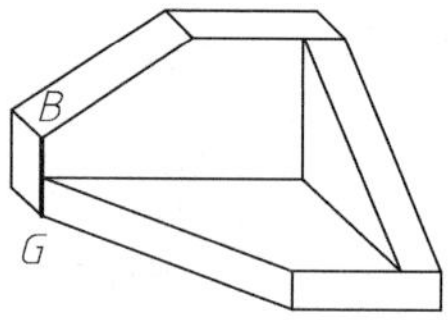	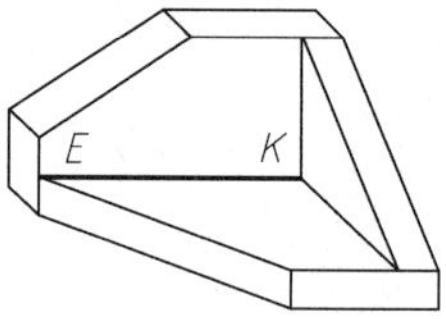
立体图	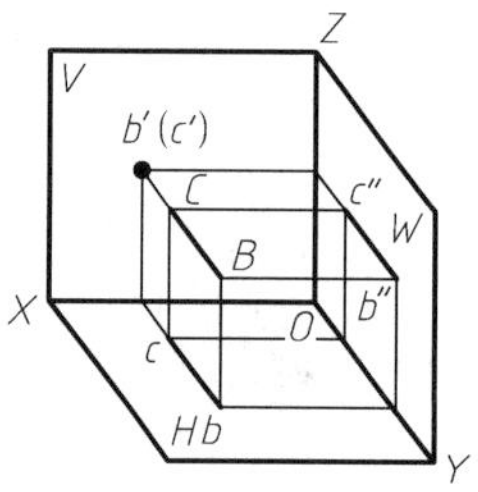	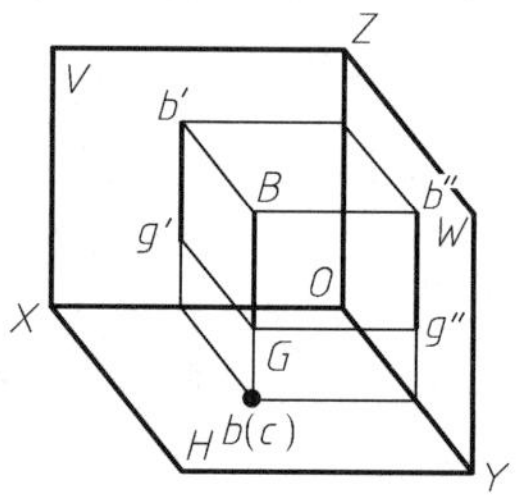	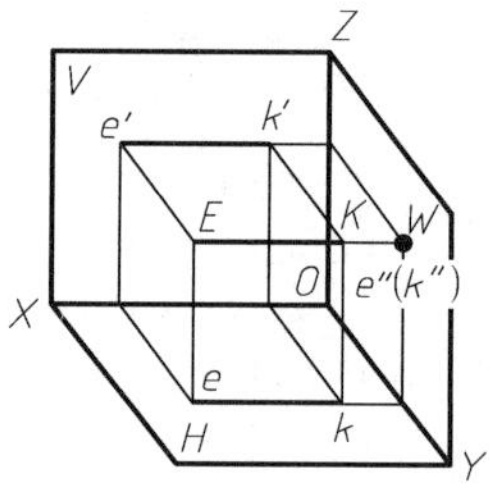
投影图	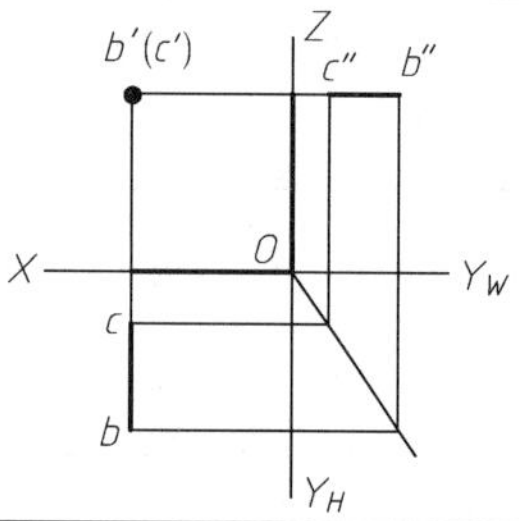	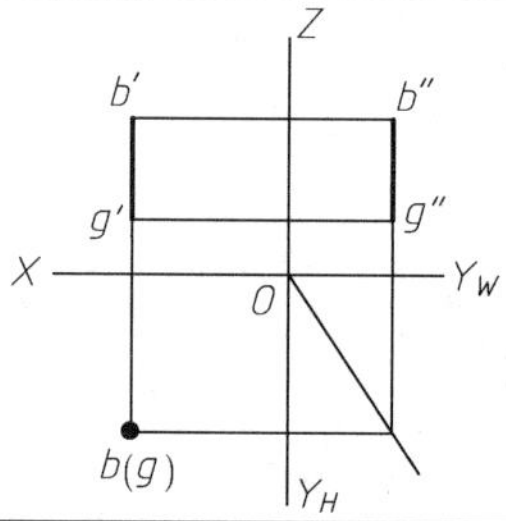	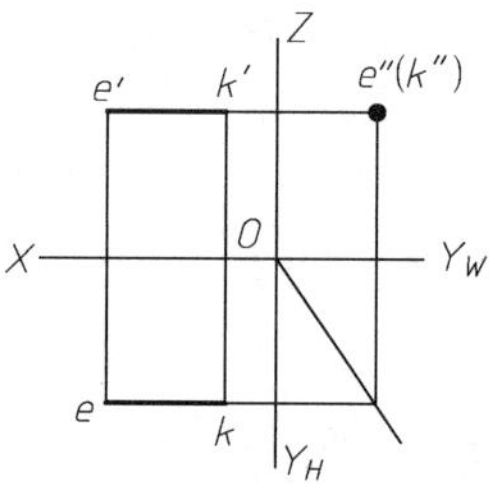
投影特性	(1) 正面投影 $b'(c')$ 积聚成一点 (2) 水平投影 bc、侧面投影 $b''c''$ 都反映实长，且 $bc \perp OX$，$b''c'' \perp OZ$	(1) 水平投影 $b(g)$ 积聚成一点 (2) 正面投影 $b'g'$、侧面投影 $b''g''$ 都反映实长，而且 $b'g' \perp OX$，$b''g'' \perp OY_W$	(1) 侧面投影 $e''(k'')$ 积聚成一点 (2) 正面投影 $e'k'$、水平投影 ek 都反映实长，且 $e'k' \perp OZ$，$ek \perp OY_H$

一般位置直线投影特性

3. 一般位置直线投影特性

与 3 个投影面都处于倾斜位置的直线称为一般位置直线。

如图 3.11(a)所示，空间中的直线 AB 与 H、V、W 面都处于倾斜位置，倾角分别为 α、β、γ，其投影如图 3.11(b)所示。

一般位置直线的投影特性可归纳为以下几点。

(1) 直线的 3 个投影和投影轴都倾斜，各投影和投影轴所夹的角度不等于空间线段对相应投影面的倾角。

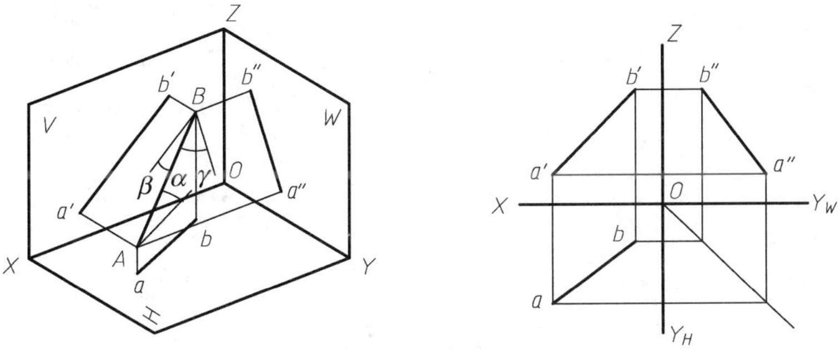

(a) (b)

图 3.11 一般位置直线的投影

直线的投影绘制

(2) 任何投影都小于空间线段的实长，也不能积聚为一点。

对于一般位置直线的辨认：直线的投影如果与 3 个投影轴都倾斜，则可判定该直线为一般位置直线。

特别提示

对直线的投影可遵循“一点两直线则为投影面垂线，点在哪个投影面上就是垂直于哪个面”“一直线两斜线则为投影面平行线，斜线在哪个投影面上就平行于哪个面”“三条斜线则一定是一般位置直线”的规律判定。

3.2.3 直线上的点

点在直线上，则点的各个投影必定在该直线的同面投影上；反之，若一个点的各个投影都在直线的同面投影上，则该点必定在直线上。图 3.12(a)所示直线 AB 上有一点 C，则点 C 的三面投影 c、c'、c''必定分别在该直线 AB 的同面投影 ab、$a'b'$、$a''b''$上，且 $c'c$ 和 $c'c''$分别垂直于相应的投影轴，如图 3.12(b)所示。

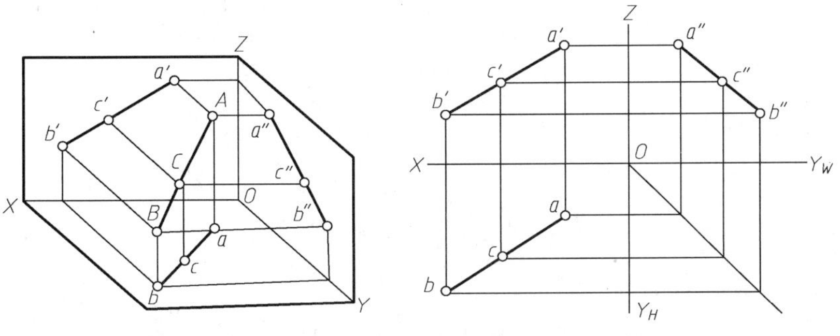

(a) (b)

图 3.12 直线上的点

若直线上的点分线段成比例，则该点的各投影也相应分线段的同面投影成相同的比例。在图 3.12 中，C 点把直线 AB 分为 AC、CB 两段，则有：$AC:CB=a'c':c'b'$，$ac:cb=a''c'':c''b''$。

直线上的点分割线段之比等于其投影之比，这称为直线投影的定比性。

【例 3-4】 如图 3.13(a)所示，求直线 AB 上一点 K，使 $AK:KB=2:3$。

解： 由点在直线上的投影特性可知，$AK:KB=2:3$，则其投影 $a'k':k'b'=ak:kb=2:3$。因此只要用平面几何作图的方法，把 ab 或 $a'b'$ 分为 2∶3，即可求得点 K 的投影 k、k'。

作图方法如下。

(1) 过点 a 任作一直线，并从点 a 起在该直线上任取 5 个等分点，得点 1、2、3、4、5，如图 3.13(b)所示。

(2) 连接点 b、5，再过点 2 作 $b5$ 的平行线，与 ab 相交，即得点 K 的水平投影 k，过点 k 作 bb' 的平行线，与 $a'b'$ 的交点即为点 K 的正面投影 k'，如图 3.13(c)所示。

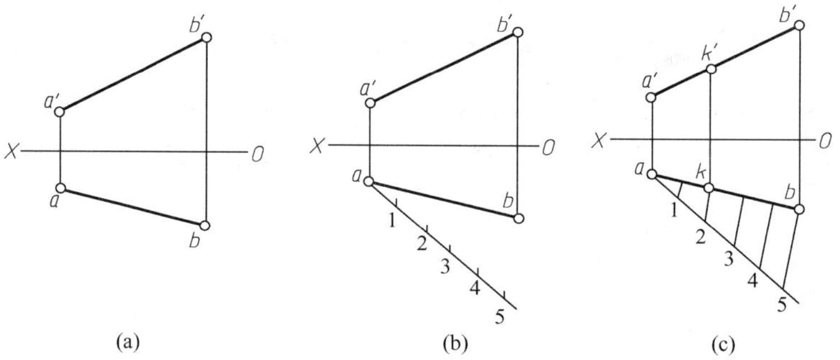

图 3.13　点分线段成定比

【例 3-5】 判定图 3.14(a)所示的点 K 是否在侧平线 AB 上。

解： 由直线上点的投影特性可知，如果点 K 在直线 AB 上，则 $a'k':k'b'=ak:kb$。因此，可用这一定比关系来判定点 K 是否在直线 AB 上。另外，如果点 K 在直线 AB 上，则点 k'' 也应在 $a''b''$ 上，所以可用它们的侧面投影来判定。

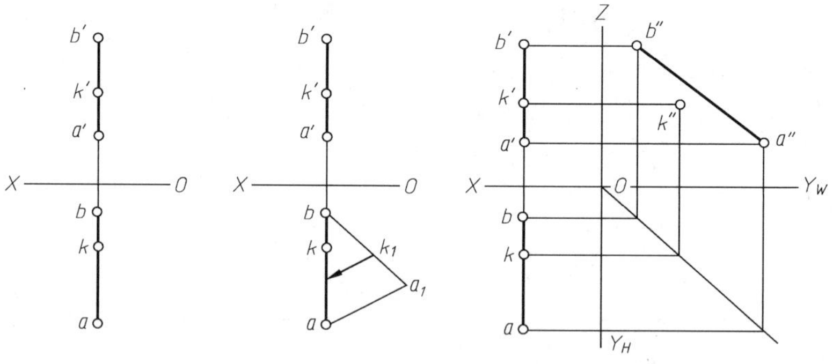

图 3.14　判定点是否在直线上

作图方法一：用定比性来判定。

(1) 如图 3.14(b)所示，在水平投影上过点 b 任作一直线，取 $bk_1=b'k'$、$k_1a_1=k'a'$。

(2) 连接点 a_1、a，过点 k_1 作 a_1a 的平行线，它与 ab 的交点不是点 k，这说明 $a'k':k'b'\neq ak:kb$。由此可判定点 K 不在直线 AB 上。

作图方法二：用直线上点的投影规律来判定。

如图 3.14(c)所示，分别补出点 K 和直线 AB 的侧面投影 k'' 和 $a''b''$，可以看出点 k'' 不在 $a''b''$ 上，由此也可判定点 K 不在直线 AB 上。

3.2.4 一般位置直线段的实长和倾角

投影面平行线、投影面垂线在某一投影面上的投影总能反映空间中直线段的实长及其与投影面的真实倾角，但一般位置直线段在各投影面上的投影既不能反映直线段的实长，也不能反映直线段与投影面的倾角。在实际应用中，经常需要按照投影求出直线段与投影面的倾角及直线段的实长。通常将这种方法称为直角三角形法。

分析图 3.15(a)可知，直线段 AB 与其水平投影 ab 决定的平面 $ABba$ 垂直于 H 面，在该平面内过点 B 作 ab 的平行线交 Aa 于点 A_O，则构成一直角三角形$\triangle AA_OB$。在直角三角形$\triangle AA_OB$ 中，直角边 A_OB 为水平投影 ab 之长，另一直角边 AA_O 则为 A、B 两点到 H 面的距离差(Z 坐标差)；斜边 AB 与直角边 BA_O 的夹角即为直线 AB 对 H 面的倾角 α；斜边 AB 即为其实长。因此，只要求出直角三角形$\triangle AA_OB$ 的实形，即可求得 AB 对 H 面的倾角 α 及其实长。

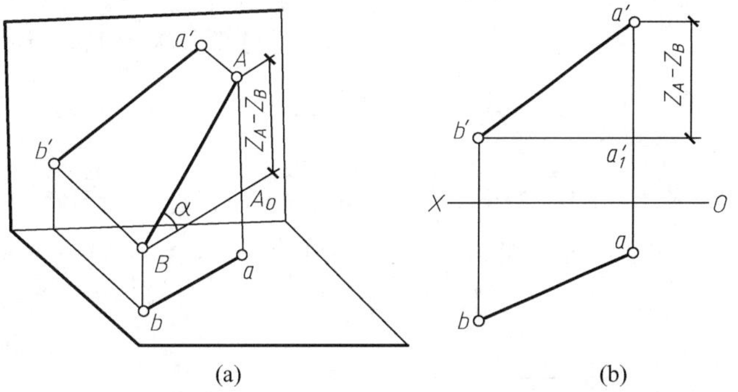

图 3.15 一般位置直线段的实长和倾角

在投影图 3.15(b)中，AB 的水平投影 ab 已知，A、B 两点到 H 面的距离之差可由其正面投影求得，由此即可作出直角三角形$\triangle AA_OB$ 的实形。

具体的作图方法有两种。

作图方法一。

(1) 如图 3.16(a)所示，求 A、B 两点到 H 面的距离之差：过点 b'作 OX 轴的平行线与 aa'交于点 a_1'，则 $a'a_1'$等于 A、B 两点到 H 面的距离之差。

(2) 如图 3.16(b)所示，以 ab 为直角边，$a'a_1'$为另一直角边，作直角三角形：过点 a 作 ab 的垂线，在该垂线上截取 $aA_O=a'a_1'$，连接 bA_O，则$\angle A_Oba$ 即为 AB 对 H 面的倾角 α，$A_Ob=AB$(实长 TL)。

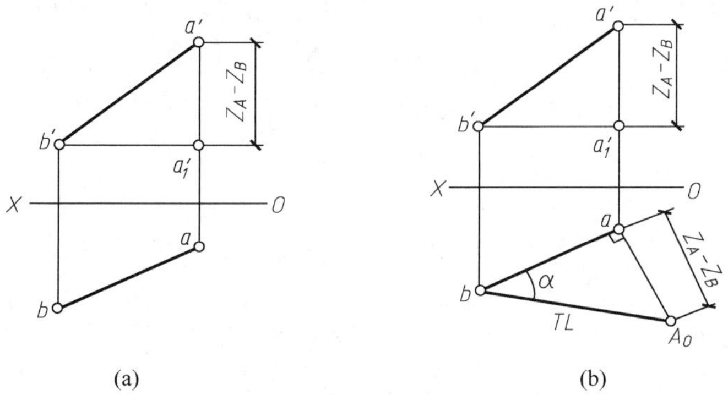

图 3.16 求一般位置直线段的实长和倾角的作图方法一

作图方法二。

(1) 如图 3.17(a)所示，过点 b'作 OX 轴的平行线与 aa'交于点 a_1'，则 $a'a_1'$即为 A、B 两点到 H 面的距离之差。

(2) 如图 3.17(b)所示，在 $b'a_1'$的延长线上截取 $a_1'B_O=ab$，并连接点 a'、B_O，则 $\angle a_1'B_Oa'$即为 AB 对 H 面的倾角 α，$a'B_O=AB$(实长 TL)。

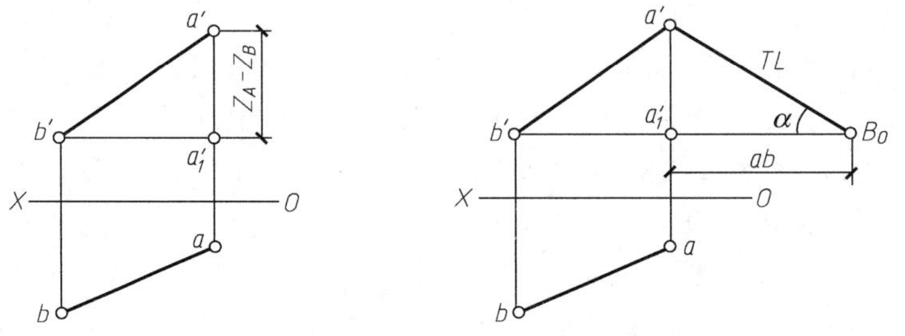

(a) (b)

图 3.17　求一般位置直线段的实长和倾角的作图方法二

求一般位置直线段对 V 面的倾角 β 及实长，可结合上述分析方法和教材，总结求解的作图方法。

【例 3-6】 如图 3.18 所示，已知直线段 AB 的水平投影 ab 和点 A 的正面投影 a'，并知 AB 对 H 面的倾角 $\alpha=30°$，点 B 在点 A 之上，求 AB 的正面投影 $a'b'$。

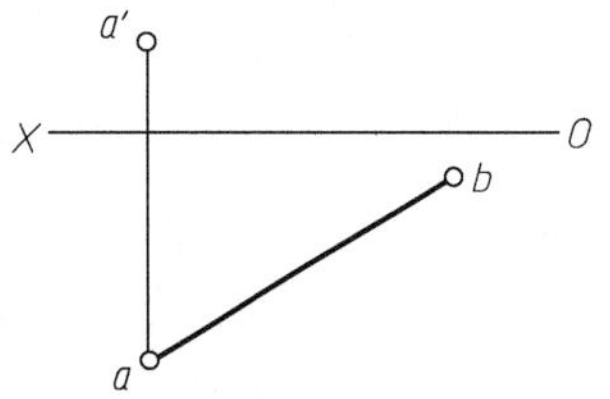

图 3.18　求一般位置直线段的第二面投影

解： 由于已知点 A 的正面投影 a'，因此只要求出 A、B 两点到 H 面的距离之差 Z_B-Z_A，即可确定点 b'。由上述直角三角形法的原理可知，以 ab 为一直角边，作一锐角为 30°的直角三角形，则 30°角所对的直角边，即为 A、B 两点到 H 面的距离之差 Z_B-Z_A。

作图方法一。

(1) 以 ab 为一直角边，作一锐角为 30°的直角三角形$\triangle B_0ba$，则 B_0b 等于 A、B 两点到 H 面的距离之差 Z_B-Z_A，如图 3.19(a)所示。

(2) 过点 b 作 OX 轴的垂线，过点 a'作 OX 轴的平行线，两者交于点 b_1'，然后从点 b_1'沿 OX 轴的垂线向上截取 $b_1'b'=Z_B-Z_A$(因为点 B 在点 A 之上)，即得点 b'，如图 3.19(b)所示。

(3) 连接点 a'、b'，即得直线 AB 的正面投影 $a'b'$，如图 3.19(c)所示。

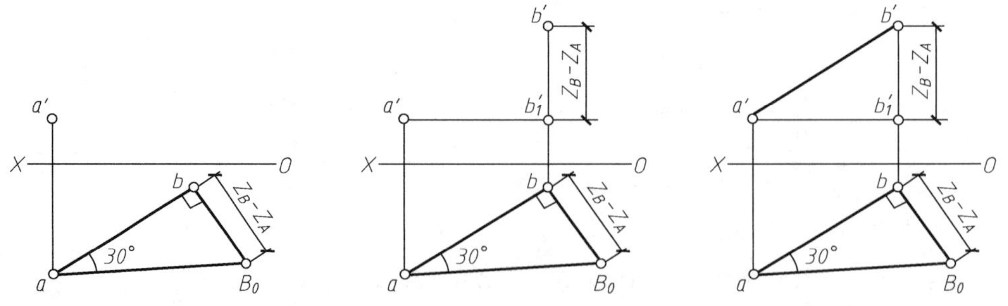

(a) (b) (c)

图 3.19　求一般位置直线段的第二面投影的作图方法一

作图方法二。

(1) 过点 b 作 OX 轴的垂线 bb_1'，过点 a' 作 OX 轴的平行线，两线交于点 b_1'，在 $a'b_1'$ 的延长线上截取 $b_1'A_0=ab$，如图 3.20(a)所示。

(2) 过点 A_0 作 30°的斜线与 bb_1' 的延长线相交，此交点即为点 b'，连接点 a'、b'，即得直线 AB 的正面投影 $a'b'$，如图 3.20(b)所示。

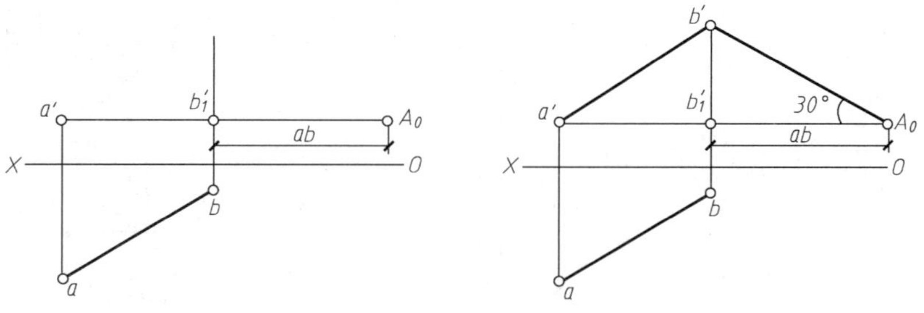

(a) (b)

图 3.20 求一般位置直线段的第二面投影的作图方法二

3.2.5 两直线的相对位置

空间中的两直线的相对位置有平行、相交、交叉 3 种情况。

1. 两直线平行

若空间中的两直线平行，则它们的各同面投影必定互相平行。如图 3.21(a)所示，由于 $AB/\!/CD$，则必定有 $ab/\!/cd$、$a'b'/\!/c'd'$、$a''b''/\!/c''d''$，如图 3.21(b)所示。反之，若两直线的各同面投影互相平行，则此两直线在空间中也必定互相平行。

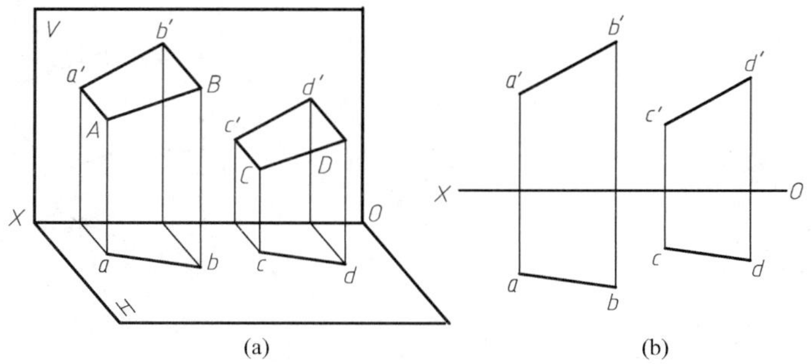

(a) (b)

图 3.21 两直线平行

在投影图中，若要判别两直线是否平行，一般只要看它们的正面投影和水平投影是否平行就可以了。但对于两直线均为某投影面平行线的情况，若无直线所平行的投影面上的投影，仅根据另两面投影的平行是不能确定它们在空间中是否平行的，应从直线在所平行的投影面上的投影来判定是否平行。

如图 3.22(a)所示，AB 和 CD 为两条侧平线，它们的正面投影 $a'b'/\!/c'd'$、水平投影 $ab/\!/cd$，但不能判定 AB 和 CD 是否平行，还需要补出它们的侧面投影来进行判定。从补出的侧面投影可以看出 $a''b''$ 与 $c''d''$ 不平行，这说明空间中的两直线 AB 和 CD 不平行。假若补出它们的侧面投影平行，则空间中的两直线一定平行。

图 3.22(b)所示 AB 和 CD 为两条水平线，由于它们的三面投影均互相平行，因此它们是在空间中也平行的两条直线。

图 3.22(c)所示 AB 和 CD 为两条正平线，虽然它们的水平投影和侧面投影平行，但其正面投影不平行，所以它们在空间中是不平行的两条直线。

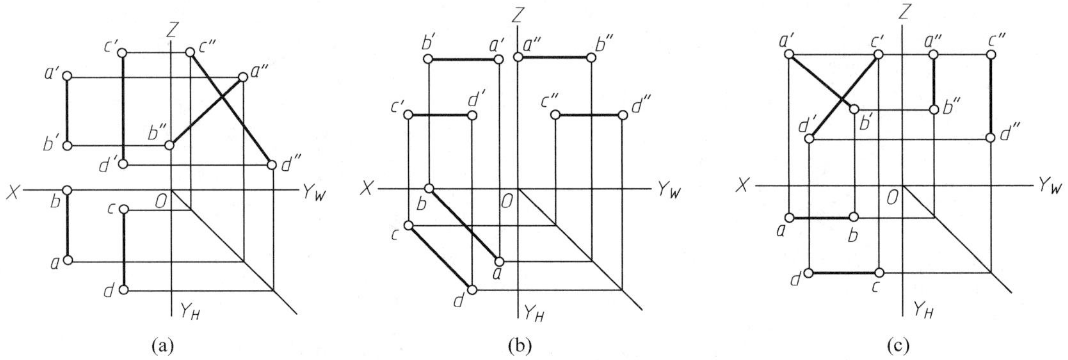

图 3.22 投影面平行线是否平行的判别

【例 3-7】 已知平行四边形 $ABCD$ 的两边 AB 和 AC 的投影，如图 3.23(a)所示，试完成平行四边形 $ABCD$ 的投影。

解： 根据平行四边形的对边相互平行和平行投影特性可知，$c'd' /\!/ a'b'$、$b'd' /\!/ a'c'$、$cd /\!/ ab$、$bd /\!/ ac$，因此只要作出这些平行线，即可完成平行四边形 $ABCD$ 的投影。

作图方法如下。

(1) 作 $c'd' /\!/ a'b'$、$b'd' /\!/ a'c'$ 得点 d'，如图 3.23(b)所示。

(2) 作 $cd /\!/ ab$、$bd /\!/ ac$，点 d 与点 d' 应在同一连线上，如图 3.23(c)所示。

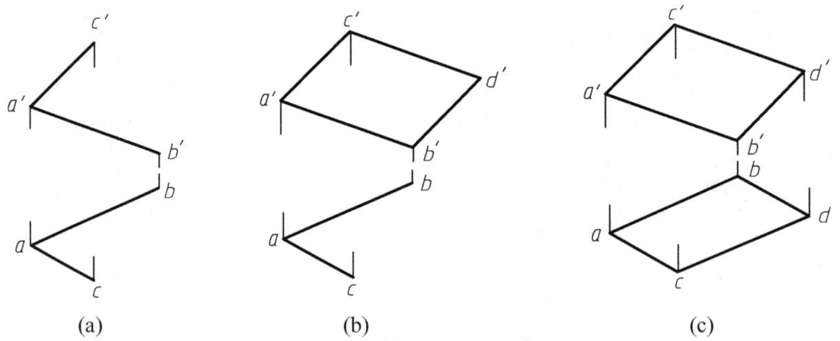

图 3.23 完成平行四边形 ***ABCD*** 的投影

2. 两直线相交

若空间中的两直线相交，则它们的各同面投影必定相交，且交点符合点的投影规律。如图 3.24 所示，两直线 AB、CD 相交于点 K，因为点 K 是两直线的共有点，则此两直线的各组同面投影的交点 k、k'、k'' 必定是交点 K 的投影。反之，若两直线的各同面投影相交，且各组同面投影的交点符合点的投影规律，则此两直线在空间中也必定相交。

在投影图中，判别两直线是否相交，对于两条一般位置直线来说，只要任意两个同面投影的交点的连线垂直于相应的投影轴，就可判定这两条直线在空间中一定相交。但是当两条

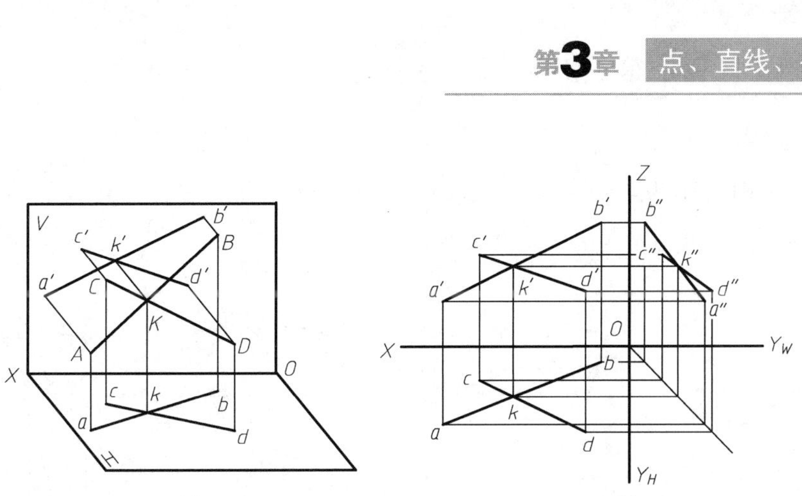

(a) (b)

图 3.24 两直线相交

直线中有一条直线是投影面的平行线时，则应利用直线在所平行的投影面内的投影来判断。

图 3.25(a)中，虽然 ab 和 cd 交于点 k，$a'b'$ 和 $c'd'$ 交于点 k'，且 $kk'\perp OX$，但不能直接得出两直线相交的结论，通常可利用侧面投影或比例关系进行判断。

如图 3.25(b)所示，因为 CD 为侧平线，虽然正面投影和水平投影都相交，观看侧面投影，$a''b''$ 和 $c''d''$ 也相交，但该交点与点 k' 的连线同 OZ 轴不垂直，所以两直线不相交。

若只根据 V、H 面两面投影来判定，如图 3.25(c)所示，则需比较 ak 和 kb 的线性比与 $a'k'$ 和 $k'b'$ 的线性比是否相等，如果相等则相交，不相等则不相交。

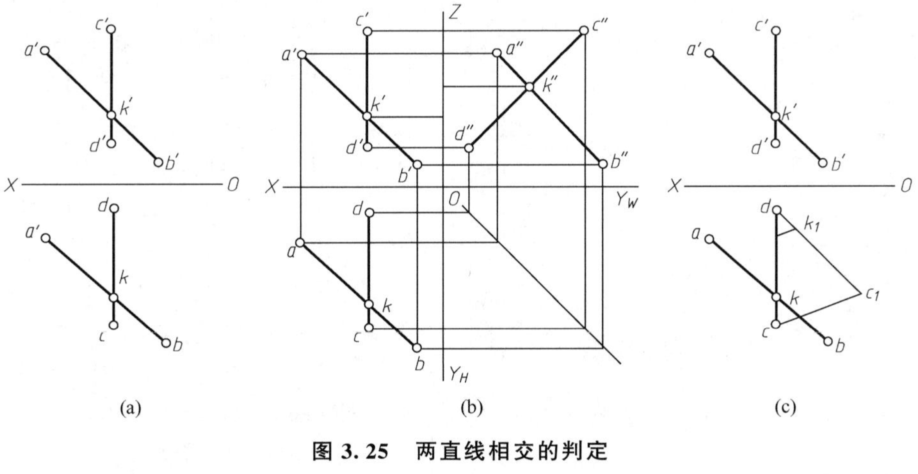

(a) (b) (c)

图 3.25 两直线相交的判定

【例 3-8】 已知四边形 $ABCD$ 的 V 面投影及其两条边的 H 面投影，如图 3.26(a)所示，试完成四边形 $ABCD$ 在 H 面上的投影。

解： 由于四边形 $ABCD$ 对角线相交，因此根据两直线相交的投影特性，即可完成四边形 $ABCD$ 的水平投影问题。

作图方法如下。

(1) 连接 $a'c'$ 和 $b'd'$，得交点 k'，即为四边形两对角线交点 K 的 V 面投影，如图 3.26(b)所示。

(2) 因交点 K 的 H 面投影必在对角线 AC 的投影 ac 上，故连接点 a、c，过点 k' 作 OX 轴的垂线与 ac 交于点 k；因点 D 的 H 面投影必在 bk 的延长线上，故连接点 b、k 并延长，如图 3.26(c)所示。

(3) 过点 d' 向下作 OX 轴的垂线，与 bk 的延长线交于点 d，连线 da、dc，$abcd$ 即为所求，如图 3.26(d)所示。

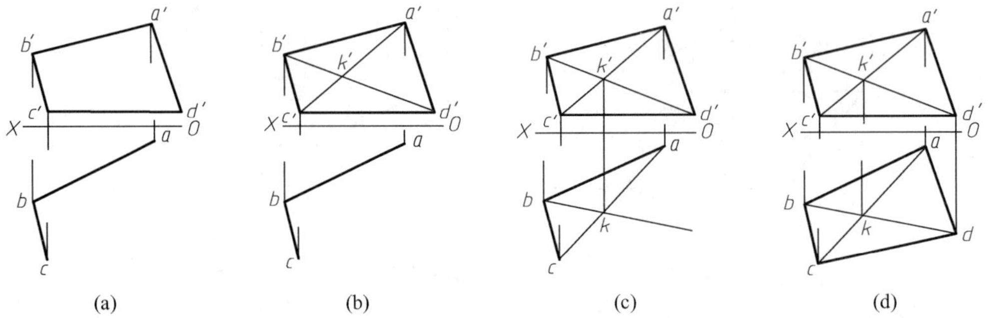

图 3.26 根据两直线相交的投影特性作四边形 *ABCD* 的水平投影

3. 两直线交叉

空间中的两直线既不平行又不相交，称为两直线交叉。

若空间中的两直线交叉，则它们的各组同面投影必不同时平行，或者它们的各同面投影虽然相交，但其交点不符合点的投影规律，反之亦然，如图 3.27(a)所示。

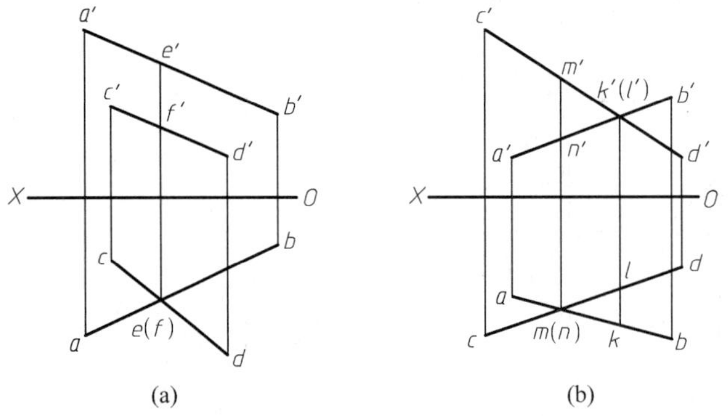

图 3.27 两直线交叉

空间中交叉的两直线的投影的交点，实际上是空间中两点的投影重合点。利用重影点的可见性，可以很方便地判别两直线的空间位置。在图 3.27(b)中，判断 AB 和 CD 的正面重影点 $k'(l')$ 的可见性时，由于 K、L 两点的水平投影 k 比 l 的 y 坐标值大，因此当从前往后看时，点 K 可见，点 L 不可见，由此可判定 AB 在 CD 的前方。同理，从上往下看时，点 M 可见，点 N 不可见，可判定 CD 在 AB 的上方，所以这两条直线在空间中是交叉的。

3.3 平面的投影

建筑物的形状虽然多种多样，但其投影轮廓都是由一些直线、圆弧或其他曲线组成的几何图形，为了能够正确、迅速地绘制出建筑工程图中的平面图形，必须熟练地掌握各种几何图形的作图原理、作图方法及图形与尺寸间相互依存的关系。

3.3.1 平面的表示方法

(1) 不在同一直线上的三点可确定一平面，如图 3.28(a)所示。

(2) 一直线和直线外一点可确定一平面，如图 3.28(b)所示。

(3) 相交两直线可确定一平面，如图 3.28(c)所示。

(4) 平行两直线可确定一平面，如图 3.28(d)所示。

(5) 任意平面图形，如三角形、四边形、圆形等可确定一平面，如图 3.28(e)所示。

▶ 平面的投影

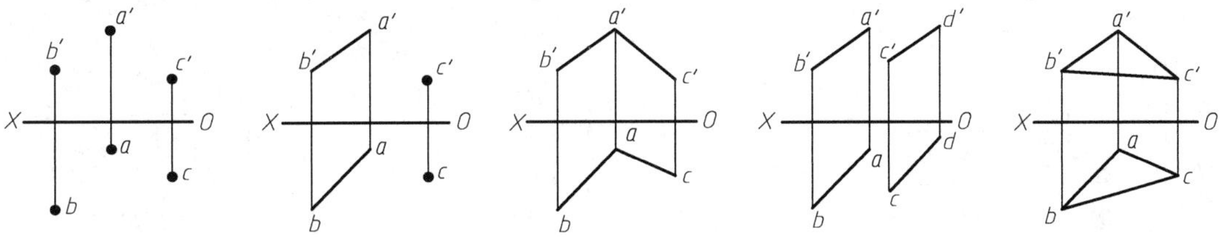

(a) (b) (c) (d) (e)

图 3.28 平面的表示方法

3.3.2 各种位置平面的投影

空间中的平面对投影面有 3 种位置关系：平行、垂直和一般位置。根据平面在三投影面体系中的位置可分为投影面倾斜面、投影面平行面、投影面垂直面 3 类。前两类平面称为特殊位置平面，后一类平面称为一般位置平面。

▶ 投影面平行面

1. 投影面平行面

若空间中的平面平行于一个投影面，则必垂直于其他两个投影面，这样的平面称为投影面平行面。

正平面——平行于 V 面而垂直于 H、W 面。

水平面——平行于 H 面而垂直于 V、W 面。

侧平面——平行于 W 面而垂直于 H、V 面。

投影面平行面在其平行的投影面上的投影反映实形，其他两个投影面上投影积聚成一条直线，且平行于相应的投影轴，投影面平行面的投影特性见表 3-3。

表 3-3 投影面平行面的投影特性

类型	正平面(//V)	水平面(//H)	侧平面(//W)
实例	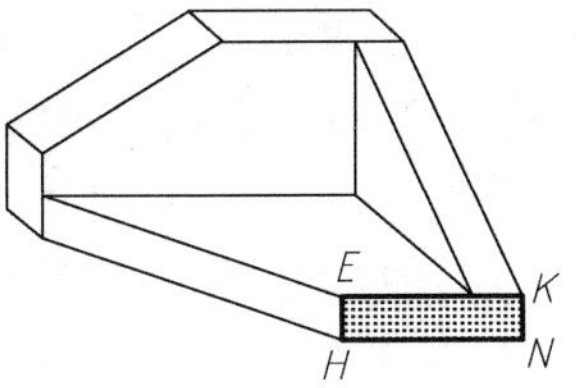	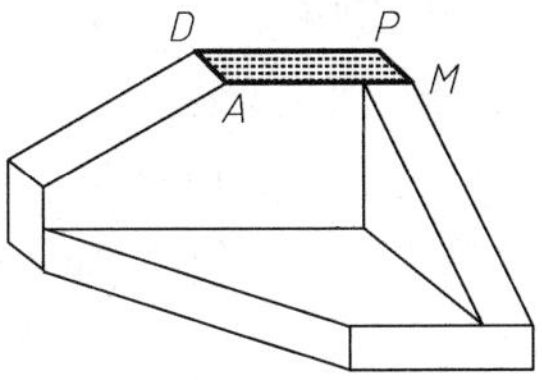	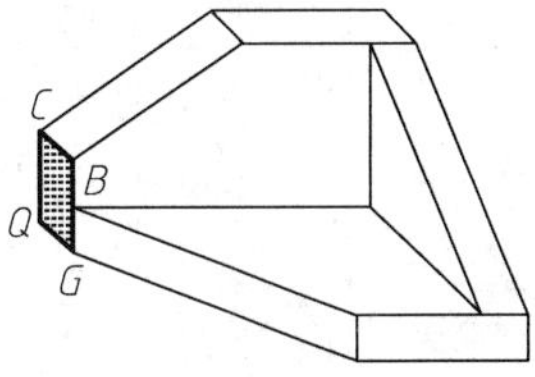

续表

立体图	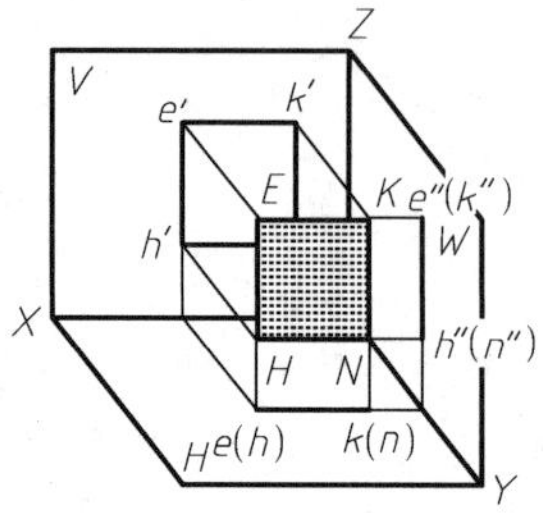	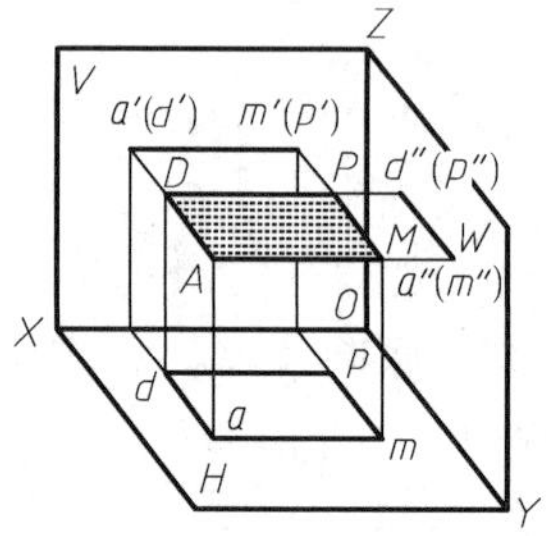	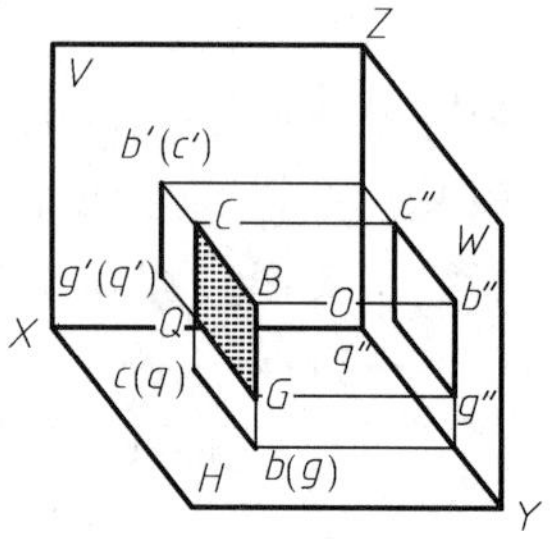
投影图	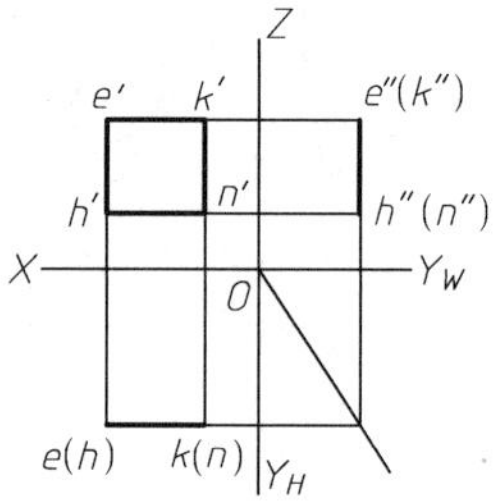	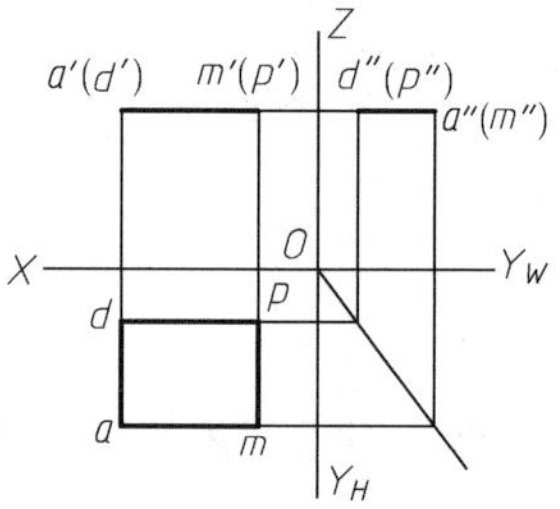	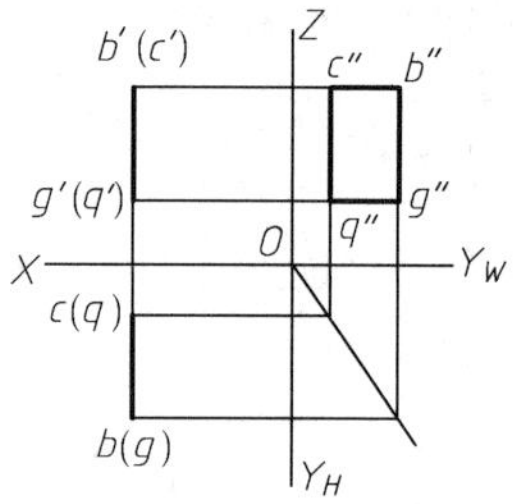
投影特性	（1）正面投影反映实形 （2）水平投影积聚成直线且平行于 OX 轴 （3）侧面投影积聚成直线且平行于 OZ 轴	（1）水平投影反映实形 （2）正面投影积聚成直线且平行于 OX 轴 （3）侧面投影积聚成直线且平行于 OY_W 轴	（1）侧面投影反映实形 （2）正面投影积聚成直线且平行于 OZ 轴 （3）侧面投影积聚成直线且平行于 OY_H 轴

投影面平行面的投影特性如下。

（1）平面平行于哪个投影面，它在该投影面上的投影就反映空间平面的实形。

（2）其他两个投影都积聚为直线，而且与相应的投影轴平行。

2．投影面垂直面

若空间中的平面垂直于一个投影面，而倾斜于其他两个投影面，这样的平面称为投影面垂直面。

正垂面——垂直于 V 面而倾斜于 H、W 面。

铅垂面——垂直于 H 面而倾斜于 V、W 面。

投影面垂直面

侧垂面——垂直于 W 面而倾斜于 V、H 面。

平面与投影面所夹的角度称为平面对投影面的倾角。α、β、γ 分别表示平面对 H 面、V 面、W 面的倾角。投影面垂直面在其垂直的投影面上的投影就积聚成一条直线，该直线和投影轴的夹角反映了空间平面和其他两个投影面所成的二面角，其他两个投影面上的投影为类似形。投影面垂直面的投影特性见表 3－4。

表 3-4 投影面垂直面的投影特性

类型	正垂面(⊥V)	铅垂面(⊥H)	侧垂面(⊥W)
实例	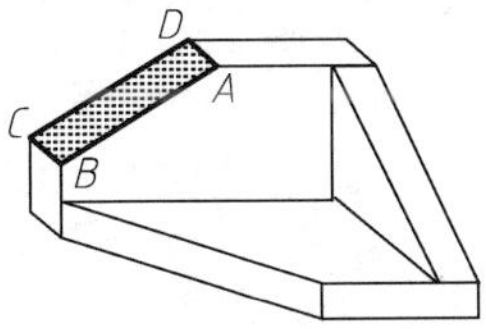	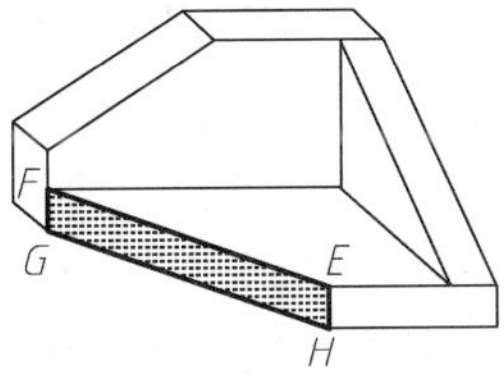	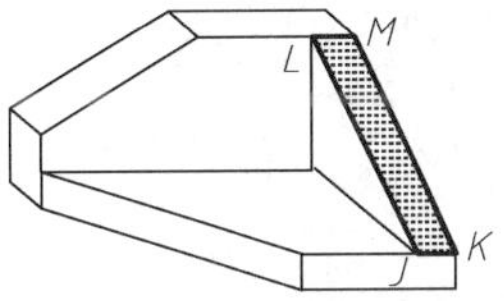
立体图	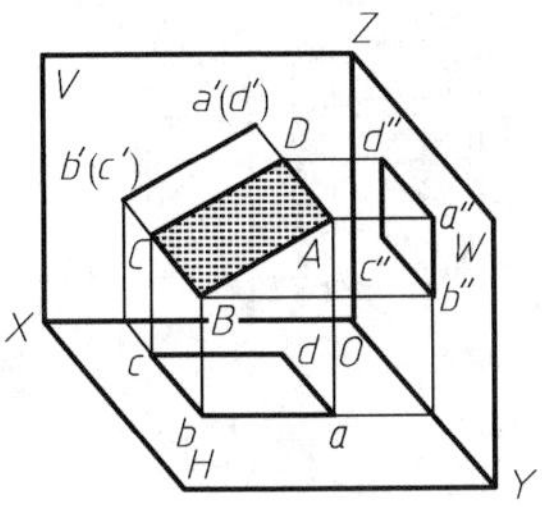	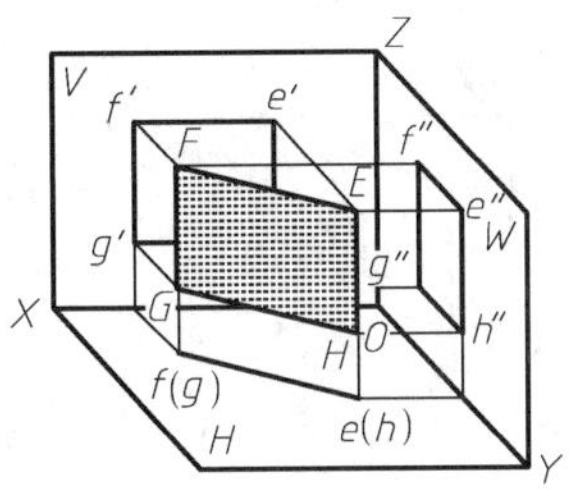	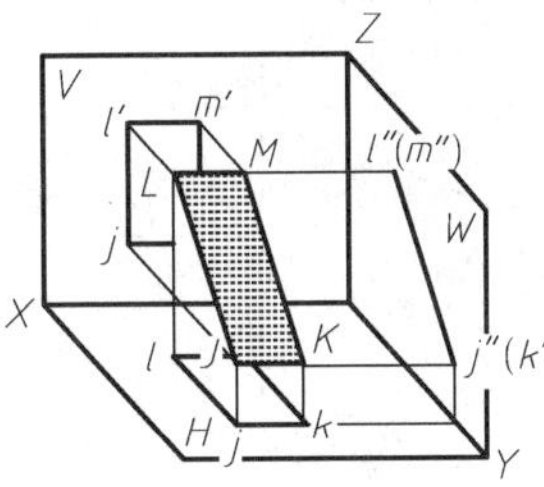
投影图	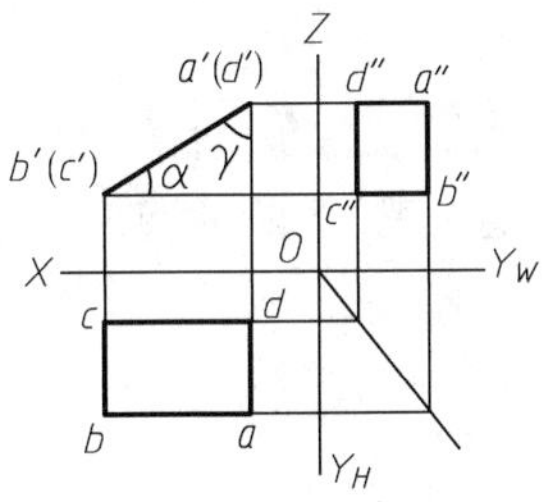	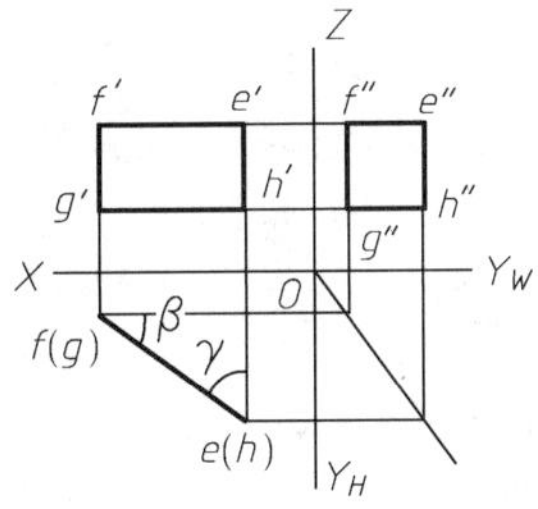	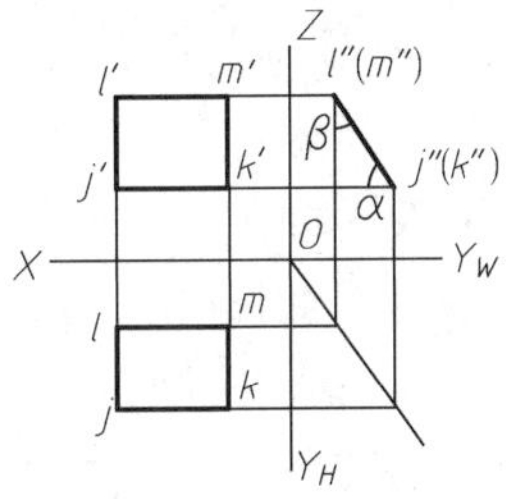
投影特性	(1) 正面投影积聚成一条直线，它与 OX 轴和 OZ 轴的夹角 α、γ 分别为平面对 H 面和 W 面的真实倾角 (2) 水平投影和侧面投影都是类似形	(1) 水平投影积聚成一条直线，它与 OX 轴和 OY_H 的夹角 β、γ 分别为对平面 V 面和 W 面的真实倾角 (2) 正面投影和侧面投影都是类似形	(1) 侧面投影积聚成一条直线，它与 OZ 轴和 OY_W 轴的夹角 β 和 α 分别为平面对 V 面和 H 面的真实倾角 (2) 正面投影和水平投影都是类似形

投影面垂直面的投影特性如下。

(1) 平面垂直于哪个投影面，它在该投影面上的投影就积聚为一条直线且与投影轴倾斜，并且这个投影和投影轴所夹的角度，就等于空间平面对相应投影面的倾角。

(2) 其他两个投影都是空间平面的类似形。

【例 3-9】 如图 3.29(a)所示，四边形 $ABCD$ 垂直于 V 面，已知四边形 $ABCD$ 的 H 面投影 $abcd$ 及点 B 的 V 面投影 b'，四边形 $ABCD$ 与 H 面的倾角 $\alpha=45°$，求作四边形 $ABCD$ 的 V 面和 W 面投影。

解： 因为四边形 $ABCD$ 是正垂面，其正面投影积聚成一倾斜直线，所以作此倾斜直线与 OX 轴的夹角 $\alpha=45°$，再根据其水平投影求得正面投影 $a'b'c'd'$，然后根据两投影可求得侧面投影。

作图方法如下。

(1) 如图 3.29(b)所示，过点 b' 作与 OX 轴成 45°的线，使其与自 a、b、c、d 各点所作的 OX 轴垂线分别交于点 a'、b'、c'、d'。

(2) 如图 3.29(c)所示，由四边形 $ABCD$ 的正面投影 $a'b'c'd'$ 和水平投影 $abcd$ 求侧面投影，得 $a''b''c''d''$。

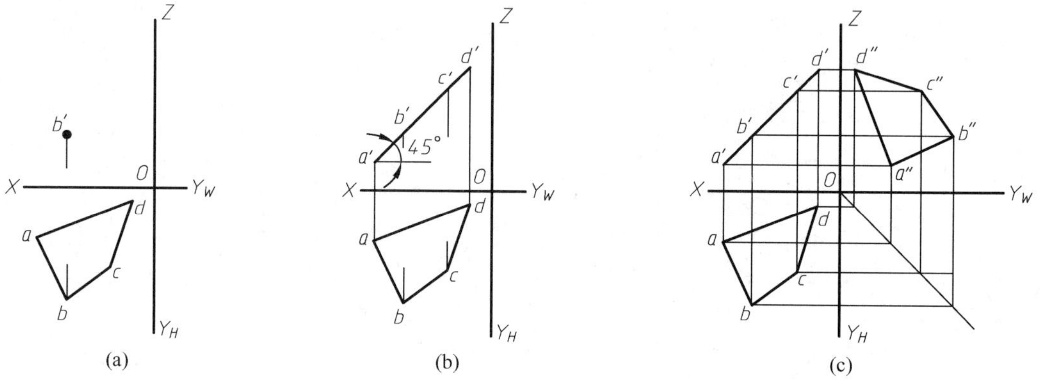

图 3.29　画出四边形 *ABCD* 的投影

3. 一般位置平面

若空间中的平面和 3 个投影面均处于倾斜位置，则称为一般位置平面。一般位置平面在 3 个投影面上的投影均为类似形，在投影图上不能直接反映一般位置平面和投影面所成的二面角，如图 3.30 所示。

一般位置平面

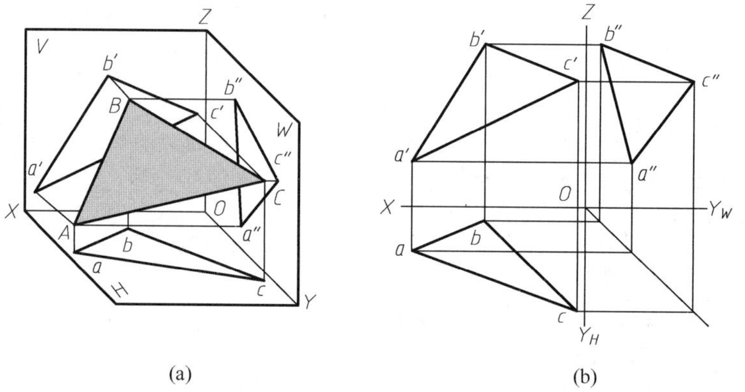

图 3.30　一般位置平面的投影

在图 3.30(a)中，平面△ABC 与 H、V、W 面都处于倾斜位置，倾角分别为 α、β、γ，其投影如图 3.30(b)所示。

一般位置平面的投影特性可归纳为：一般位置平面的三面投影既不反映实形，也无积聚性，都为类似形。

特别提示

对平面的投影可遵循“一斜线两平面则为投影面垂直面，斜线在哪个投影面上就是垂直于哪个面”“一平面两直线则为投影面平行面，平面在哪个投影面上就平行于哪个面”“三个面则一定是一般位置平面 ”的规律判定。

3.3.3 平面上的点和直线

点和直线在平面内判定的几何条件如下。

(1) 点若在平面内的任一直线上，则点在该平面上。如图 3.31(a)所示，点 D 在平面 ABC 的直线 AB 上，则点 D 在平面 ABC 上。

(2) 若直线通过平面上的两个点，则直线在该平面上。如图 3.31(b)所示，直线 DE 通过平面 ABC 上的两个点 D、E，则直线 DE 在平面 ABC 上。

(3) 若直线通过平面内的一点，且平行于属于该平面的任一直线，则该直线在这个平面上。如图 3.31(c)所示，直线 DE 通过平面 ABC 上的点 D，且平行于平面 ABC 上的直线 BC，则直线 DE 在平面 ABC 上。

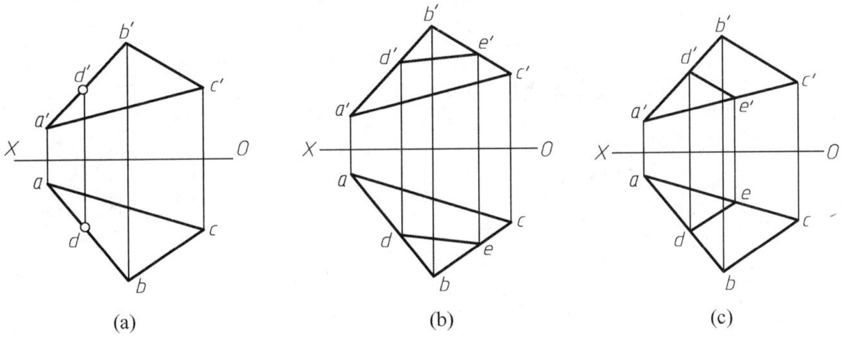

图 3.31 平面内的点和直线的判断条件

1. 平面上的点

因点在平面内的一直线上，则该点必在平面上，所以在平面上取点，必须先在平面上取一直线，然后再在该直线上取点。这是在平面的投影图上确定点所在位置的依据。如图 3.32(a)所示，相交的两直线 AB、AC 确定一平面 P，点 K 取自直线 AB，所以点 K 必在平面 P 上。其投影图的画法如图 3.32(b)所示。

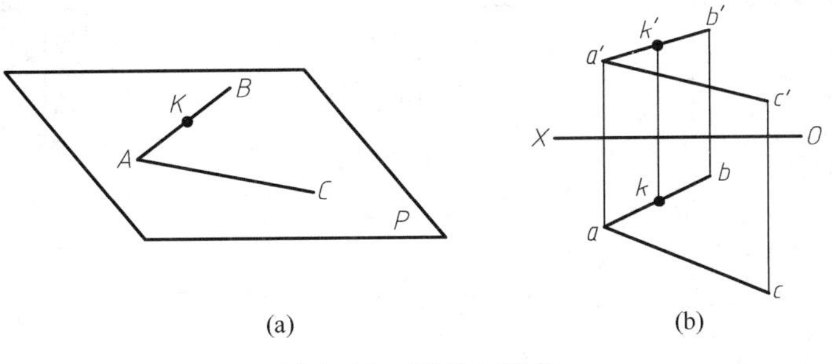

图 3.32 平面上的点

2. 平面上的直线

如图 3.33(a)所示，相交两直线 AB、AC 确定一平面 P，分别在直线 AB、AC 上取

点 E、F，连接点 E、F，则直线 EF 为平面 P 上的直线。其投影图的画法如图 3.33(b)所示。

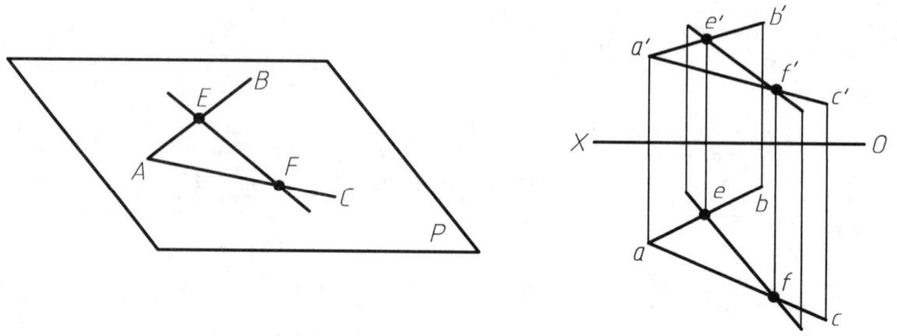

(a) (b)

图 3.33 平面上的直线(1)

如图 3.34(a)所示，相交两直线 AB、AC 确定一平面 P，在直线 AB 上取点 E，过点 E 作直线 $EF /\!/ AC$，则直线 EF 为平面 P 上的直线。其投影图的画法如图 3.34(b)所示。

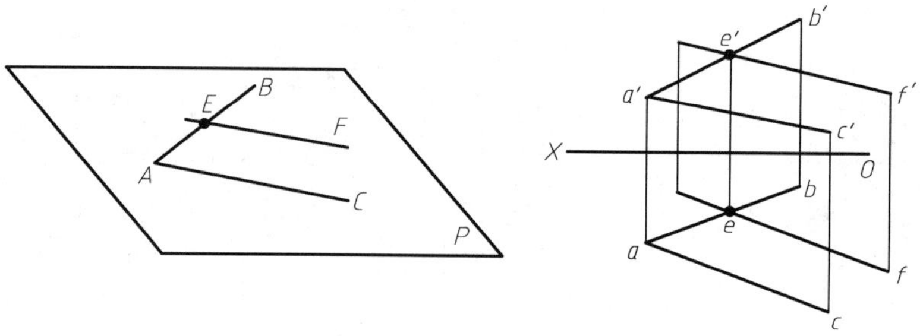

(a) (b)

图 3.34 平面上的直线(2)

【例 3 - 10】 如图 3.35(a)所示，试判断点 M 和点 K 是否属于△ABC 所确定的平面。

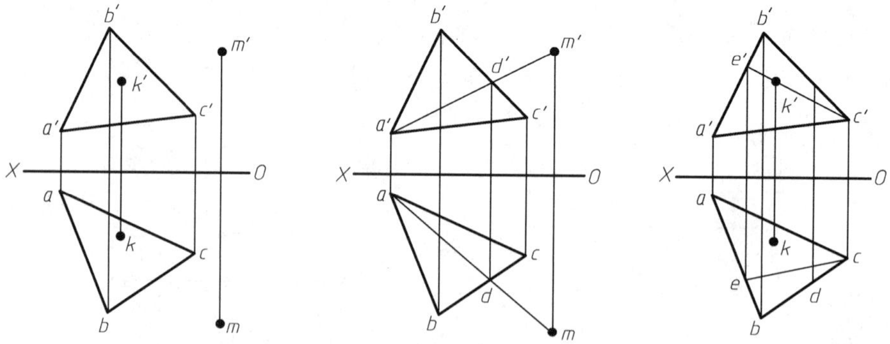

(a) (b) (c)

图 3.35 判断点是否属于平面

解： 若点 K 和点 M 属于△ABC，则它们必分别属于平面△ABC 上的某一直线，否则就不属于该平面。

作图方法如下。

(1) 如图 3.35(b)所示，连线 $a'm'$交 am 于点 d'，由点 d'在 am 上求得点 d，连接点 a、d，得到属于△ABC 的直线 AD，延长 ad 后与点 m 相交，即点 m 在 ad 上，所以可判定点 M 属于△ABC 确定的平面。

(2) 同理，如图 3.35(c)所示，连线 $c'k'$交 $a'b'$于点 e'，由点 e'在 $a'b'$上求得点 e，连接点 c、e，得到属于△ABC 的另一直线 CE，由于 ce 连线未过点 k，故点 K 不在直线 CE 上，说明点 K 不在△ABC 所确定的平面上。

3. 平面上的投影面平行线

属于平面且又平行于一个投影面的直线称为平面上的投影面平行线。平面上的投影面平行线一方面要符合平行线的投影特性，另一方面又要符合直线在平面上的条件。如图 3.36 所示，过点 A 在平面内要作一水平线 AD，可过点 a'作 $a'd' /\!/ OX$ 轴，再求出它的水平投影 ad，$a'd'$和 ad 即为△ABC 上一水平线 AD 的两面投影。如在平面内要过点 C 作一正平线 CE，可过点 c 作 $ce /\!/ OX$ 轴，再求出它的正面投影 $c'e'$，$c'e'$和 ce 即为△ABC 上一正平线 CE 的两面投影。

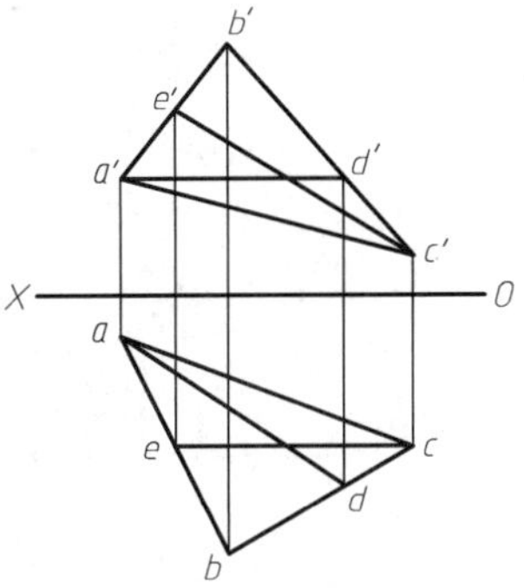

图 3.36 平面上的投影面平行线

【例 3-11】 平面 ABC 如图 3.37(a)所示，要求在平面 ABC 上取一点 K，使点 K 在点 A 之下 15mm，在点 A 之前 10mm，试求出点 K 的两面投影。

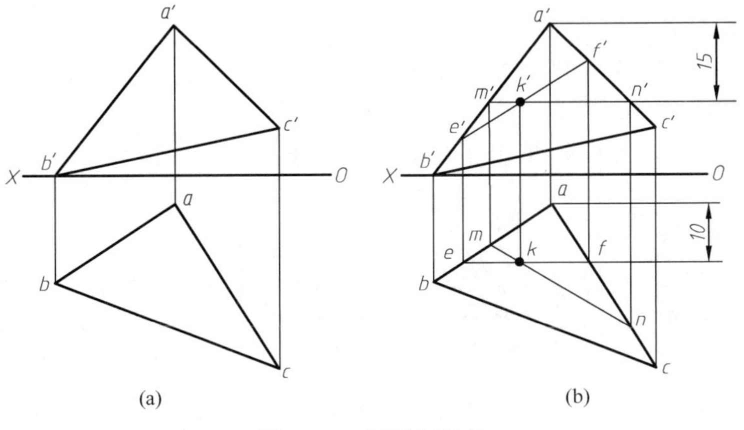

图 3.37 平面上取点

解： 因为点 K 在平面 ABC 上，在点 A 之下 15mm，可作平面上的水平线 MN；在点 A 之前 10mm，可作平面上的正平线 EF。点 K 必在 MN 和 EF 两线的交点上。

作图方法如下。

(1) 如图 3.37(b)所示，从点 a'向下取 15mm 作 $m'n' /\!/ OX$ 轴，求出直线 MN 的水平投影 mn。

(2) 从点 a 向前取 10mm 作 $ef /\!/ OX$ 轴，求出直线 EF 的正面投影 $e'f'$。

(3) $m'n'$和 $e'f'$交于点 k'，mn 和 ef 交于点 k，点 k'、k 即为所求。

小　结

在学习点、直线和平面的投影时，要和立体的投影结合起来，要用“长对正、高平齐、宽相等”的投影规律研究几何元素的投影规律，再用几何元素的投影规律研究立体的投影规律。本章详细介绍了点、直线和平面的投影特性、投影作图方法，点、直线和平面的相互关系。

(1) 投影中规定：空间中的点或直线等用大写字母注写(如 A)，投影用小写字母注写(如 H 面投影用 a，V 面投影用 a'，W 面投影用 a'')。

(2) 点的投影规律：点的每两面投影的连线，必定垂直于相应的投影轴；点的投影到投影轴的距离，反映了点到相应投影面的距离。

(3) 根据点的投影可进行两点相对位置及重影点的判断，由点的坐标可作出点的投影。

(4) 直线在投影中可分为 3 种：一般位置直线、投影面平行线和投影面垂线。

一般位置直线的 3 个投影均不反映实长，其投影均与投影轴倾斜。

投影面的平行线是在它所平行的投影面上的投影反映实长，另外两个投影不反映实长，并且平行于有关投影轴。

投影面的垂线是在它所垂直的投影面上的投影积聚为一点，另两个投影反映实长，并且垂直于有关投影轴。

(5) 利用直角三角形法可作出一般位置直线的实长和对投影面的倾角。

(6) 两直线的相对位置有 3 种：平行、相交、交叉。

(7) 平面的投影与直线的投影相类似，也分为 3 种：一般位置平面、投影面平行面、投影面垂直面。

一般位置平面投影成 3 个平面，这 3 个投影都不反映空间平面的实形。

投影面平行面在它所平行的投影面上的投影反映实形，另两个投影积聚成直线。

投影面垂直面在它所垂直的投影面上的投影积聚成直线，另两个投影都是空间平面的类似形。

(8) 若某点在平面内一直线上，则该点必在该平面内。

思考题

1. 点在三投影面上的投影应如何进行标注？
2. 判断两点相对位置时其上下、左右、前后方位分别由哪些坐标值确定？
3. 两个重影点应如何进行区分？
4. 直线在空间中相对于投影面的位置有哪几种？各种位置的直线都有哪些投影特性？
5. 判断两直线平行的方法有哪些？

6. 怎样根据一般位置直线的投影求出其实长及相对于投影面的倾角？

7. 怎样根据投影图判断两空间直线是否相交？

8. 空间平面相对于投影面的位置有哪几种？各种位置的平面都有哪些投影特性？

9. 点和直线在平面内的几何条件是什么？

10. 如何根据投影图判断点或直线是否在平面上？

第4章 体的投影

教学目标

通过学习基本平面体的投影画法和尺寸标注、基本曲面体的投影画法和尺寸标注、在体表面取点和取线的投影作图方法、组合体投影图的画法和识读方法等内容，熟练掌握组合体投影图的画法和投影规律；掌握基本平面体、曲面体的投影特性和尺寸标注；掌握组合体投影图的识读方法；熟悉组合体投影图的尺寸标注；了解在基本平面体和曲面体表面取点、取线的投影作图方法。

教学要求

能力目标	知识要点	权重
掌握基本平面体的投影特性和尺寸标注	棱柱、棱锥、棱台的投影特性和尺寸标注	20%
掌握基本曲面体的投影特性和尺寸标注	圆柱、圆锥、圆台、球的投影特性和尺寸标注	20%
了解在体表面取点和取线的投影作图方法	在基本平面体、基本曲面体表面取点和取线的投影作图	5%
熟练掌握组合体投影图的画法和投影规律	组合体的类型、组合体投影图的画法、组合体投影的规律	25%
掌握组合体投影图的识读方法	用形体分析法、线面分析法识读组合体投影图	20%
熟悉组合体投影图的尺寸标注	组合体尺寸类型、组合体尺寸标注	10%

章节导读

常见的基本平面体有棱柱、棱锥、棱台，常见的基本曲面体有圆柱、圆锥、圆台、球，组合体的类型有叠加型、切割型、综合型。在基本平面体表面取点和取线的方法有从属性法、积聚性法、辅助线法，在基本曲面体表面取点和取线的方法有积聚性法、素线法、纬圆法、辅助圆法。组合体投影图的识读方法有形体分析法和线面分析法。

学习基本平面体和基本曲面体的投影特性、投影作图和尺寸标注，为学习组合体投影特性、投影作图和尺寸标注奠定了基础，运用形体分析法和线面分析法识读组合体投影图能充分培养空间想象能力。基本平面体、基本曲面体和组合体的投影规律是前面学习的正投影规律的体现。本章的学习是为学习房屋施工图的绘制、识读和尺寸标注做准备，也为后续内容的学习奠定坚实的基础。

引　例

请看以下图形。

(1) 图4.0(a)所示为人民英雄纪念碑，它是一个独立的构筑物，它是由哪些几何体组成的呢？

(2) 图4.0(b)所示为上海东方明珠电视塔，图4.0(c)所示为北京中央电视塔，这两个都是独立的建筑物，分析它们的组成有什么特点。

(3) 图4.0(d)所示为某建筑室内台阶，分析一下它的形体特征。

(4) 对图4.0所示的4个图形进行形体分析，看看它们的组成有什么共同的特点。

(a) 人民英雄纪念碑　　(b) 上海东方明珠电视塔

图4.0　不同建(构)筑物

(c) 北京中央电视塔

(e) 某建筑室内台阶

图 4.0 不同建(构)筑物(续)

4.1 体的投影图和投影规律

4.1.1 体的分类和投影分析

体的投影概述

空间形体的大小、形状和位置是由其表面限定的，于是形体按其表面的性质不同可分为平面体和曲面体两类。

平面体为表面全部由平面组成的立体。

曲面体为表面全部或部分由曲面组成的立体。

基本的平面体有棱柱、棱锥和棱台等。基本的曲面体有圆柱、圆锥、圆台和球等。

形体的投影是用其表面的投影来表示的，于是作形体的投影，就归结为作组成其表面的各个面(平面或曲面)的投影。作形体表面上的点和线的投影时，应遵循点、线 、面、体之间的从属性关系。

按某一投影方向画出的形体的投影图，总是可见表面与不可见表面的投影相重合，形体表面上点和线的可见性判别规则是：凡是可见表面上的点和线都是可见的，凡是可见线上的点都是可见的，否则是不可见的。

4.1.2 体的投影图的基本画法

绘制形体的投影图时，应将形体上的棱线和轮廓线都画出来，并且按投影方向可见的线用实线表示，不可见的线用虚线表示，当虚线和实线重合时只画出实线。

图 4.1 所示的形体，可以看成是由一个长方块和一个三角块组合而成的形体，组合后就成了一个整体。当三角块的左侧面与长方块的左侧面平齐(即共面)时，实际上中间是没有线隔开的，在 W 投影中此处不应画线。但形体右边还有棱线，从左向右投影时被遮住了，故看不见，所以图中应画为虚线。

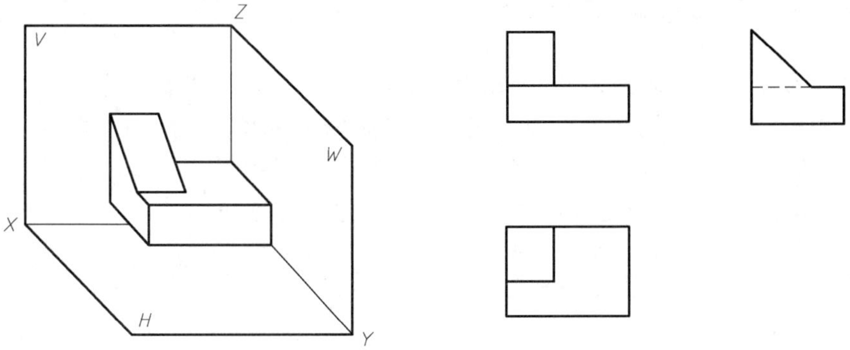

(a) (b)

图 4.1 三面投影图的基本画法

4.1.3 体的投影规律

建筑工程制图中，一般用三面正投影图来表达一个形体的投影结果，复杂形体可增加投影图的数量。现对图 4.2 所示形体的三面投影结果分析如下。

很明显，由于作形体投影图时形体的位置不变，展开后，同时反映形体长度的水平投影和正面投影左右对齐——长对正，同时反映形体高度的正面投影和侧面投影上下对齐——高平齐，同时反映形体宽度的水平投影和侧面投影前后对齐——宽相等，如图 4.3 所示。“长对正、高平齐、宽相等”是形体三面投影的规律，无论是整个物体还是物体的局部投影都应符合这条规律。

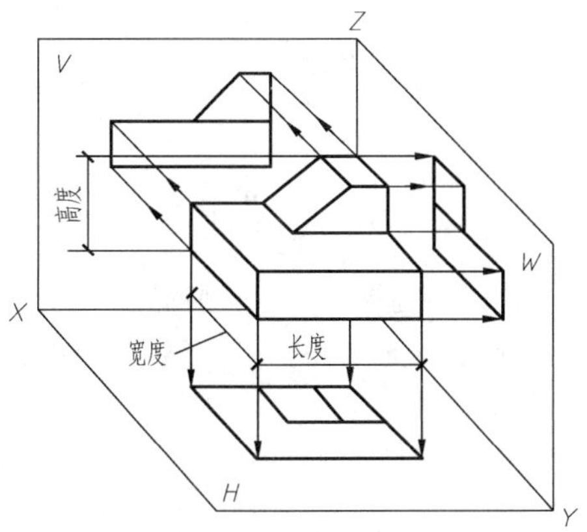

图 4.2 形体三面投影的形成

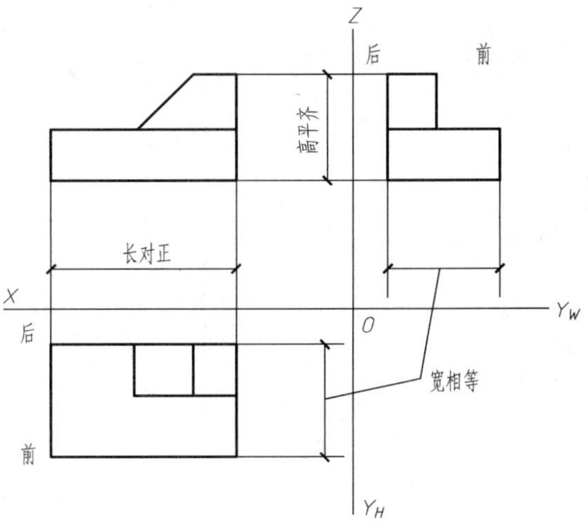

图 4.3 形体三面投影的规律

特别提示

"长对正、高平齐、宽相等"是正投影的基本规律，任何几何元素的正投影都遵循这一规律，所以体的正投影规律仍然是"长对正、高平齐、宽相等"。

4.1.4 体的投影图的画图步骤

作形体投影图时，先画投影轴(互相垂直的两条线)，水平投影面在下方，正立投影面在水平投影面的正上方，侧立投影面在正立投影面的正右方，如图 4.4 所示。

(1) 量取形体的长度和宽度，在水平投影面上作水平投影。

(2) 量取形体的长度和高度，根据长对正的关系作正面投影。

(3) 量取形体的宽度和高度，根据高平齐和宽相等的关系作侧面投影。

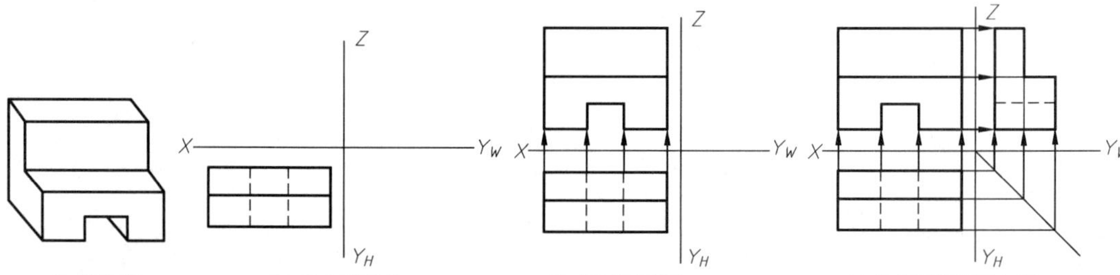

图 4.4　作形体的三面投影

4.2 平面体的投影

4.2.1 棱柱的投影

棱柱的投影

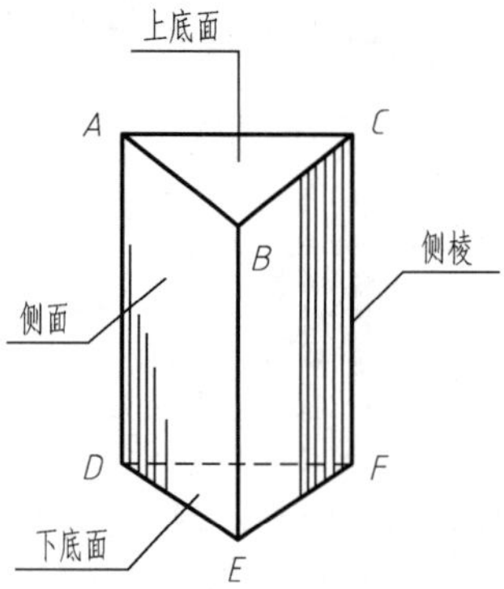

图 4.5　正三棱柱

棱柱有正棱柱和斜棱柱之分。正棱柱具有如下特点。

(1) 有两个互相平行的等边多边形面——底面。

(2) 其余各面都是矩形——侧面。

(3) 相邻侧面的公共边互相平行——侧棱。

图 4.5 所示为正三棱柱。

作棱柱的投影时，首先应确定棱柱的摆放位置，如图 4.6 所示，三棱柱水平放置，如同双坡屋面建筑的坡屋顶。根据其摆放位置，其中一个侧面

BB_1C_1C 为水平面，在水平投影面上反映实形，在正立投影面和侧立投影面上都积聚成平行于 OX 轴和 OY 轴的线段。另两个侧面 ABB_1A_1 和 ACC_1A_1 为侧垂面，在侧立投影面上的投影积聚成倾斜于投影轴的线段，在水平投影面和正立投影面上的投影都是矩形，但不反映原平面的实际大小。底面 ABC 和 $A_1B_1C_1$ 为侧平面，在侧立投影面上反映实形，在其余两个投影面上积聚成平行于 OY 轴和 OZ 轴的线段。由于投影轴是假想的，因此可去掉投影轴，如图 4.6 所示。

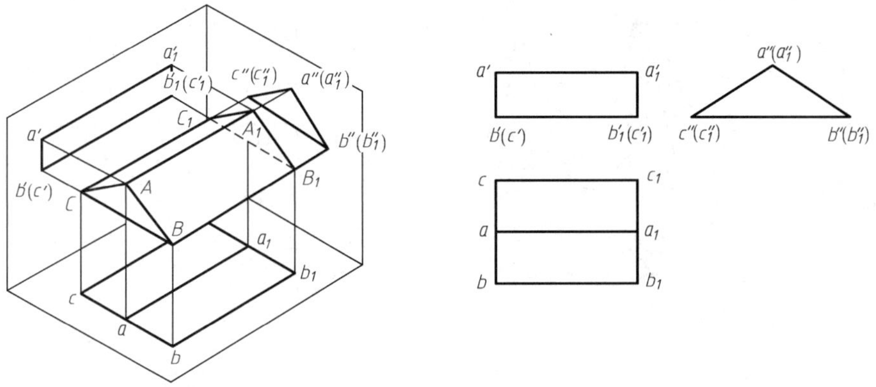

(a) 直观图　　(b) 投影图

图 4.6　正三棱柱的投影

由图 4.6 可以得出正棱柱的投影特点：一个投影为多边形，其余两个投影为一个或若干个矩形。

特别提示

本章引例(3)的解答：从棱柱的外形特征分析可知，图 4.0(d)中的某建筑室内台阶的每一级都是正四棱柱。

4.2.2 棱锥的投影

棱锥也有正棱锥和斜棱锥之分。正棱锥具有以下特点。

(1) 有一个等边多边形面——底面。

(2) 其余各面是有一个公共顶点的三角形。

(3) 过顶点作棱锥底面的垂线是棱锥的高，垂足在底面的中心上。

图 4.7 所示为正三棱锥。

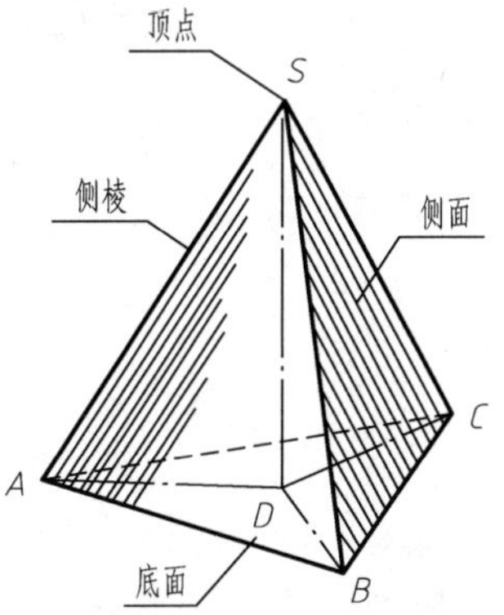

图 4.7　正三棱锥

棱锥的投影

图 4.8 所示的五棱锥，该五棱锥顶点向上，正常放置，其底面 $ABCDE$ 为水平面，在水平投影面上的投影反映实形，另两个投影积聚成线段，平行于 OX 轴和 OY 轴；侧面 SED 为侧垂面，在侧立投影面上的投影积聚成倾斜于投影轴的线段，在水平投影面和正立投影面上的投影是 SED 的类似形；其余侧面都是一般位置的平面，它们的投影都不反映实形，都

是其原平面的类似形。

由图 4.8 可以得出棱锥的投影特点：一个投影为多边形，内有与多边形边数相同个数的三角形；另两个投影都是有公共顶点的若干个三角形。

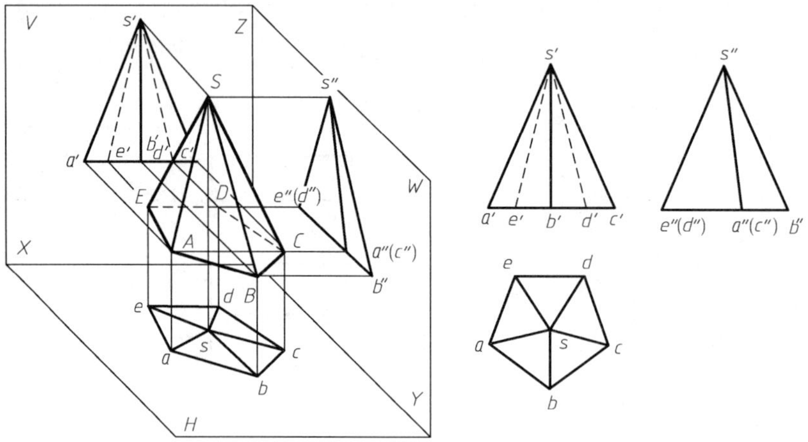

(a) 直观图　　(b) 投影图

图 4.8　五棱锥的投影

4.2.3　棱台的投影

将棱锥用平行于底面的平面切割去上部，余下的部分称为棱台。三棱锥被切割后余下部分称为三棱台，四棱锥被切割后余下部分称为四棱台，以此类推。如图 4.9 所示，将四棱台置于三投影面体系中，其投影图如图 4.9(c)所示。

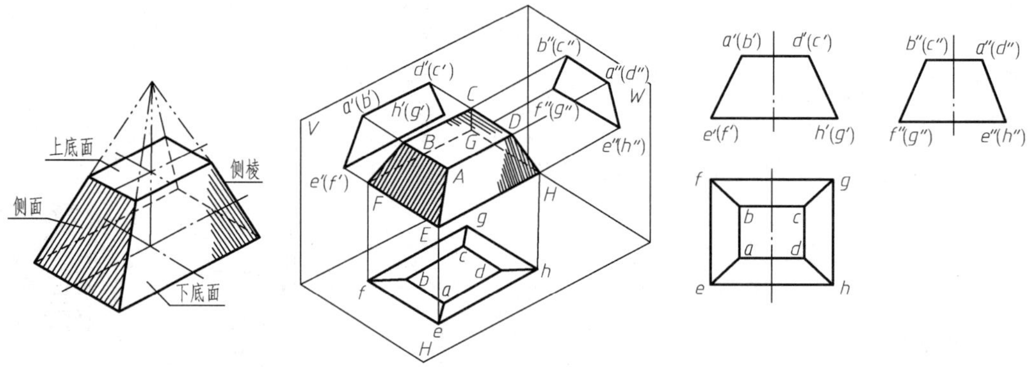

(a) 四棱台　　(b) 直观图　　(c) 投影图

图 4.9　棱台的投影

由图 4.9 可以得出棱台的投影特点：一个投影中有两个相似的多边形，内有与多边形边数相同个数的梯形；另两个投影都为若干个梯形。

特别提示

本章引例(1)的解答：图 4.0(a)中的人民英雄纪念碑是由若干棱锥、棱台、棱柱等简单几何体叠砌而成的，各组成部分都是平面体。

4.2.4 平面体投影图的画法和尺寸标注

1. 平面体投影图的画法

从以上三棱柱、五棱锥、四棱台的投影结果可以看出，平面体的投影具有如下特性。

(1) 平面体的投影，实质上就是点、直线和平面投影的集合。

(2) 投影图中的图线(实线或虚线)，可能是棱线的投影，也可能是棱面的积聚投影。

(3) 投影图中的线框，可能是一个棱面的投影，也可能是一个平面体的全部投影。

(4) 在投影图中，位于同一投影面上相邻的两个线框，是相邻两个棱面的投影。

画平面体投影图时，一般将平面体的底面与水平投影面平行。现以三棱锥的投影过程为例，说明平面体投影图的画法，如图 4.10 所示。

(1) 画投影轴。

(2) 画三个棱面与底面相重合的 H 面投影。

(3) 画左、右棱面与后棱面相重合的 V 面投影。

(4) 根据“长对正、高平齐、宽相等”关系画左、右棱面相重合的 W 面投影。

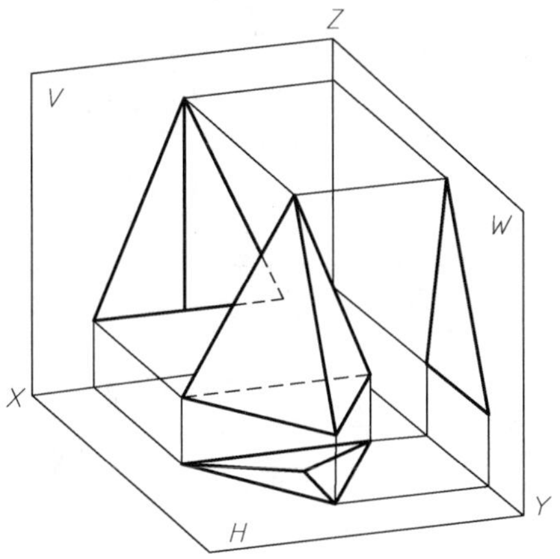

(a) 直观图

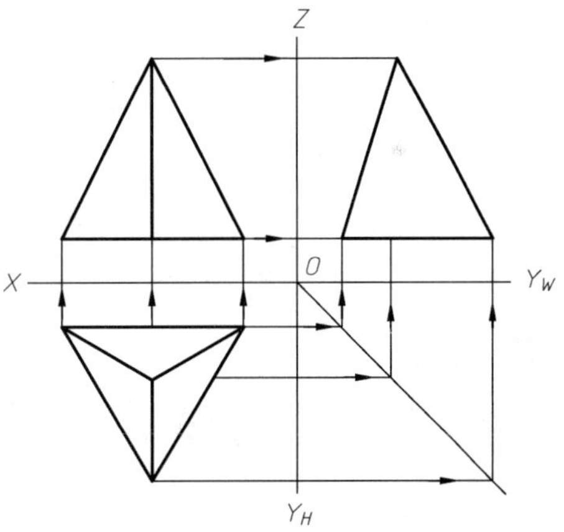

(b) 投影图

图 4.10 三棱锥的投影

2. 平面体投影图的尺寸标注

在投影图上标注平面体的尺寸，一般从以下两方面考虑。

(1) 尺寸的标注。平面体应标注出各个底面和高度的尺寸，尺寸要齐全、正确、不重复。

(2) 尺寸的布置。底面尺寸应尽可能标注在反映实形的投影图上，高度尺寸应尽量标注在正面投影图和侧面投影图之间。

平面体投影图的尺寸标注方法见表 4-1。

表 4-1　平面体投影图的尺寸标注方法

平面体类型	四棱柱	三棱柱	四棱柱
尺寸标注方法	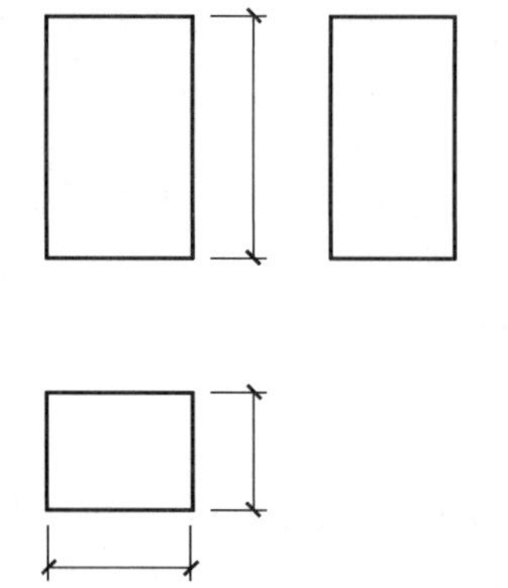	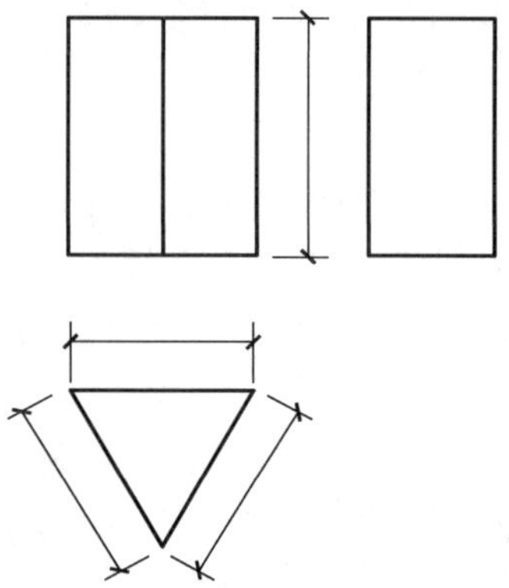	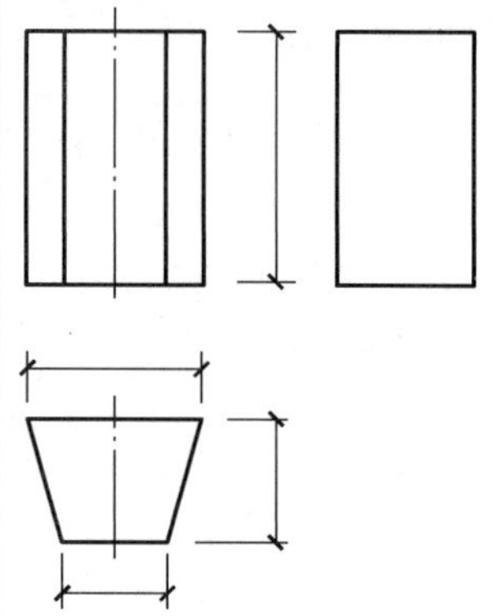
平面体类型	三棱锥	五棱锥	四棱台
尺寸标注方法	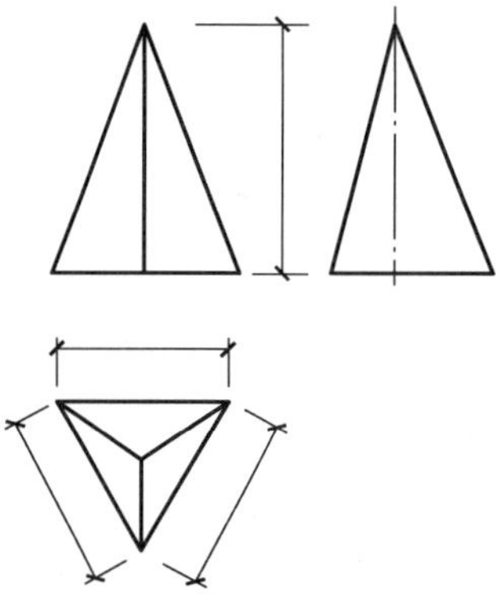	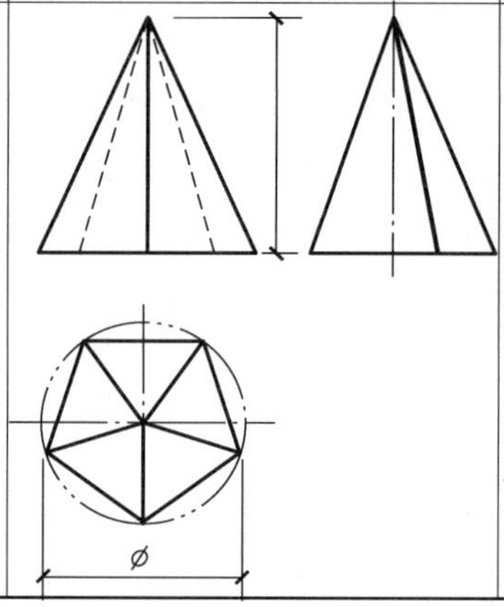	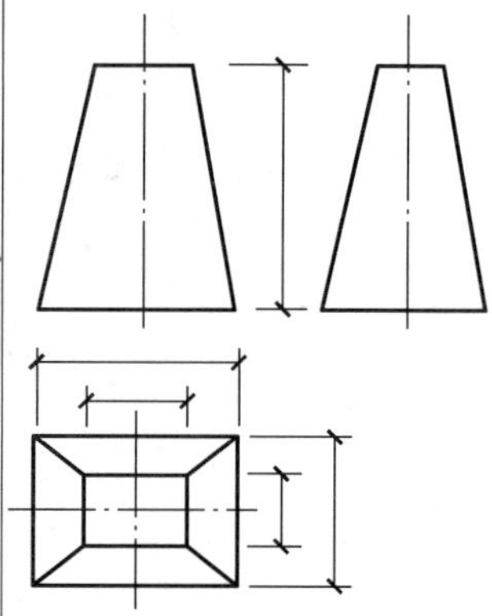

4.3　曲面体的投影

4.3.1　圆柱的投影

1. 圆柱的形成

圆柱的投影

圆柱是由圆柱面和上下两底圆围成的，圆柱面可以看成一直线绕与之平行的另一直线(轴线)旋转而成。直线旋转到任意位置时称为素线，原始的这条直线称为母线，两底圆可以看成是母线的两端点向轴线作垂线并绕其旋转而成，如图 4.11(a)所示。

2. 圆柱的投影

圆柱的投影就是画出上下底面和圆柱面的投影。当选定旋转轴垂直于 H

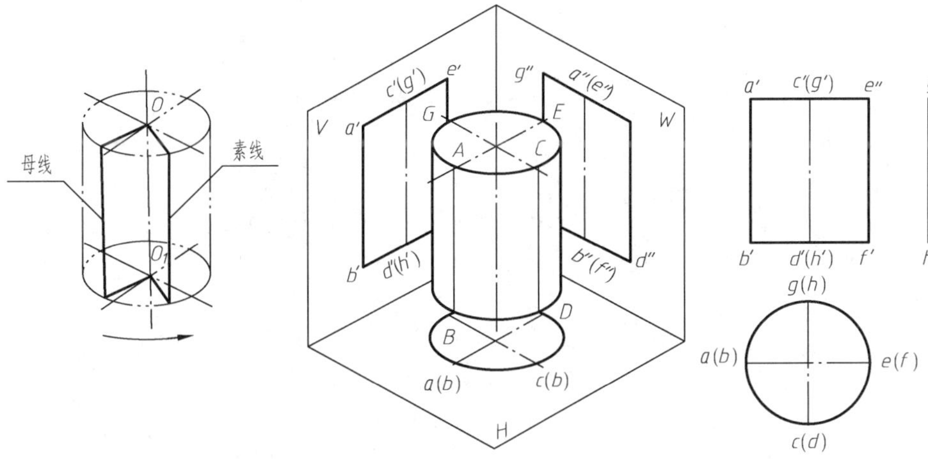

(a) 形成　　(b) 直观图　　(c) 投影图

图 4.11　圆柱的形成及投影

面时，则上下底面平行于 *H* 面，圆柱面垂直于 *H* 面。

圆柱的 *H* 面投影是一个圆，该圆是上下底面的重影，上底为可见，下底为不可见；其圆周是圆柱面的积聚投影。由此可知，在圆柱面上的点、线的 *H* 面投影必然积聚在这个圆周上。

圆柱的 *V* 面投影是矩形，矩形的左、右两边分别是圆柱面上最左、最右两条素线的 *V* 面投影，最左、最右两条素线又称为圆柱面的正面转向轮廓线；矩形上、下两条水平线分别是上、下底圆的积聚投影。

圆柱的 *W* 面投影也是矩形，矩形的左、右两边分别是圆柱面上最后、最前两条素线的 *W* 面投影，最后、最前两条素线又称为圆柱面的侧面转向轮廓线；矩形上、下两条水平线也是上、下底圆的积聚投影。

圆柱面的投影还存在可见性问题，它的 *V* 面投影是前半圆柱面和后半圆柱面投影的重合，前半圆柱面为可见，后半圆柱面为不可见；它的 *W* 面投影是左半圆柱面和右半圆柱面投影的重合，左半圆柱面为可见，右半圆柱面为不可见。

4.3.2　圆锥的投影

圆锥的投影

1. 圆锥的形成

圆锥由圆锥面和底面所围成。圆锥的形成可以看成是直角三角形 *SAO* 绕其一直角边 *SO* 旋转而成。原始的斜边 *SA* 称为母线，母线旋转到任意位置时称为素线，如图 4.12(a)所示。

2. 圆锥的投影

圆锥的投影就是圆锥面和底圆的投影。当选定旋转轴垂直于 *H* 面时，底圆则平行于 *H* 面。圆锥的 *H* 面投影是圆，它是圆锥面与底圆投影的重合，圆锥面为可见，底圆为不可见。

圆锥的 *V*、*W* 面投影均为等腰三角形，两个等腰三角形的底边是底圆的积聚投影，*V* 面投

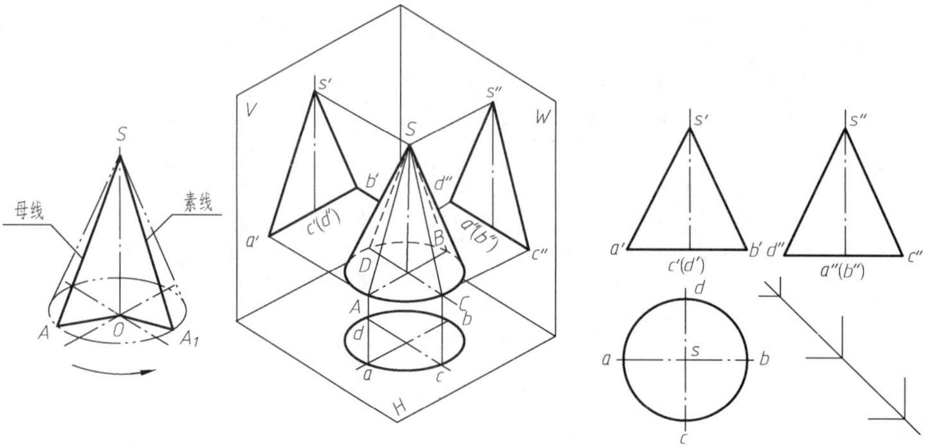

(a) 形成　　(b) 直观图　　(c) 投影图

图 4.12　圆锥的形成及投影

影的三角形的两腰分别是圆锥面上最左、最右两条素线的投影，以最左、最右两条素线为分界线，前半个圆锥面为可见，后半个圆锥面为不可见；*W* 面投影的三角形的两腰分别是圆锥面上最后、最前两条素线的投影，以最后、最前两条素线为分界线，左半个圆锥面为可见，右半个圆锥面为不可见。

4.3.3　圆台的投影

1. 圆台的形成

将圆锥用平行于底面的平面切割去上部，余下的部分称为圆台，如图 4.13(a)所示。圆台由圆台面和上、下底面所围成。

2. 圆台的投影

如图 4.13(b)所示，将圆台置于三投影面体系中，选定旋转轴垂直于 *H* 面时，上、下底圆平行于水平投影，其水平投影均反映实形，是两个直径不等的同心圆。圆台正面投影和侧面投影都是等腰梯形。梯形的高为圆台的高，梯形的上底长度和下底长度是圆台上、下底圆的直径。

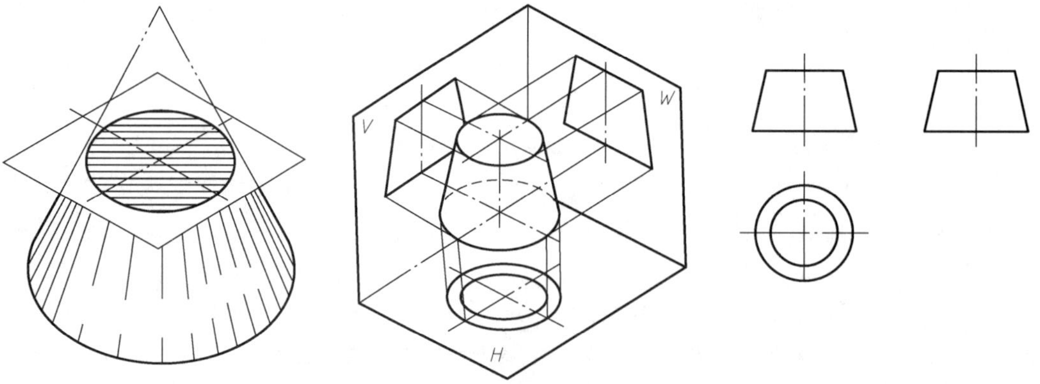

(a) 形成　　(b) 直观图　　(c) 投影图

图 4.13　圆台的形成及投影

4.3.4 球的投影

1. 球的形成

圆面绕其轴旋转形成球，圆周绕其直径旋转形成球面。球由球面围成，如图 4.14(a)所示。

球的投影

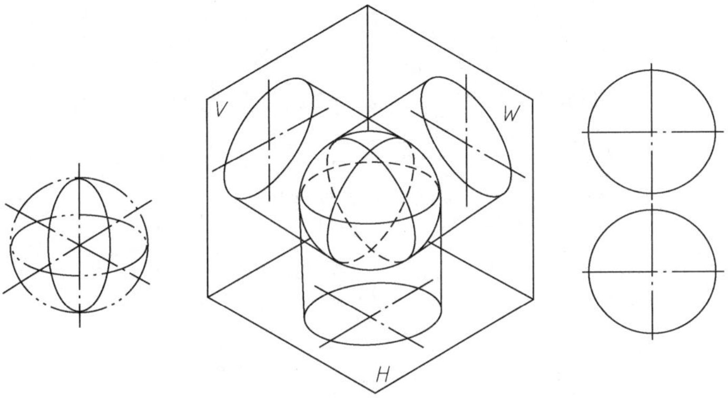

(a) 形成　　(b) 直观图　　(c) 投影图

图 4.14　球的形成及投影

2. 球的投影

用平面切割球，球面与该平面的交线是圆，如果该平面通过球心，则球面与该平面的交线是最大的圆，该圆的直径就是球的直径。因此球的三个投影就是通过球心且分别平行于三个投影面的圆的投影。

球的 H 面投影是球面上最大的纬圆(即上、下半球的分界线)的投影；球的 V 面投影是球面上最左、最右素线(即前、后半球的分界线)的投影；球的 W 面投影是球面上最前、最后素线(即左、右半球的分界线)的投影。

特别提示

本章引例(2)的解答：上海东方明珠电视塔和北京中央电视塔都是由若干圆柱、圆锥、圆台、球等几何体组成，每一个部分都是基本曲面体。

4.3.5 曲面体投影图的画法和尺寸标注

1. 曲面体投影图的画法

从以上圆柱、圆锥、圆台、球的投影结果可以看出，曲面体的投影具有如下特性。

(1) 投影图中的线(直线或曲线)可表示：①平面或柱面的积聚投影；②曲面转向轮廓线的投影；③平面与曲面交线的投影。

(2) 投影图中的线框，可表示一个曲面体(圆柱、圆锥、圆台或球)的投影。

从以上曲面体的形成过程可看出，它们都是由直线或曲线作为母线绕定轴回转而成，所以又称回转体，定轴又称回转轴。画曲面体投影图时，常选定回转轴垂直于 H 面，在这种情况下，曲面体投影图的具体画法如下。

(1) 在 H 投影面上画出垂直相交的两条直径，其他投影面上画出回转轴。

(2) 画出曲面与底面的 H 面投影——圆。

(3) 画出前半曲面与后半曲面重合的 V 面投影。

(4) 画出左半曲面与右半曲面重合的 W 面投影。

2. 曲面体投影图的尺寸标注

圆柱、圆锥、圆台的尺寸标注，一般应标注底圆直径和高度。球的半径尺寸数字前加注符号“SR”，球的直径尺寸前加注符号“$S\phi$”。由于尺寸和符号的作用，圆柱、圆锥、圆台和球均可用一个投影加上尺寸标注来表示。曲面体投影图的尺寸标注方法见表 4-2。

表 4-2 曲面体投影图的尺寸标注方法

曲面体类型	圆柱	圆锥
尺寸标注方法	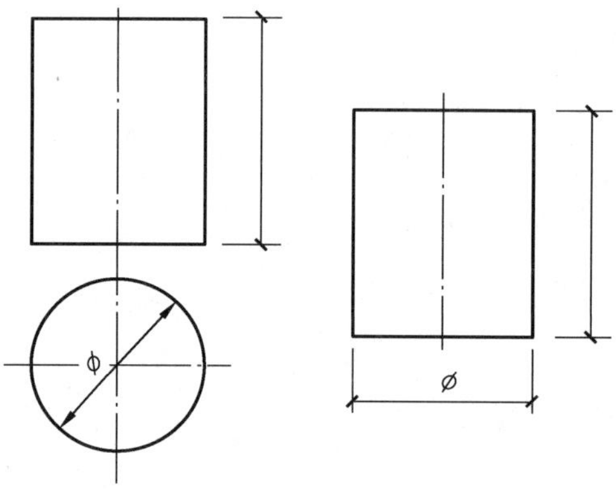	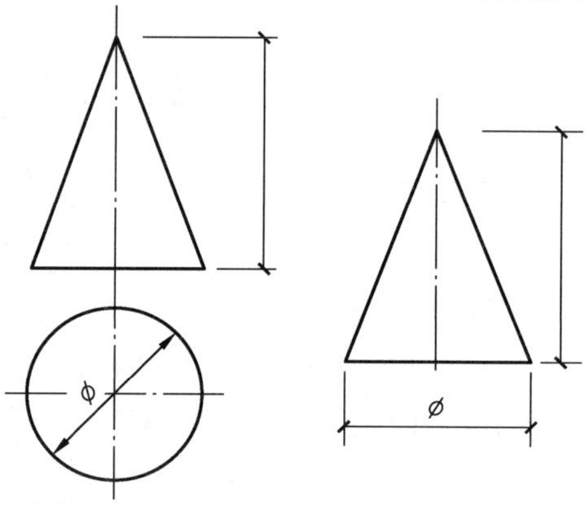
曲面体类型	圆台	球
尺寸标注方法	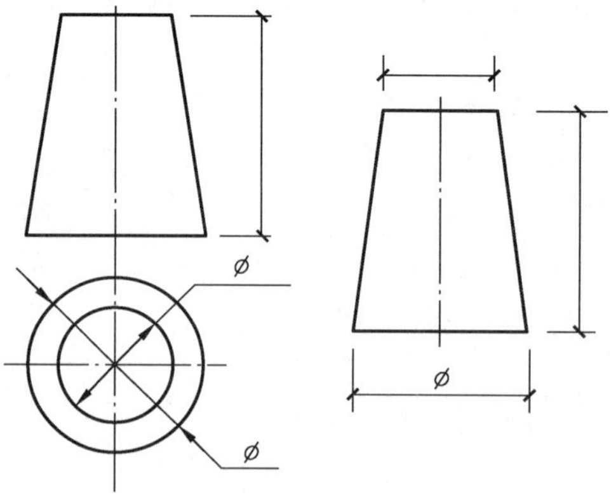	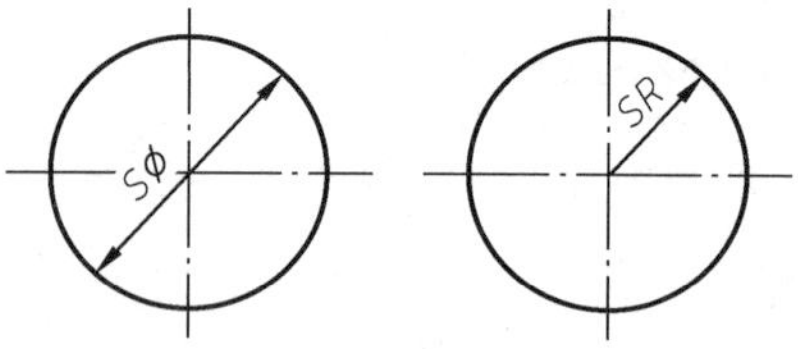

特别提示

民用建筑及其构配件大多数是由平面体组成的，为了完善建筑物造型，其屋顶部分也常采用曲面体，公共建筑如体育馆、影剧院等大多数是由曲面体组成的，曲面体的尺寸标注要求正确、完整，它直接关系到建筑物的施工。

4.4 在体表面上取点、取线的投影作图

4.4.1 在平面体表面上取点、取线的投影作图

在平面体表面上取点、取线，实质上是在平面上取点、取线。因此，平面体表面上的点和直线的投影特性，与平面上的点和直线的投影特性基本上是相同的，不同的是平面体表面上点和直线的投影存在可见性的问题。

平面体表面上的点和直线的投影作图方法一般有 3 种：从属性法、积聚性法和辅助线法。

1. 从属性法和积聚性法

当点位于平面体的侧棱上或在有积聚性的表面上时，该点或线可按从属性法与积聚性法作图。如图 4.15 所示，在三棱柱上，侧棱 AD 上有一点 K，其三面投影利用直线上的点(从属性)可以作出。直线 MN 位于表面 $ABED$ 上，该表面在水平投影面上具有积聚性，当已知 MN 的正面投影作另两个投影时，可先作出其水平投影，再求其侧面投影。

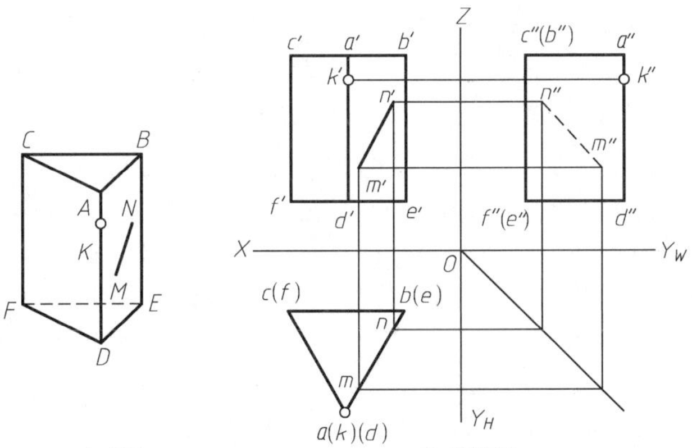

(a) 直观图　　(b) 投影图

图 4.15　利用从属性法和积聚性法作平面体表面上直线的投影

2. 辅助线法

当点或直线所在的平面体表面为一般位置的平面，无法利用从属性法和积聚性法作图时，可利用辅助线法作图。

如图 4.16 所示，在三棱锥 $SABC$ 侧面 SAC 上有一点 K，三棱锥的侧面 SAC 为一般位置的平面，其三面投影都不具有积聚性，都是平面的类似形。由于点 K 在侧面 SAC 上，因此点 K 的三面投影必定在三棱锥侧面 SAC 上过点 K 的辅助线 SD 上。作出辅助线 SD 的三面投影，再将点 K 的三面投影作上去即可。

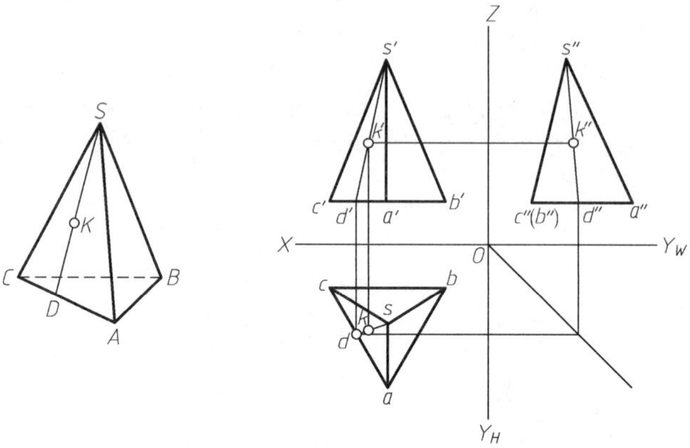

(a) 直观图　　(b) 投影图

图 4.16　利用辅助线法作平面体表面上点的投影

4.4.2 在曲面体表面上取点、取线的投影作图

在曲面体表面上取点、取线的投影作图可利用曲面体的投影特性，一般有积聚性法、素线法、纬圆法、辅助圆法。

1. 圆柱表面上点的投影

作圆柱表面上点的投影可充分利用圆柱面对投影面的积聚性。

【例 4-1】 已知圆柱面上点 M 的 V 面投影 m' 为可见，求点 m 和点 m''；又知圆柱面上点 N 的 W 面投影 (n'') 为不可见，求点 n 和点 n'。

解： 如图 4.17(a)所示，点 m' 为可见，故知点 M 在前半圆柱面上，作图时由点 m' 引垂线与前半圆周相交得点 m，再根据点 m 和点 m' 作图求得点 m''，如图 4.17(b)所示。如图 4.17(a)所示，点 (n'') 为不可见，即可判断点 N 在右半圆柱面上，同时又在前半圆柱面上。作图时过点 (n'') 引投影连线求得点 n，再由点 (n'') 和 n 作投影连线求得点 n'，点 n' 为可见。

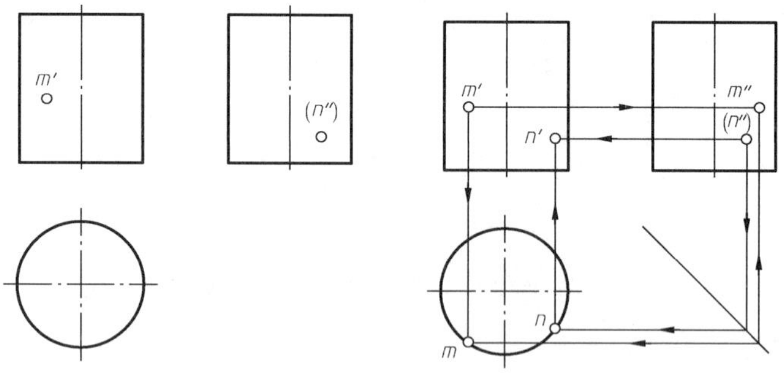

(a) 已知条件　　(b) 作图过程

图 4.17　圆柱表面上点的投影

2. 圆锥表面上点、线的投影

【例 4-2】 已知圆锥表面上一点 K 的 V 面投影 k'，求点 k 和点 k''，如图 4.18(a)所示。

解： (1) 用素线法求解。如图 4.18(b)所示，过锥顶 s 和点 k 引一素线并延长交底圆周于点 1，根据已知条件作出 $s1$ 的 V 面投影 $s'1'$，然后作出该素线的 H 面投影 $s1$ 和 W 面投影 $s''1''$，最后根据直线上的点的投影性质求出点 k 和点 k''，并注意判别可见性。

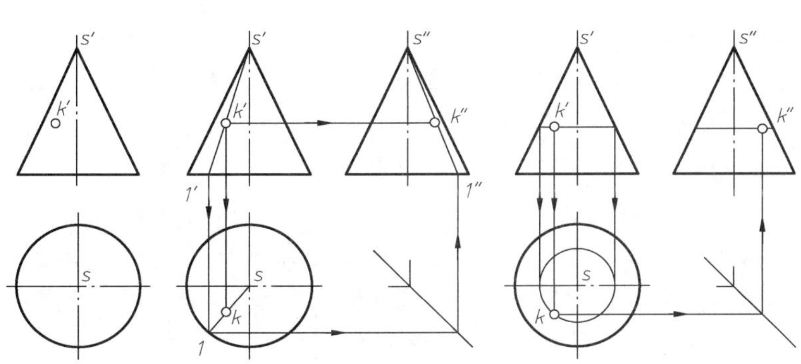

(a) 已知条件　　(b) 素线法　　(c) 纬圆法

图 4.18　圆锥表表面上点、线的投影

(2) 用纬圆法求解。如图 4.18(c)所示，过点 K 作一平行于底圆的水平纬圆，根据已知条件作出纬圆的 V 面投影，即过点 k' 作水平线与圆锥 V 面投影的三角形两腰相交，该水平线的长反映了纬圆的直径；纬圆的 H 面投影是圆，W 面投影为直线，然后求出点 K 的 H 面投影 k 和 W 面投影 k''。最后判别可见性，因为点 k' 可见，则点 K 在前半圆锥面上，故点 k 可见，又因点 K 在左半圆锥面上，故点 k'' 可见。

【例 4-3】 已知圆锥表面上一段曲线 EG 的 V 面投影 $e'g'$，求作该曲线的 H 面和 W 面投影。

解： 如图 4.19(a)所示，虽然 $e'g'$ 是直线，但是圆锥面上的直线必须通过锥顶，因此 $e'g'$ 只能理解是曲线的投影，正好 EG 这段曲线在一正垂面上，故 V 面投影为直线，而其余两投影应为曲线。作图步骤如下。

(1) 先求曲线两端点 E 和 G 的投影。由于点 e' 可见，故点 E 在圆锥的最前素线上，即过点 e' 作水平连线求得点 e''，再由点 e'' 求得点 e；点 G 在圆锥的最右素线上，即过点 g' 作铅垂连线求得点 g，又过点 g' 作水平连线求得点 g''。

(2) 求曲线上中间点的投影。在曲线 GE 上选取若干中间点，图中取点 F 作为示例，采用素线法作图。在 $e'g'$ 上取点 f'，连线 $s'f'$ 并延长得点 $2'$，再求得 $s2$，最后求得点 f 和点 f''。

(3) 依次将曲线上各点的同面投影连接起来即为所求。

(4) 判别可见性。从已知条件知，该曲线的 V 面投影可见，H 面投影亦可见，可是该曲线在右半圆锥面上，故 W 面投影不可见，应连成虚线，如图 4.19(b)所示。

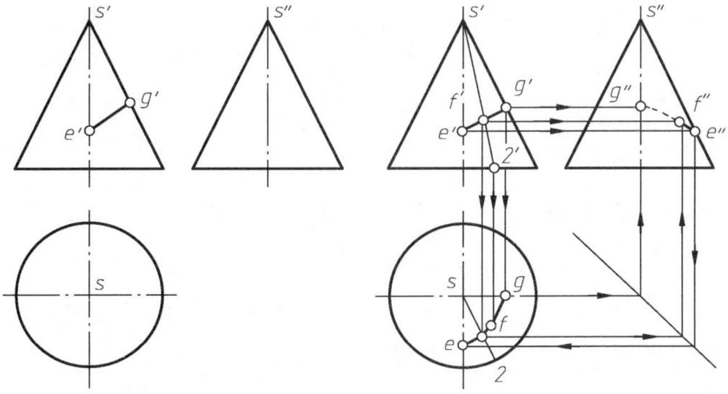

(a) 已知条件　　(b) 作图过程

图 4.19　圆锥表面上的线

3. 球表面上点的投影

球表面上无直线，因此，求球表面上点的投影，只能用平行于某一投影面的辅助圆进行作图(即纬圆法)。

【例 4-4】 已知球表面上一点 K 的 V 面投影 k'，求点 k 和点 k''，如图 4.20(a)所示。

解： 从图中知，点 K 的位置是在上半球表面，又属左半球表面，同时又在前半球表面上，作图可用纬圆法。如图 4.20(b)所示，过点 k'作纬圆的 V 面投影 $1'2'$，以 $1'2'$之半长为半径，以点 O 为圆心，作纬圆的水平投影(是圆)，过点 k'引垂线求得点 k，再按“长对正、高平齐、宽相等”关系求得点 k''。最后分析可见性，由于点 K 是在球表面的左、前、上方，故 3 个投影均为可见。

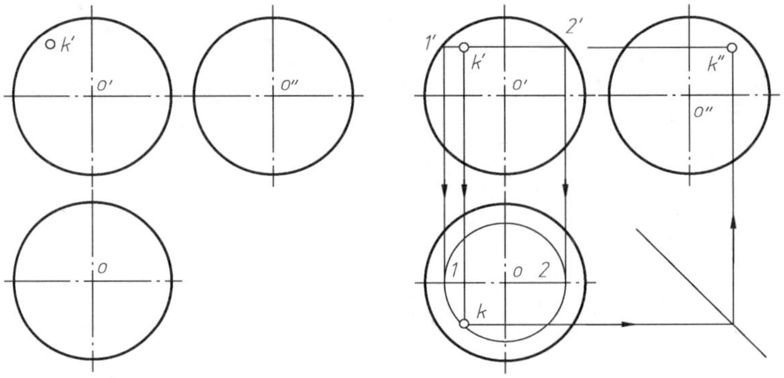

(a) 已知条件　　(b) 作图过程

图 4.20　球表面上点的投影

特别提示

在平面体和曲面体表面上取点、取线的作图方法的学习，能进一步培养空间想象能力，同时能提高几何元素可见性判别的能力。

4.5　组合体的投影

4.5.1　组合体的类型

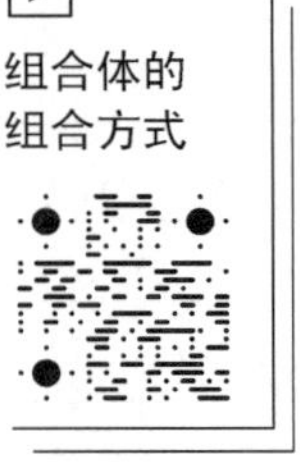

由基本几何体按一定形式组合起来的形体称为组合体。为了便于分析，按形体组合特点，将它们的形成方式分为以下几种。

(1) 叠加型组合体：由几个基本体叠加而成的组合体。如图 4.21 所示，基础可看成是由 3 个四棱柱叠加而成，螺栓可看成是由 1 个六棱柱和 1 个圆柱组成的。

(2) 切割型组合体：由基本体切割掉某些形体而成的组合体。如图 4.22

所示，木榫可看成是由 1 个大四棱柱切掉 2 个小四棱柱而成。

（3）综合型组合体：既有叠加又有切割形式的组合体。如图 4.23 所示，肋式杯形基础，可看成是由 1 块四棱柱底板、1 个中间四棱柱(在其正中挖去一楔形块)和 6 块梯形肋板组成。

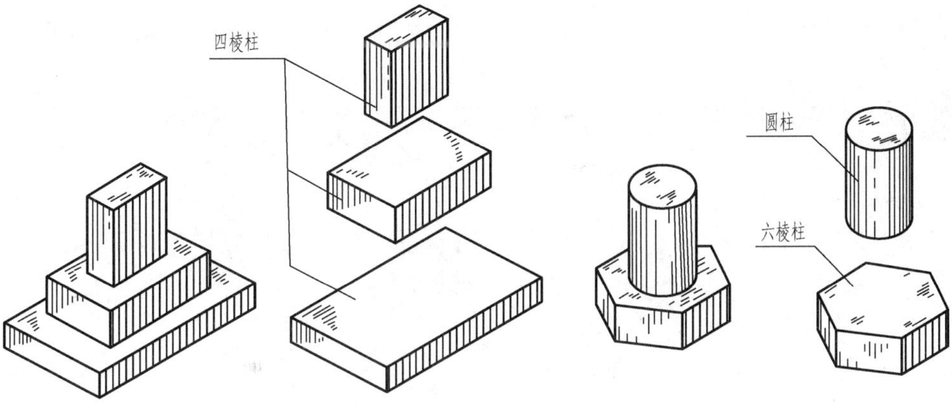

(a) 基础　　(b) 螺栓

图 4.21　叠加型组合体

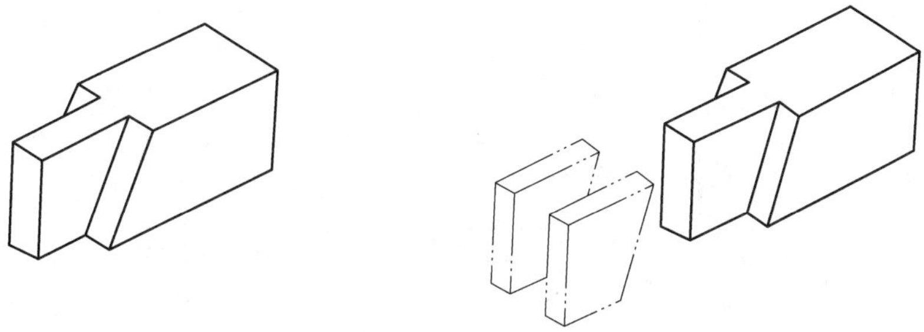

图 4.22　切割型组合体

组合体表面的连接关系

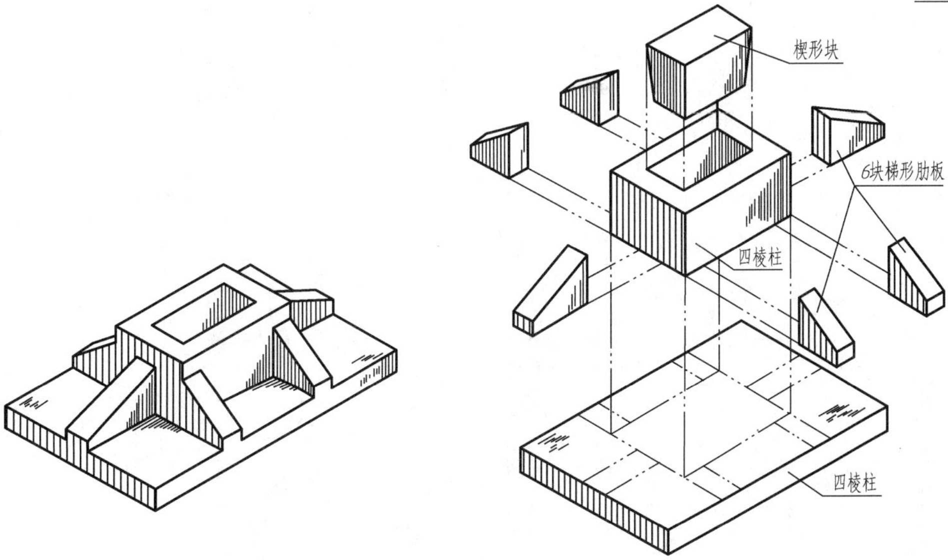

(a) 立体图　　(b) 形体分析

图 4.23　综合型组合体

特别提示

本章引例(4)的解答：人民英雄纪念碑、上海东方明珠电视塔、北京中央电视塔和某建筑室内台阶都是由基本平面体和基本曲面体通过上下或前后叠加而成，它们都是叠加型组合体。

4.5.2 组合体投影图的画法和尺寸标注

1. 组合体投影图的名称

在研究画法几何时，形体在3个投影面上的投影称为三面投影图；现在研究组合体的投影时，可称为三视图，即V面投影称为主视图，H面投影称为俯视图，W面投影称为左视图。

对于复杂的形体可用6个视图来表达，即增加3个投影面——H_1面、V_1面、W_1面。由右向左投影在W_1面上得到右视图，由下向上投影在H_1面上得到仰视图，由后向前投影在V_1面上得到后视图。6个基本视图的展开方法如图4.24所示，展开后的摆放位置如图4.25所示。

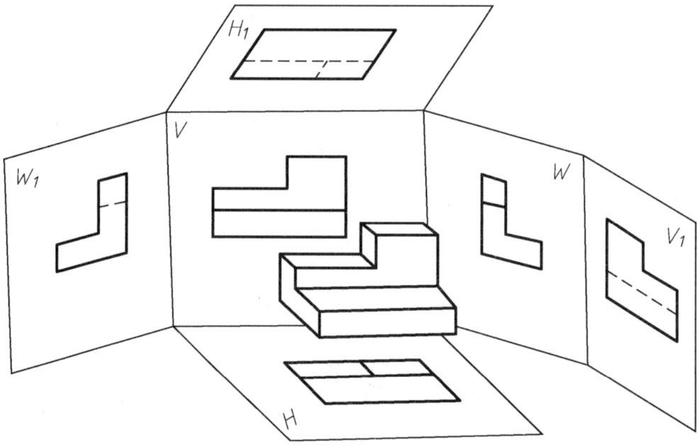

图 4.24　6个基本视图的展开方法

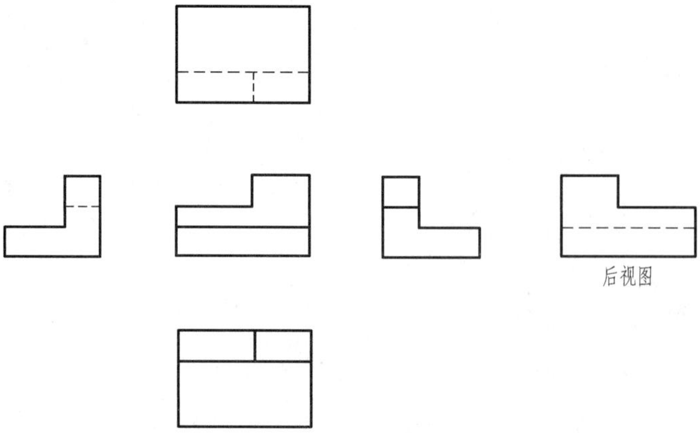

图 4.25　6个基本视图展开后的摆放位置

2. 组合体投影图的画法

组合体投影图的画法

画组合体的三视图，可将其分解为若干基本体后，分别画出三视图，再进行组合。画出的三视图必须符合“长对正、高平齐、宽相等”关系和方位关系。画三视图的一般步骤如下。

(1) 形体分析。弄清组合体的类型、各部分的相对位置、是否有对称性等。

(2) 选择视图。首先要确立安放位置，定出主视方向，将形体的主要面垂直或平行于投影面，使得到的视图既清晰又简单，且反映实形，同时注意使最能反映形体特征的面置于前方，而又要使视图虚线最少。

(3) 画视图。根据选定的比例和图幅，布置视图位置，使四边空隙留足。画图时先画底图，经检查修改后，再加深，不可见棱线画成虚线。

(4) 最后标注尺寸(见“组合体的尺寸标注”部分)。

特别提示

组合体投影图的画法与房屋施工图的绘制方法、绘制步骤一样，学习组合体投影图的画法可为绘制建筑施工图奠定基础。

【例 4 - 5】 画出图 4.26 所示综合型组合体的三视图。

解：(1) 形体分析。该组合体属综合型，但作图可以先按叠加型对待。将组合体分解为 3 部分：体Ⅰ为四棱柱，体Ⅱ为三棱柱，体Ⅲ也为三棱柱。

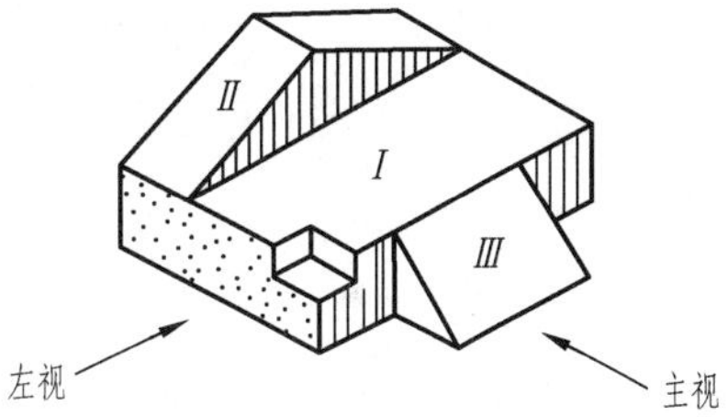

图 4.26 综合型组合体

(2) 选择视图。将体Ⅰ的下底面置于水平位置，其他 4 个棱面分别平行于 V 面和 W 面，则体Ⅱ和体Ⅲ的位置相应确定。视图的主视方向如图 4.26 中箭头所示，这样选择可以避免虚线(若将图中的左视方向定为主视方向，则在另一个“左视图”中将有多条虚线)。此题的视图数量应为 3 个，因为体Ⅰ和体Ⅲ用两个视图表达还不能确定其形状。

(3) 画视图。对分解出的基本体，分别画出其三视图，并进行叠加。作图步骤为：画体Ⅰ的三视图，如图 4.27(a)所示；画体Ⅱ的三视图，并将体Ⅰ、体Ⅱ之间的方位关系进行叠加，如图 4.27(b)所示；画体Ⅲ的三视图，并将体Ⅰ、体Ⅲ之间的方位关系进行叠加，如图 4.27(c)所示；在体Ⅰ的左前上方截去一个小四棱柱，如图 4.27(d)所示。

【例 4 - 6】 画出图 4.28 所示切割型组合体的三视图。

解：(1) 形体分析。该组合体属于切割型，是由一长方体经切割而成。切割顺序是，第一步，由一侧垂面截去一个三棱柱Ⅰ；第二步，由两个侧平面和一个水平面截去一个四棱柱Ⅱ；第三步，在对称的前下角位置各用一个一般位置平面截去一个三棱锥Ⅲ和三棱锥Ⅳ。

案例分析1

(2) 选择视图。将组合体下底面置于水平位置，左、右侧面平行于 W 面，主视方向如箭头所示，采用 3 个视图。

(3) 画视图。可分为 4 步进行，图 4.29(a)所示为画切割前长方体的三视图；图 4.29(b)所示为画截去一个三棱柱后的三视图；图 4.29(c)所示为画又截去一个四棱柱后的三视图；图 4.29(d)所示为画再截去两个三棱锥后的三视图。

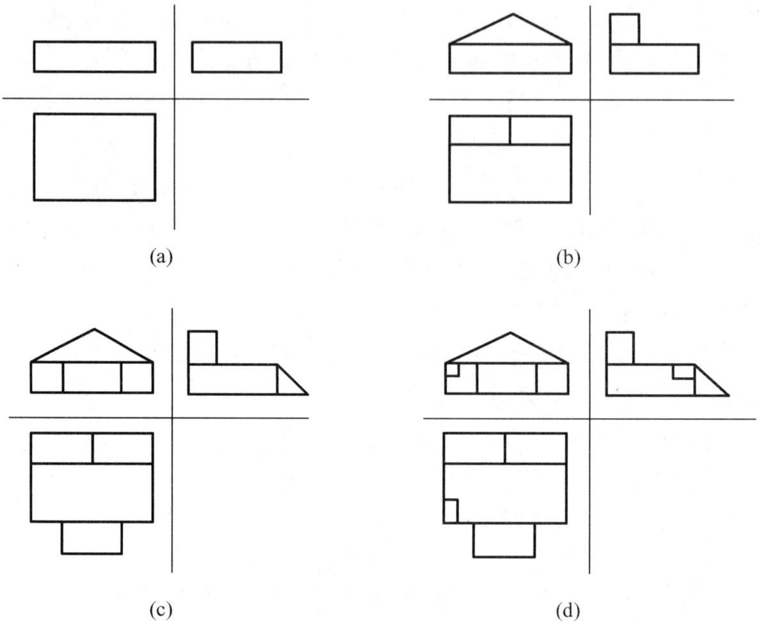

图 4.27　叠加型组合体作图步骤

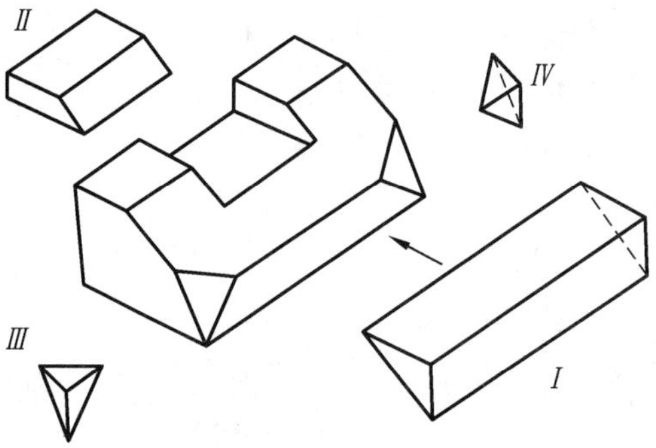

图 4.28　切割型组合体

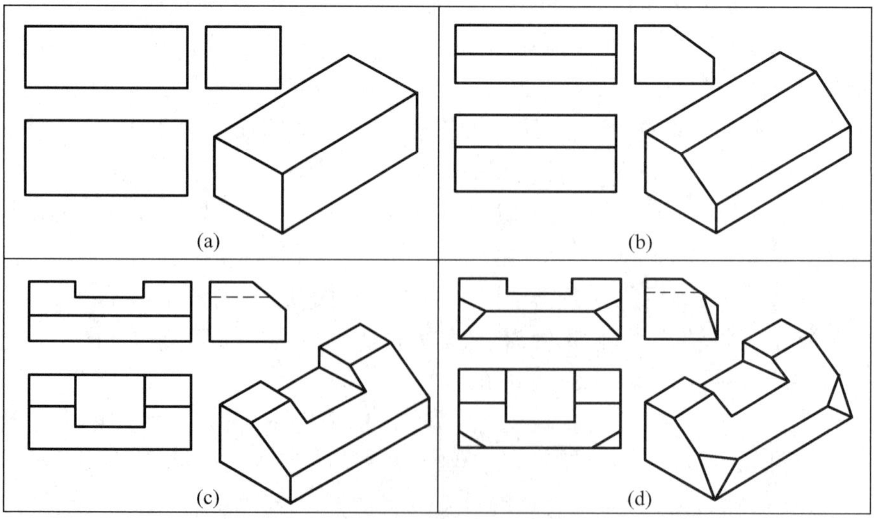

图 4.29　切割型组合体作图步骤

3. 组合体投影图的尺寸标注

组合体投影图的尺寸标注

组合体的视图只能表达它的形状，组合体的大小则要用尺寸来表达。尺寸是施工的依据，因此要求标注准确、清楚、完整。

（1）基本体的尺寸标注。

前面对基本平面体和基本曲面体的尺寸标注已做要求，这里对基本体的尺寸标注要求再做一些补充。对于基本平面体[图 4.30(a)]，一般只标注长、宽、高尺寸，但由于其各自的形状不同，也采用了一些不同的标注方法，图 4.30(b)所示的正六棱柱，可标注底面正六边形外接圆的直径。对于基本曲面体，如尺寸标注齐全，可用一个主视图表示，如球只用一个视图[图 4.30(c)]，标为 $S\phi15$ 即可，S 表示球，ϕ 表示直径，15 表示直径大小数字。圆柱、圆锥也可用一个主视图，并标注上高度和直径即可。

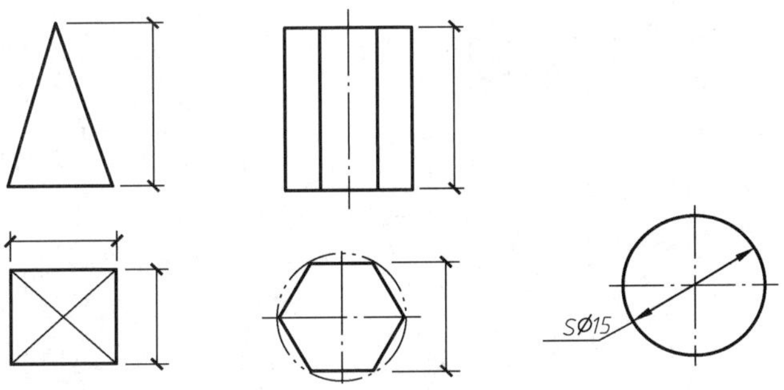

(a)　　(b)　　(c)

图 4.30　基本体的尺寸标注

（2）基本体截口的尺寸标注。

基本体被切割后，除要标注长、宽、高外，还应标注切割面的定位尺寸，可不标注截交线的定形尺寸。基本体截口的尺寸标注示例如图 4.31 所示。

（3）组合体的尺寸标注。

组合体视图中的尺寸，一般包括下列 3 种。

① 定形尺寸。组合体中确定基本体形状和大小的尺寸。

② 定位尺寸。组合体中确定各基本体相对位置的尺寸。标注定位尺寸时，还应注意以下两点。

a. 选好尺寸基准。可在组合体的长、宽、高 3 个方向各选一个基准。如上下方向可选底面为基准面、左右方向可选右端面为基准面、前后方向可选后面为基准面。

b. 按选好的尺寸基准，直接或间接标注各基本体的定位尺寸。对称体的位置用对称面确定，棱柱的位置用棱面确定，回转体的位置用轴确定。

③ 总体尺寸。确定组合体总长、总宽、总高的尺寸。

如图 4.32 所示，400mm×200mm×200mm 是体Ⅰ的定形尺寸，主视图中的 300mm 是体Ⅲ的定位尺寸，440mm×250mm×240mm 是总尺寸。尺寸基准选的是底面、后面和右面。体Ⅲ为回转体，它的位置用轴线确定；体Ⅳ是对称体，它的位置用对称面确定。

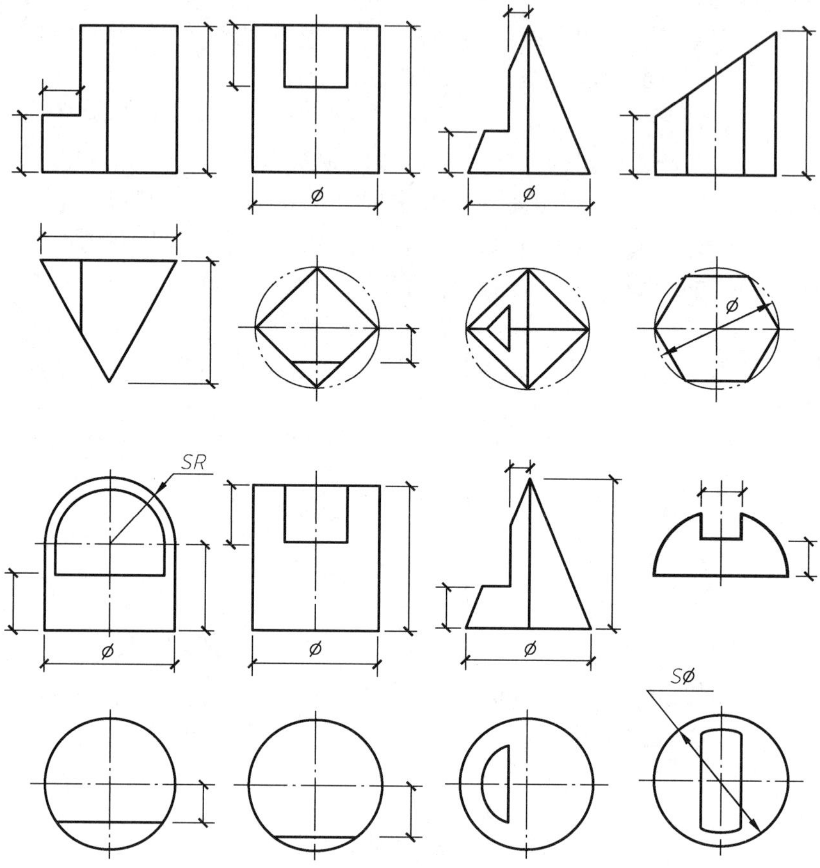

图 4.31 基本体截口的尺寸标注示例

特别提示

组合体的尺寸标注与房屋施工图的尺寸标注方法和步骤一样，只是两者的复杂程度不一样，学习组合体的尺寸标注是为标注房屋施工图的尺寸奠定基础的，所以在标注组合体的尺寸时，要求做到尺寸数字正确、尺寸位置适当、尺寸标注完整。

(4) 基本体尺寸标注的注意事项。

要使尺寸标注得到合理、完美、清晰的效果，尚需注意以下几点。

① 尺寸应尽量标注在能反映基本体特征的视图上。如图 4.32 所示，体Ⅳ的半径标注在主视图的圆弧上，而不标注在俯视图上。

② 反映某一基本体的尺寸，尽量集中标注。如图 4.32 所示，体Ⅱ的定形、定位尺寸集中标注在俯视图上；体Ⅳ的定形、定位尺寸集中标注在主视图上。

③ 与两视图相关的尺寸，尽量标注在两视图之间。如图 4.32 所示，高度方向的 240mm、200mm 标注在主视图和左视图之间，并靠左视图一边。

④ 尺寸尽量标注在视图之外，以保持视图的清晰。

⑤ 尺寸尽量不标注在虚线上。同一方向的尺寸，小尺寸标注在里边，大尺寸标注在外边。

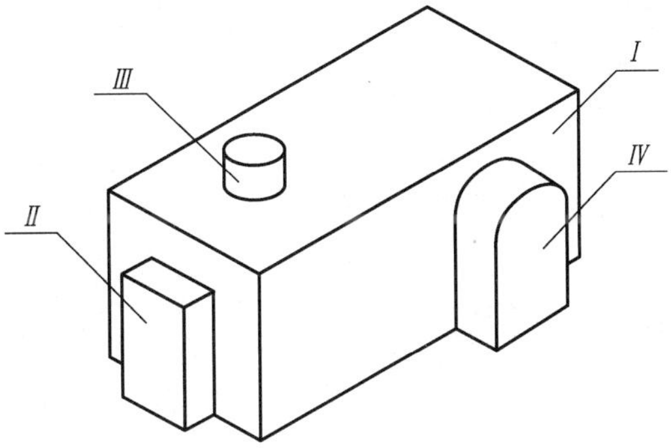

(a)

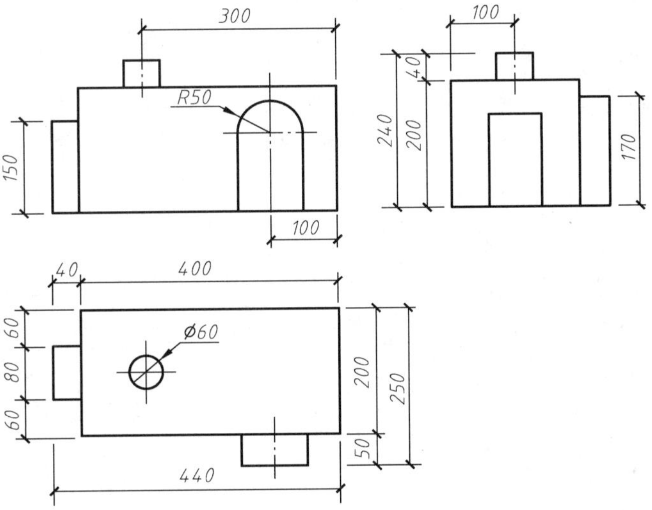

(b)

图 4.32　组合体的尺寸标注

4.5.3　组合体投影图的识读

1. 读图应具备的基本知识

(1) 熟记基本体的投影图特征，利用“长对正、高平齐、宽相等”关系进行形体分析。

(2) 利用方位关系找出组合体中各基本体之间的相对位置。

(3) 熟练地掌握各种位置直线、平面的投影特性及截交线、相贯线的投影特点。

(4) 对复杂的组合体充分利用线面分析法进行读图。

组合体投影图的识读

2. 图线和图框的意义

(1) 图线的意义。

视图中的每一条图线总是下面 3 种情况之一。

① 表示两个面的交线。如图 4.33(a)、(b)、(c)中的直线 ab。

② 表示一个面的积聚投影。如图 4.33(a)、(b)中的 p'、q'。

③ 表示曲面转向轮廓线。如图 4.34 中主视图的 $a'b'$ 表示圆柱表面的转向轮廓线的投影，$s'a'$ 表示圆锥表面的转向轮廓线的投影。

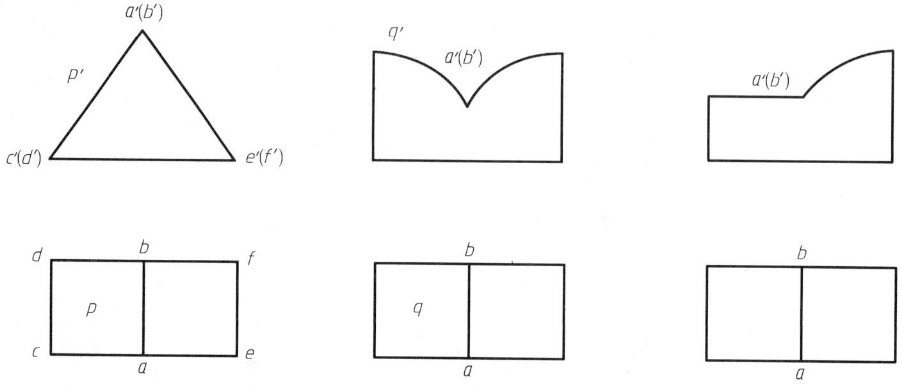

(a) 两平面的交线　　(b) 两曲面的交线　　(c) 一平面和一曲面的交线

图 4.33　视图中图线的意义

(2) 线框(封闭图形)的意义。

① 视图上的一个线框，一般表示形体上一个面的投影。

a. 可能是平面的投影。

b. 可能是曲面的投影，如图 4.34 中的矩形主视图是圆柱表面的投影。

② 视图上的线框还有其特殊含义。

a. 相切的平面与曲面的投影。如图 4.35 中的主视图，是四分之一的圆柱表面与正平面相切的投影。

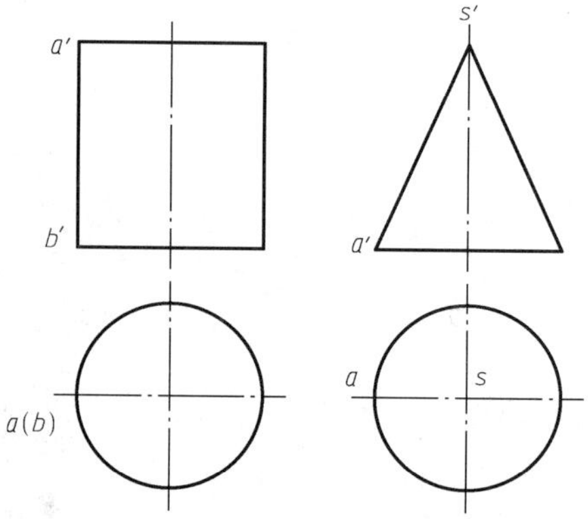

图 4.34　圆柱、圆锥的转向轮廓线

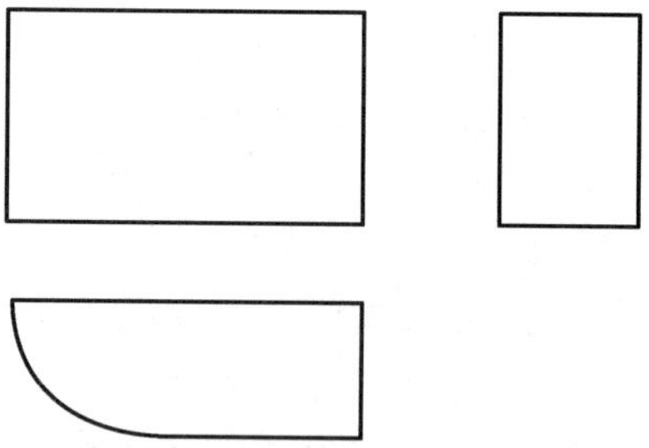

图 4.35　相切的平面与曲面

b. 相交两平面的重影。如图 4.36 中的主视图，是三棱柱中相交的两个面□$CDFE$ 和□$CDBA$ 的重影。

c. 平行两平面的重影。如图 4.36 中的左视图，是三棱柱中两个端面△AEC 和△BFD 的重影。由于左视图的 3 个边又是三棱柱中 3 个棱面的积聚投影，特称这类线框为体线框，它最能体现形体的形状特征。

③ 相邻两线框表示两个面。这两个面的空间情况有多种，可能是相交两平面的投影，也可能是前后、左右、上下两平面的投影，具体属于哪一种，则要根据另一视图来共同判断。

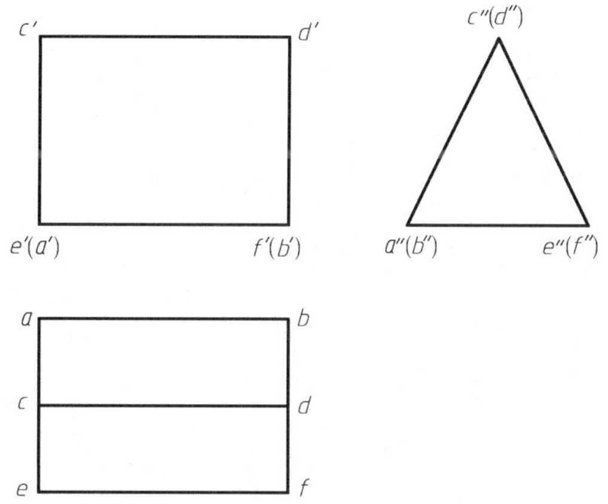

图 4.36　相交、平行两平面的重影

3. 读图方法和步骤

案例分析2

案例分析3

（1）读图方法。

识读组合体的投影图时，一般以形体分析法为主，线面分析法为辅；对于复杂的组合体，可以两种方法综合使用，利用线面分析法解决难点。

① 形体分析法是以基本体的投影特性为基础的。首先根据视图的线框对投影的关系，将组合体分解成若干基本体，并分析它们的形状，再根据方位关系确定它们的相对位置，最后联想出组合体的形状。

② 线面分析法是以线和面的投影特性为基础的。根据视图中的线和线框对投影的关系，明确它们的空间形状和位置，综合想象出组合体的形状。

（2）读图步骤。

① 初读视图。了解该组合体是平面体还是曲面体，是否有对称性，是否有斜面，属于何种类型的组合体等。

② 进行分析。根据初步读图的判断，进行形体分析或线面分析。

③ 联想整体。如用形体分析法，则将分析得出的各单个基本体，根据其方位关系组合成整体。如用线面分析法，则将分析得出的各个面的空间形状和位置综合想象出整体。

④ 对照验证。在初学时，可将联想出的组合体画成立体图，并与原三视图进行对照，检查是否相符。如果相符，则说明读图正确。

特别提示

学习组合体投影图的识读方法和识读步骤是培养空间想象能力的重要环节，也是检验空间想象能力的重要手段。学习过程中可通过补画组合体的第三投影、补画组合体投影图所缺的图线等方式尽快提高自身的空间想象能力。

【例 4－7】 根据三视图，想象出组合体的形状，如图 4.37 所示。

解：（1）初读视图。从主、俯视图知，该组合体左右对称，由明显的三部分叠加而成，故可用形体分析法进行读图。

（2）形体分析。利用“长对正、高对齐、宽相等”关系，从主视图着手对线框，不难

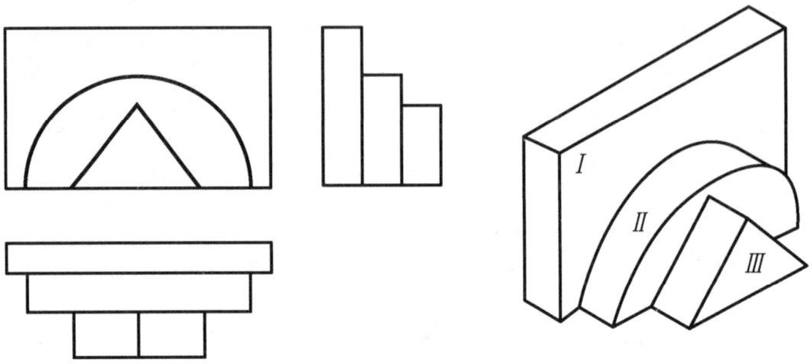

图 4.37　读组合体三视图(1)

看出大矩形对出的是长方体，半圆对出的是半圆柱，三角形对出的是三棱柱。

(3) 联想整体。根据三部分的前后、左右关系，边画立体草图边叠加，从而想象出整体。

(4) 对照验证。将想象画出的空间草图再回到平面上去验证。与原三视图进行对照，若检查无误，则说明读图正确。

【例 4-8】 根据三视图，想象出组合体的形状，如图 4.38 所示。

解：(1) 初读视图。视图中无曲线，说明该组合体为平面体；有斜线，说明该组合体有斜面；3 个视图的外形线框都是矩形，说明该组合体是由长方体改造而成的，线框内的一些线条可视为被若干面切割成的凹槽、孔、洞等，故可用线面分析法进行读图。

(2) 线面分析。由一个视图的线框去对另一个视图，若无类似性，必有积聚性。先从俯视图着手，如线框 1 对主视图，对不上类似图形，则只能对一条水平线，故Ⅰ面就是组合体中最上的一个水平面；同理，线框 3 对的也是水平线，唯有俯视图中的线框 2 对在主视图上和左视图上都有类似的线框，可知Ⅱ面是一般位置平面。同法可对三个视图中的线框进行分析。

(3) 联想整体。先画出长方体的立体草图，在它的左、前、上 3 个方向定出Ⅵ、Ⅳ、Ⅰ面，再定Ⅲ、Ⅴ、Ⅱ面，整体即成。通过分析可知，该组合体原是一个长方体，后被Ⅱ、Ⅲ、Ⅴ面切割去了一个上底为斜面的四棱柱的缺口。

(4) 对照验证。将想象出来的立体图，再回到三视图中去对照，若相吻合，则说明读图正确。

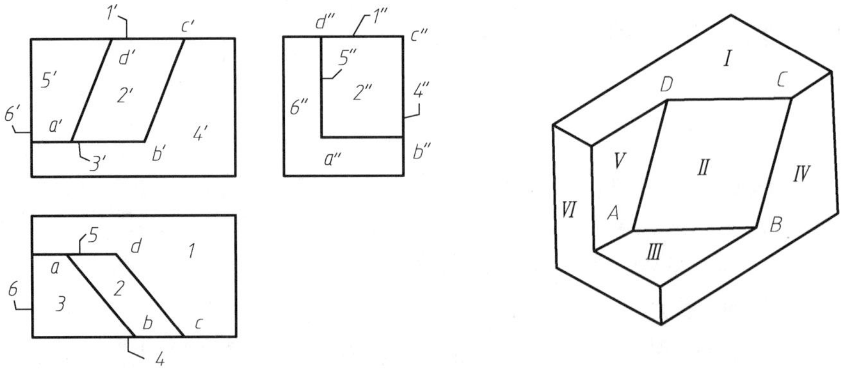

图 4.38　读组合体三视图(2)

【例 4-9】 根据三视图，想象出组合体的形状，如图 4.39 所示。

解：(1) 初读视图。视图中无曲线，则为平面；有斜线，说明有斜面；各视图都不对称，故该组合体不是对称体。从俯视图看，有明显的 4 部分，各部分都与主视图、左视图相对应，由此可下结论，该组合体属叠加型。

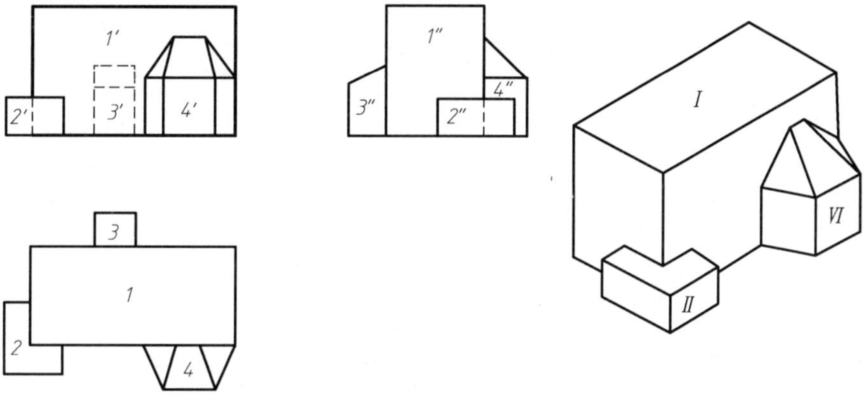

图 4.39 读组合体三视图(3)

(2) 进一步分析。俯视图中的线框 1 对应在主视图、左视图上的线框均为矩形，即为长方体；俯视图上的线框 2 对应在主视图、左视图上的线框均为矩形，故该形体是断面形状为“L”形的六棱柱；俯视图上的线框 3 对应在主视图上的线框为矩形，而对应在左视图上的线框为梯形，说明该形体为一个倒放着的断面形状为梯形的四棱柱；俯视图中的线框 4，内有 3 个小线框，则对应在主视图上有 6 个线框，关系较为复杂，因此，可用线面分析法和形体分析法结合读图。首先将主视图中的 6 个线框分成上下两部分，下面部分外框为矩形，对应在俯视上的线框为梯形，对应在左视图上的线框为矩形，说明该部分形体是断面形状为梯形的四棱柱；主视图上的上部分线框内有 3 个小线框，其中，中间一个为梯形，对应在俯视图上的线框也为梯形，对应在左视图中为一条斜线，说明该线框为一个形状为梯形的侧垂面；主视图中上面部分线框的两边分别为三角形，对应在俯视图中仍为两个三角形，而对应在左视图中也为三角形，说明该两个线框是形状为三角形的两个一般面。

(3) 联想整体。通过上述分析，不难看出，该组合类似于一个建筑形体。其主体是一个长方体，它的左下角的六棱柱类似于一个花台，长方体的后面是一个斜屋面的小偏房，长方体的右前方是一个平面形状为梯形、屋面为三面流水的小房屋。

(4) 对照验证。将想象出来的立体，再回到三视图中去验证，若各部分都吻合，则说明读图无误。

4. 对“长对正、高平齐、宽相等”关系的方法

用线面分析法读三视图时，不单是尺寸相对，还要重视形体分析，一般应注意下面一些问题。

(1) 线对面。

线对面分以下两种情况。

① 与投影轴倾斜的线对面，则形体上的这个面是投影面的垂直面。如图 4.40 中梯形 $aefd$ 对 $a'e'$，则形体上的梯形 $AEFD$ 是正垂面。

② 与投影轴平行的线对面，则形体上的面是投影面的平行面。如图 4.40 中矩形 $abcd$ 对 $a'b'$，则形体上的矩形 $ABCD$ 是水平面。

(2) 面对面。

① 必须是类似面才能相对，而且各个角点也必须对应，如三角形不能与四边形相对。

如图 4.41 中，四边形 $abcd$ 与四边形 $a'b'c'd'$ 是类似面相对，4 个角点也相对，再与左视图相对应，就可下结论，形体上的四边形 $ABCD$ 是侧垂面。如图 4.41 中，三角形 ade 与三角形 $a'd'e'$ 相对，3 个角点也相对，再与左视图中的三角形 $a''d''e''$ 相对，就可下结论，形体上的三角形 ADE 是一般位置的面。

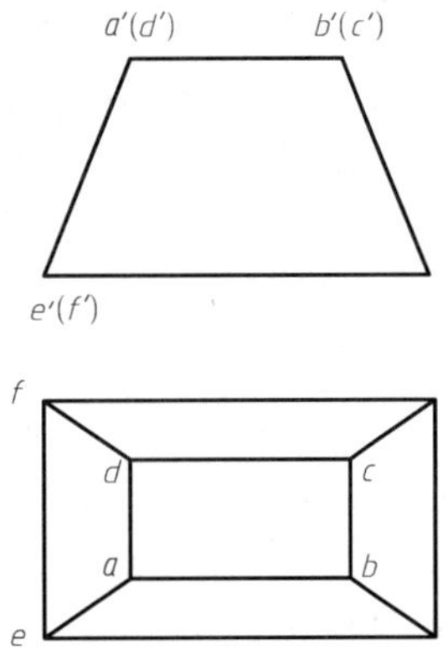

图 4.40　线对面

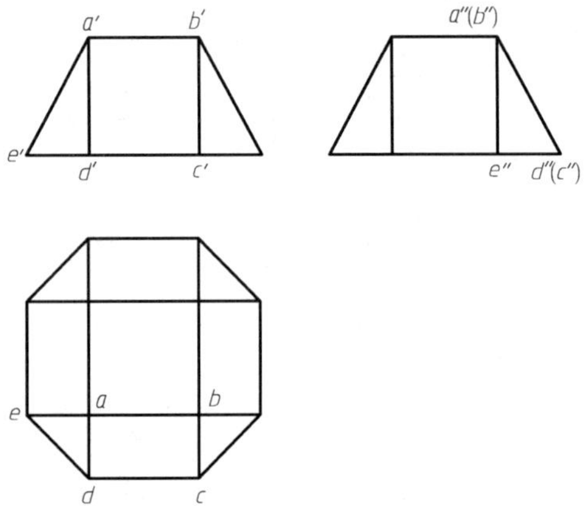

图 4.41　面对面(1)

② 还有一种特殊情况，即两个类似图形不是同一平面的两个投影。如图 4.42 中，长方体的 3 个视图都是矩形。主视图与俯视图虽然类似，4 个角点也对应，但却不是同一平面的两个投影。这时，对“长对正、高平齐、宽相等”关系应该是俯视图对主视图上的水平线 $b'c'$(即长方体上的水平面)，主视图对俯视图上的水平线 bc(即长方体上的正平面)。

③ 在对“长对正、高平齐、宽相等”关系中，由于图形复杂，容易混淆，这时可以用标注角点来定位。如图 4.43 中，俯视图上的三角形 abc 与主视图上的三角形 $a'b'c'$ 能很明显地对上；但对左视图时，有两个三角形都能满足“长对正、高平齐、宽相等”关系，这时就要充分利用标注角点的方法来确定所对的三角形 $a''b''c''$。

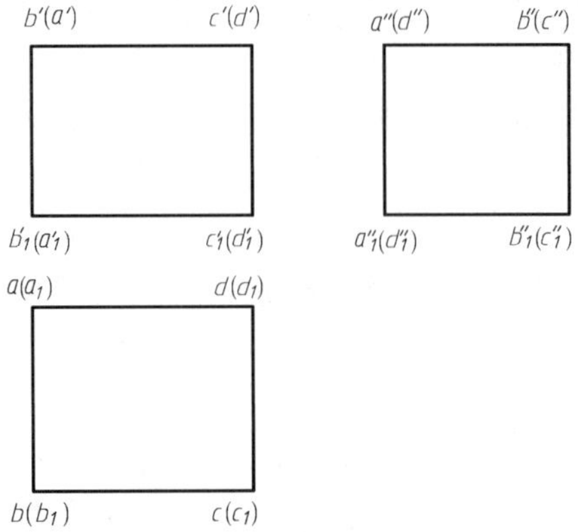

图 4.42　面对面(2)

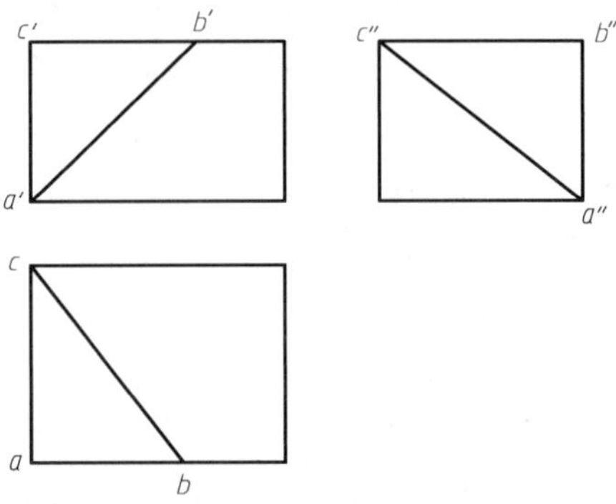

图 4.43　面对面(3)

5. 补视图

补视图是给定组合体的任意两个视图，补出第三视图。补视图是培养空间分析能力的重要手段，也是训练读图能力的有效方法。它比读三视图的难度要大些，因为已知条件要少一个，并且有时是多答案的，故必须靠综合的分析能力，反复推敲、对比，找出线面特征或形体特征，从而补出未知的视图，以求更深刻地认识视图所表达的形体。

【例 4－10】 如图 4.44 所示，已知主视图和俯视图，补出左视图。

解：(1) 初读视图。从俯视图看，有明显的 3 个线框，主视图上下方向有明显的 3 部分，故此题宜用形体分析法读图。

(2) 形体分析。由线框 1 对线框 1′，即矩形对矩形，可视为长方体；由线框 2 对线框 2′，即三角形对两个相连的矩形，可视为三棱柱；由线框 3 对线框 3′，即圆对矩形，可视为圆柱体。

(3) 联想整体。将分别想出的 3 个体，按照它们之间的方位关系进行叠加，在长方体上方是三棱柱，三棱柱上方是圆柱。最后根据“长对正、高平齐、宽相等”关系补出它们的左视图。

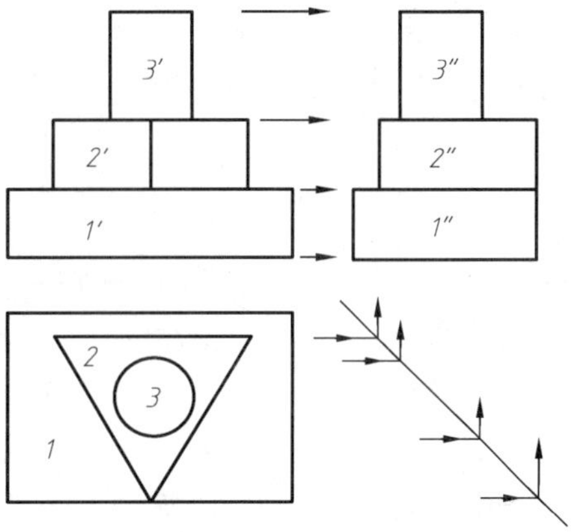

图 4.44 补左视图

【例 4－11】 如图 4.45 所示，已知主视图和左视图，补出俯视图。

解：(1) 初读视图。主视图外框大体为矩形，只是上部带有一缺口；左视图外框为矩形，可知组合体原始形状为长方体，线框内的小线框可理解是被一些面截去一部分而形成的，因此宜用线面分析法进行读图。

(2) 线面分析。根据已知条件，主视图与左视图对“长对正、高平齐、宽相等”关系，只能对“高平齐”，可由上逐步往下对。如主视图上的水平线 1′正好对左视图上的水平线 1″，可分析是形体上一个水平面Ⅰ的两个投影，同理水平线 2′与水平线 2″也是形体上的一个水平面Ⅱ的两个投影，同法可继续将水平线对完；主视图上的线框 3′与左视图上的

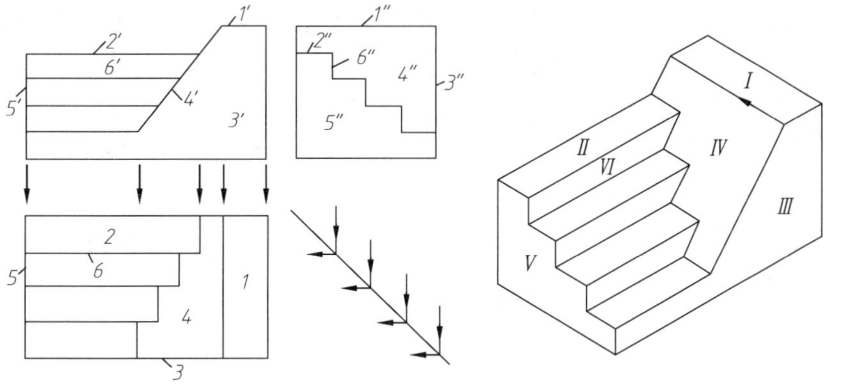

图 4.45 补俯视图

竖线 3″相对，可知是形体上一个正平面Ⅲ的两个投影。左视图上的线框 5″与主视图的竖线 5′相对，可知是形体上一个侧平面Ⅴ的两个投影。左视图上的线框 4″与主视图上的斜线 4′相对，可知是形体上一个正垂面Ⅳ的两个投影。主视图上的线框 6′与左视图上的竖线 6″相对，可知是形体上一个正平面Ⅵ的两个投影，用同样的方法可继续往下对。

(3) 联想整体。将分别想出的各个面的形状，以及它们在形体上的前后、左右、上下位置进行联想、组装，并画出立体草图。

(4) 根据线面分析结果补出俯视图。补图时可分析一个面，补一个面，逐个完成全图，也可画出立体草图后再补图。

(5) 反复验证。最后将立体图与三视图进行核对，看是否有遗漏或错误之处。

小　结

(1) 绘制形体的投影图应遵循相应步骤。“长对正、高平齐、宽相等”是形体三面投影的规律，无论是整个物体还是物体的局部投影都应遵循这条规律。

(2) 任何建筑物都由基本体组成，根据围成基本体表面的情况不同，基本体分为平面体和曲面体两种。平面体有棱柱、棱锥和棱台；曲面体有圆柱、圆锥、圆台和球。平面体和曲面体的投影都有相应的绘制步骤和规律。

(3) 平面体表面上的点和直线的投影作图方法一般有从属性法、积聚性法和辅助线法 3 种。在曲面体表面上取点、取线的投影作图可利用曲面体的投影特性，一般有积聚性法、素线法、纬圆法、辅助圆法。

(4) 组合体是由基本体按一定的方式组合形成的，按组合方式的不同分别有叠加型组合体、切割型组合体和综合型组合体。作组合体投影图时，首先应进行形体分析，分析其组合方式，根据组合方式的不同，采用不同的画图方法和步骤。

(5) 组合体投影图的尺寸标注是以平面体和曲面体投影图的尺寸标注为基础的。组合体尺寸包括定形尺寸、定位尺寸和总尺寸。在标注尺寸时应进行形体分析，根据形体的组合情况首先标注定形尺寸，再标注定位尺寸，最后标注总尺寸。基本体、组合体尺寸标注都应齐全，不得遗漏，但也不要重复。组合体所有尺寸应合理配置，小尺寸在里，大尺寸在外。

(6) 组合体投影图的识读是形体投影的重要内容。根据点、线、面的投影原理，投影规律，各种基本体的投影特点，组合体投影图的画法，采用形体分析法和线面分析法识读组合体的投影图。

思考题

1. 在平面立体投影图中，怎样分析棱线和棱面的投影？怎样判别棱面在各投影中的可见性？

2. 在曲面体投影中，转向轮廓线是怎么形成的？它在什么位置？怎样判别曲面在各投影中的可见性？

3. 识读组合体投影图的方法和步骤是什么？

4. 什么是形体分析法和线面分析法？

5. 标注在组合体投影图上的尺寸有哪几种？

第5章 轴测投影图

教学目标

通过学习轴测投影图的形成过程、基本概念、投影特性、常用轴测投影图的分类、常用轴测投影图的画法等内容，熟练掌握平面体的正等轴测投影图的画法，掌握平面体的正二等轴测投影图、正面斜轴测投影图、水平斜轴测投影图的画法，熟悉曲面体正等轴测投影图的画法，了解轴测投影图的基本概念和投影特性。

教学要求

能力目标	知识要点	权重
了解轴测投影的基本概念和分类	轴测投影图的形成、特性、分类和画法	10%
熟练掌握平面体的正等轴测投影图的画法	运用坐标法、叠加法、切割法绘制平面体的正等轴测投影图	25%
熟悉曲面体的正等轴测投影图的画法	圆的正等轴测投影图的画法、基本曲面体正等轴测投影图的画法	5%
掌握平面体的正二等轴测投影图的画法	正二等轴测投影图的形成、轴间角、轴向变形系数和画法	20%
掌握平面体的正面斜轴测投影图的画法	正面斜轴测投影图的形成、轴间角、轴向变形系数和画法	20%
掌握平面体的水平斜轴测投影图的画法	水平斜轴测投影图的形成、轴间角、轴向变形系数和画法	20%

章节导读

轴测投影属于单面平行投影，它能同时反映立体的正面、侧面和水平面的形状，因而立体感较强，在工程设计和施工中常用作辅助图样。常用的轴测投影图有正等轴测投影图、正二等轴测投影图、正面斜轴测投影图、水平斜轴测投影图，其中正等轴测投影图应用最广。

学习轴测投影图的形成过程、基本概念、投影特性，是为了更好地学习和掌握轴测投影图的画法，因轴测投影图不能确切地反映物体真实的尺寸和大小，并且作图较正投影图复杂，因而在施工生产中它常作为辅助图样，用来帮助人们读懂正投影图。

绘制轴测投影图是发展空间构思能力的手段之一。通过画轴测投影图可以帮助人们想象物体的形状，培养空间想象能力，从而提高人们识读工程图的能力和工程实践中的交流能力。

引　例

请看以下两幅图形。

(1) 图5.0(a)所示为垫座的三面正投影图，图5.0(b)所示为垫座的轴测投影图，这两幅图各有什么优缺点？

(2) 垫座的长、宽、高在图5.0(a)和图5.0(b)中分别显示在什么地方？

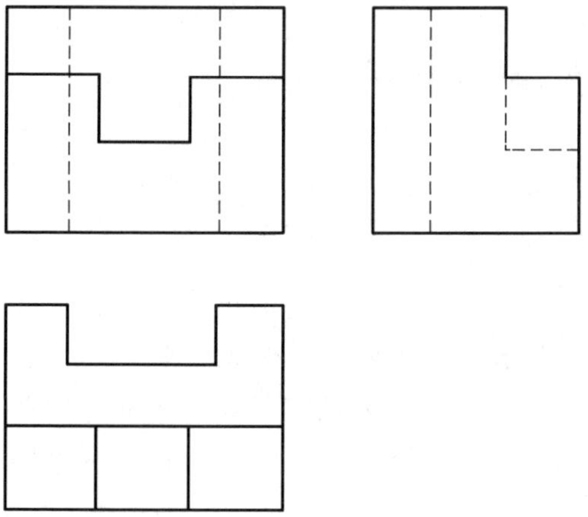

(a) 垫座的三面正投影图

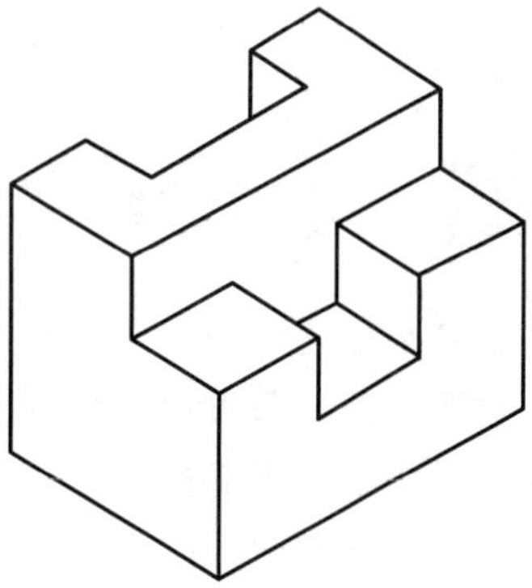

(b) 垫座的轴测投影图

图5.0　投影图

5.1　轴测投影图的基本知识

施工图中通常用两个或两个以上的正投影图表达形体的形状和大小，由于每个正投影图只反映构件的两个尺度，这给识读施工图带来了很大的困难，识读施工图时必须将两个或两个以上的正投影图联系起来，利用正投影的知识才能想象出形体的空间形状，因此，正投影图具有能够完整、准确地表达形体的特点。但正投影图也有其缺点，就是其图形的直观性差，识读较难。为了便于读图，在工程中常用一种富有立体感的投影图表示形体，这种图样称为轴测投影图。

图 5.1(a)所示为某一形体的正投影图，这种图能准确地表达形体的表面形状及相对位置，具有良好的度量性，是工程上广泛使用的图示方法，其缺点是缺乏立体感。而轴测投影图是用平行投影原理绘制的一种单面投影图。这种图接近于人的视觉习惯，富有立体感，如图 5.1(b)所示。

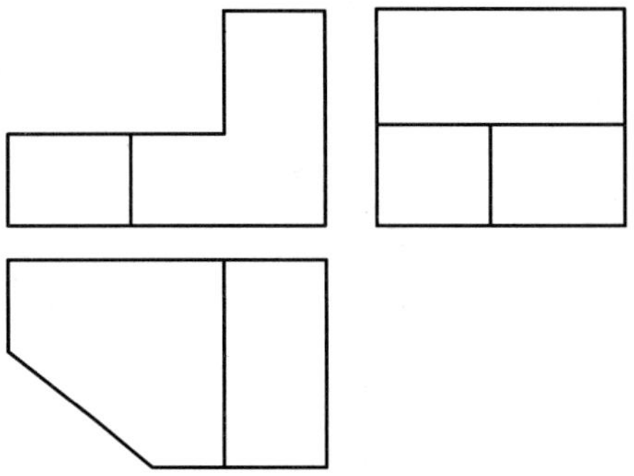

(a) 正投影图

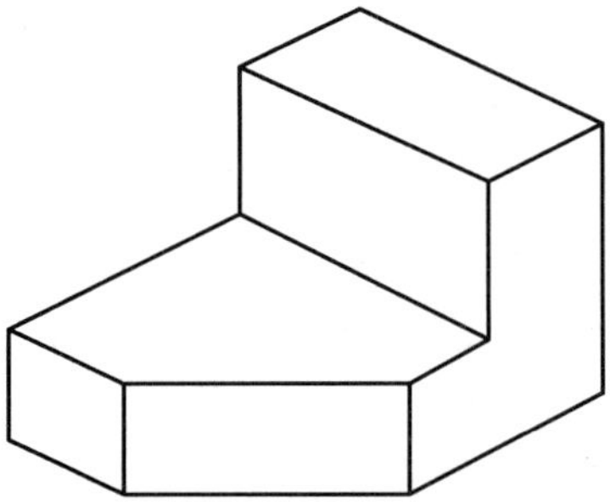

(b) 轴测投影图

图 5.1　形体的正投影图和轴测投影图

5.1.1　轴测投影图的形成和分类

轴测投影图是一种单面投影图，只用一个投影面表达形体的形状。它是将形体及坐标一起，按选定的投影方向向投影面进行投影，得到一个能同时反映形体长、宽、高 3 个方向尺度和形体 3 个表面的投影图。这种投影所得的图形称为轴测投影图，简称轴测图，如图 5.2 所示。按投影方向与轴测投影面之间的关系，轴测投影图可分为正轴测投影图和斜轴测投影图两类。

1. 正轴测投影图

当轴测投影图轴测投影的投影方向 S 与轴测投影面 P 垂直时所形成的轴测投影称为正轴测投影，所形成的投影图称为正轴测投影图，简称正轴测图，如图 5.2(a)所示。正轴测投影图按照形体上直角坐标轴与轴测投影面的倾角不同，又可分为正等轴测投影图、正二等轴测投影图、正三等轴测投影图。

2. 斜轴测投影图

当轴测投影的投影方向 S 与轴测投影面 P 倾斜时所形成的轴测投影称为斜轴测投影，所形成的投影图称为斜轴测投影图，简称斜轴测图，如图 5.2(b)所示。斜轴测投影图按所选定的轴测投影面不同，可分为正面斜轴测投影图和水平斜轴测投影图。

为了作图方便、表达效果更好，工程中常用以下 4 种轴测投影图。

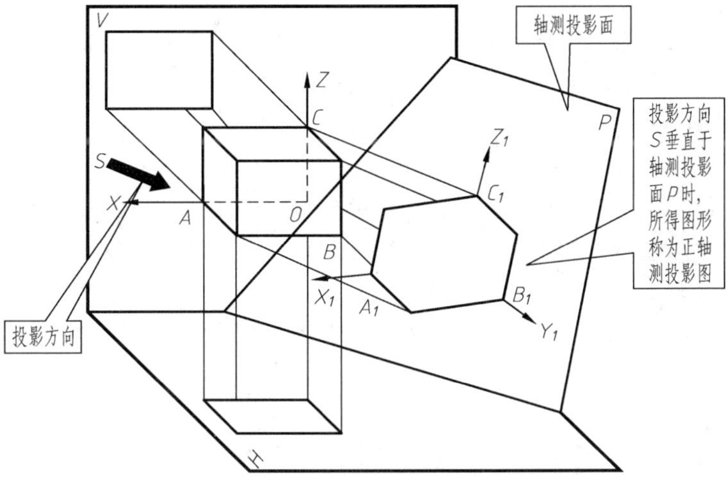

(a) 正轴测投影图

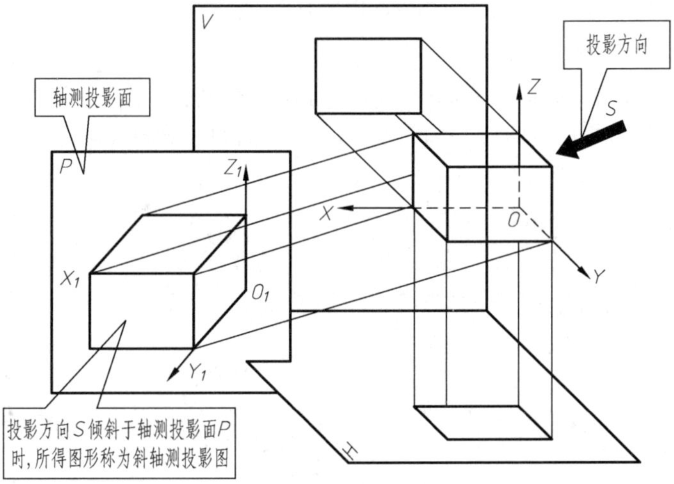

(b) 斜轴测投影图

图 5.2　轴测投影图的形成

(1) 正等轴测投影图。

(2) 正二等轴测投影图。

(3) 正面斜二等轴测投影图。

(4) 水平斜二等轴测投影图。

一般都根据工程需要来选择合适类型的轴测投影图作为工程实践的辅助图样。

5.1.2 轴测投影的术语

1. 轴测轴

空间直角坐标轴的轴测投影称为轴测轴，常用 O_1X_1、O_1Y_1、O_1Z_1 表示。

2. 轴间角

轴测轴之间的夹角即为轴间角，常用$\angle X_1O_1Y_1$、$\angle X_1O_1Z_1$、$\angle Y_1O_1Z_1$表示，其中任何一个都不能为零，3个轴间角之和等于360°。

3. 轴向变形系数

轴测投影图中平行于轴测轴O_1X_1、O_1Y_1、O_1Z_1的线段O_1A_1、O_1B_1、O_1C_1的长度与平行于坐标轴OX、OY、OZ的对应线段OA、OB、OC的长度之比称为轴向变形系数，也可称为轴向伸缩系数。X轴、Y轴、Z轴的轴向变形系数分别以p、q、r表示。

$$p=O_1X_1/OX$$
$$q=O_1Y_1/OY$$
$$r=O_1Z_1/OZ$$

5.1.3 轴测投影图的特性

由于轴测投影属于平行投影，因此轴测投影具有平行投影的特点，为了方便作轴测投影图，这里只介绍作轴测投影图时常用的一些特点。

(1) 空间相互平行的直线，它们的轴测投影互相平行。

(2) 立体上凡是与坐标轴平行的直线，在其轴测投影图中也必与轴测轴互相平行。

(3) 立体上两平行线段或同一直线上的两线段长度之比，在轴测投影图上保持不变。

应当注意的是，平行于坐标轴的尺寸可以根据相应的轴向变形系数进行统一缩放后直接量取长度，对表达形体的直观形象没有影响；当所画线段与坐标轴不平行时，决不可在图上直接量取，而应先作出线段两端点的轴测投影图，然后连线得到线段的轴测投影图。另外，在轴测投影图中一般不画虚线。

5.1.4 轴测投影图的画法

画形体轴测投影图的基本方法是坐标法，结合轴测投影的特性，针对形体形成的方法不同，还可采用叠加法和切割法。

画轴测投影图的一般步骤如下。

(1) 读懂正投影图，进行形体分析并确定形体上的直角坐标位置。

(2) 选择合适的轴测投影图种类和观察方向，确定轴间角和轴向变形系数。

(3) 根据形体的特征选择作图的方法，常用的作图方法有坐标法、叠加法、切割法等。

(4) 作图时先绘底稿线。

(5) 检查底稿是否有误，确定无误后加深图线。不可见部分通常省略，不画虚线。

特别提示

本章引例(1)的解答：图5.0(a)是垫座的三面正投影图，其作图简单，图形大小尺寸表达准确，但直观性差，缺乏立体感；图5.0(b)是垫座的轴测投影图，其立体感强，但度量性差，图形大小不能反映形体真实尺寸。

5.2 正轴测投影图

5.2.1 正等轴测投影图

使直角坐标系的三坐标轴 OX、OY 和 OZ 对轴测投影面的倾角相等，并用正投影法将物体向轴测投影面投射，所得到的图形称为正等轴测投影图，简称正等测。如图 5.3 所示，若使物体的 3 个坐标轴与轴测投影面 P 的倾角相等，且投影方向 S 与轴测投影面 P 垂直，然后将立体向轴测投影面 P 作正投影，所得的投影图就是正等轴测投影图。

其基本含义如下。

“正”为采用正投影法。

“等”为三轴测轴的轴向变形系数相同，即 $p=q=r$。

由于正等轴测投影图绘制方便，因此在实际工作中应用较多。教材中的许多例图都采用的是正等轴测投影图画法。

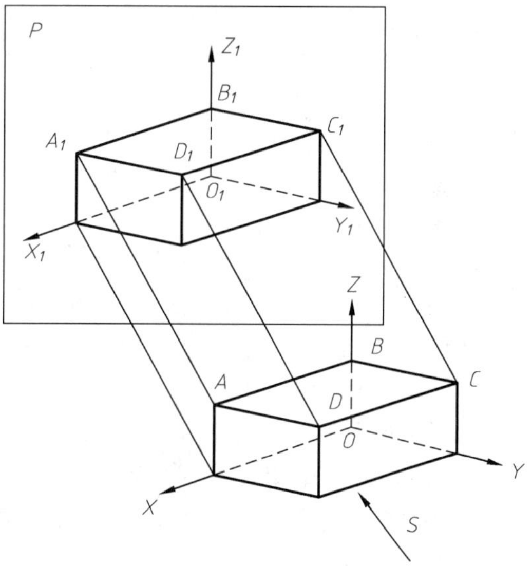

图 5.3 正等轴测投影图的形成

1. 轴间角和轴向变形系数

由于形体的 3 个直角坐标轴与轴测投影面的倾角相同，正等轴测投影图的 3 个变形系数相等，即 $p=q=r$，由几何原理可知，$p=q=r=0.82$，为了作图方便，常常将其简化，使 $p=q=r=1$，这样图形的轴向尺寸被放大 1.22 倍（$1/0.82\approx1.22$），所画出的轴测投影图也就比实际物体大，这对物体的形状没有影响，两者的立体效果是一样的，如图 5.4 所示，但却简化了作图。

特别提示

实际工程中，为了画图时方便，都采用 $p=q=r=1$ 的简化轴向变形系数作图，且常采用徒手作图。

变形系数简化后所画的轴测投影图，平行于坐标轴的尺寸都放大了 1.22 倍，但这对表达形体的直观形象没有影响。

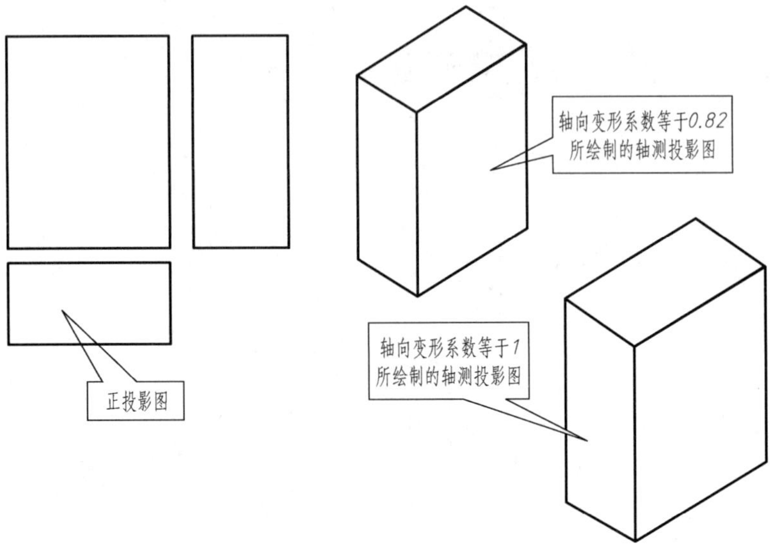

图 5.4　采用简化系数的正等轴测投影图

正等轴测投影图的轴间角也相等，都等于 120°，即$\angle X_1O_1Y_1=\angle X_1O_1Z_1=\angle Y_1O_1Z_1=$ 120°，作图时，规定 O_1Z_1 轴保持铅垂状态，过 O_1 作水平线与 O_1Z_1 轴垂直，O_1X_1 轴和 O_1Y_1 轴分别与水平线成 30°的夹角，如图 5.5 所示。

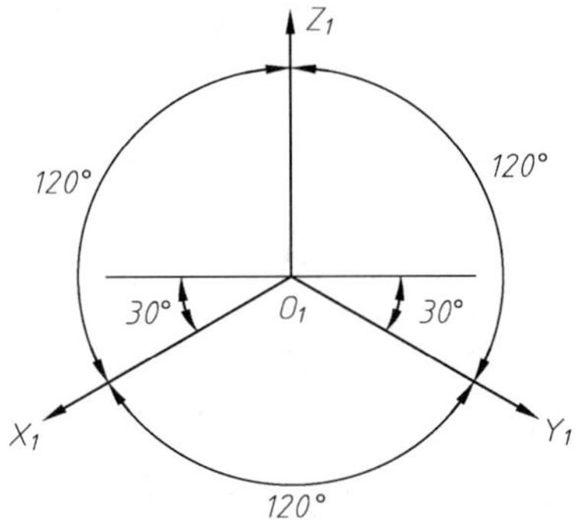

图 5.5　正等轴测投影图的轴间角

2. 平面体正等轴测投影图的画法

【例 5－1】 已知六棱柱的正投影图如图 5.6(a)所示，画其正等轴测投影图。

解： 画这类基本体，主要根据形体的各点在坐标上的位置来画其轴测投影，然后依次连接，得到物体的轴测投影图，这种方法即为坐标法。其中坐标原点 O_1 的位置选择比较重要，如选择恰当，作图就简便快捷。

作图步骤如下。

(1) 如图 5.6(a)所示，根据形体结构的特点，选定坐标原点位置。

(2) 画轴测轴。

(3) 按点的坐标作点、直线的轴测投影图。

(4) 连线 A_1B_1、C_1D_1、D_1E_1、F_1A_1，完成顶面正等轴测投影图。

(5) 过 A_1、B_1、C_1、D_1、E_1、F_1 各点向下作平行于 O_1Z_1 的直线并截取高度，定出底面上的点，顺次连接，整理完成全图，如图 5.6(b)所示。

特别提示

为了方便读图，画轴测投影图的过程中，不可见轮廓线一般可以不连。

【例 5－2】 已知组合体的正投影图如图 5.7(a)所示，画其正等轴测投影图。

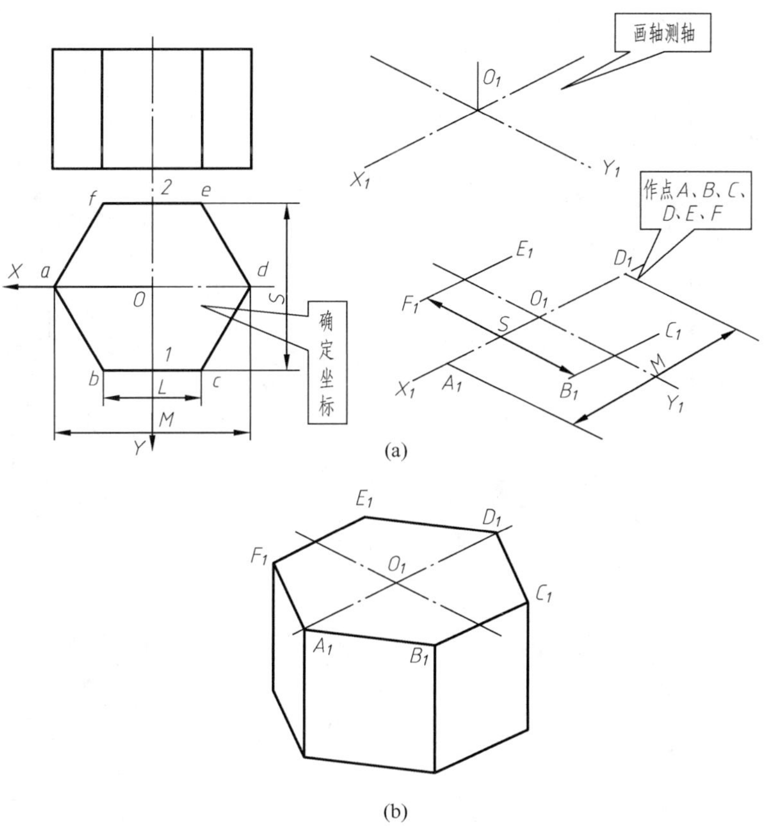

图 5.6　六棱柱正等轴测投影图的画法

解：叠加类的组合体，是由几个基本体叠加而成的，在绘制这类组合体的轴测投影图时，应该分先后、分主次采用叠加法画出组合体的各个基本体的轴测投影图，每一部分的轴测投影图仍然用坐标法画出，但是应该注意组合体各部分之间的相对位置关系。

作图步骤如下。

(1) 确定坐标轴。把坐标原点 O_1 选在Ⅰ体上底面的右后角上，如图 5.7 (a)所示。

(2) 根据正等轴测投影图的轴间角及各点的坐标在Ⅰ体的上底面画出组合体的 H 面投影的轴测投影图，如图 5.7 (b)所示。

(3) 根据Ⅰ体的高度，画出Ⅰ体的轴测投影图，如图 5.7 (c)所示。

(4) 根据Ⅱ、Ⅲ体的高度，画出它们的轴测投影图，如图 5.7 (d)所示。

(5) 擦去多余的线，加深图线即为所求，如图 5.7(e)所示。

【例 5-3】 已知切割体的正投影图如图 5.8(a)所示，画其正等轴测投影图。

解：通过对图 5.8(a)所示的物体进行形体分析，可以把该形体看作是由一个长方体斜切左上角，再在前上方切去一个六面体而成。画图时可先画出完整的长方体，然后再用切割法画出切去的一个斜角和一个六面体。

作图步骤如下。

(1) 确定坐标原点及坐标轴，如图 5.8(a)所示。

(2) 画轴测轴，根据给出的尺寸作出长方体的轴测投影图，然后再根据尺寸 8mm 和

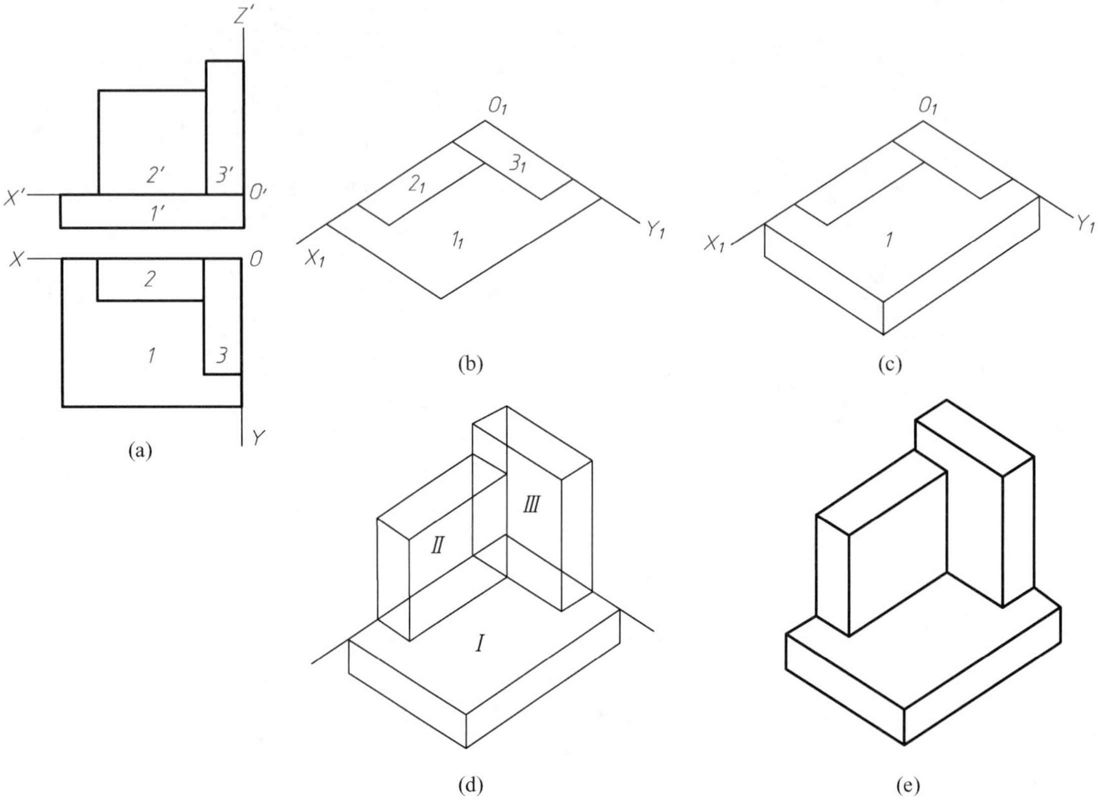

图 5.7 组合体正等轴测投影图的画法

20mm 作出斜面的投影，如图 5.8(b)所示。

(3) 沿 Y 轴量尺寸 15mm 作平行于 XOZ 面的平面，并由上往下切，沿 Z 轴量取尺寸 16mm 作 XOY 面的平行面，并由前往后切，两平面相交切去一角，如图 5.8(c)所示。

(4) 擦去多余的图线，并加深图线，即得物体的正等轴测投影图，如图 5.8(d)所示。

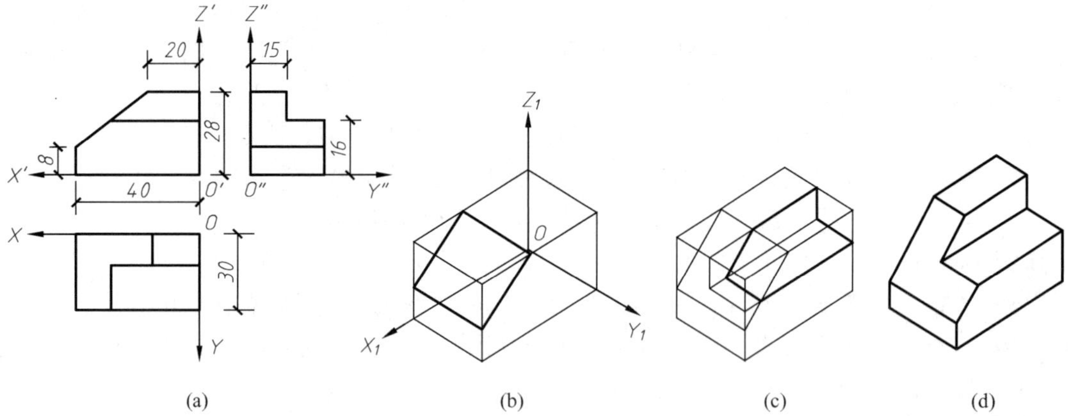

图 5.8 切割体正等轴测投影图的画法

特别提示

本章引例(2)的解答：通过绘制轴测投影图可以看出，轴测投影图可以集中反映形体的长、宽、高3个尺度，但不能反映形体的真实尺寸；对于三面正投影图，每个图形只能反映形体长、宽、高中的两个尺度，如果按1∶1的比例绘制，可以反映形体的真实尺寸。

3. 圆的正等轴测投影图的画法

在平行投影中，当圆所在平面平行于投影面时，它的投影还是圆。而当圆所在平面倾斜于投影面时，它的投影就变成了椭圆，如图5.9所示。

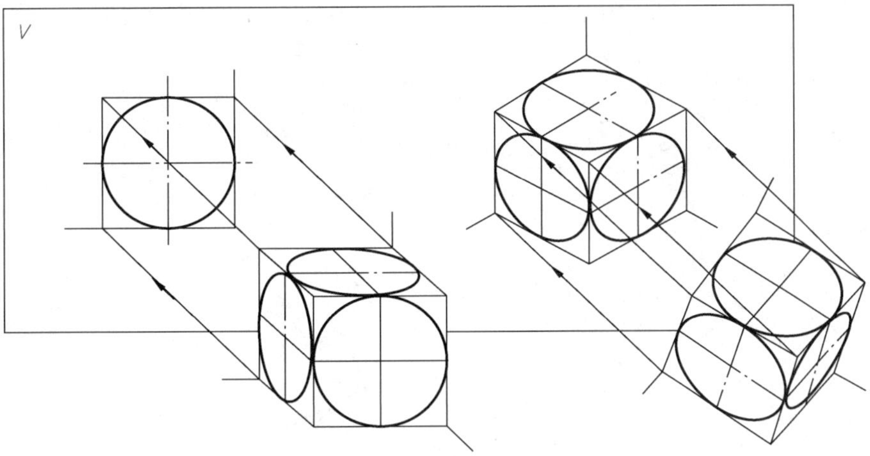

(a) (b)

图5.9 圆的投影

画圆的正等轴测投影时，一般先画圆的外切正方形的轴测投影——菱形，然后再用四心法近似画出椭圆。以图5.10所示的水平圆为例，介绍圆的正等轴测投影图的画法，其作图步骤如下。

(1) 作圆的外切四边形，切点是a、b、c、d，并确定直角坐标轴OX和OY的位置。

(2) 画正等轴测投影图的轴测轴O_1X_1、O_1Y_1，作圆的外切四边形的轴测投影图，各边与轴测轴的交点为外切四边形轴测投影图的切点A_1、B_1、C_1、D_1，外切四边形为菱形。

(3) 将外切四边形（菱形）的钝角顶点和4个切点连起来，连线的交点O_3、O_4为四心法中的两个圆心。

(4) 以点O_3、O_4和钝角顶点O_1、O_2为圆心，以圆心到切点的距离为半径，分别作圆弧，依次连成椭圆。

(5) 擦去多余的图线，并加深即可。

与圆平行的坐标面方向不同，其轴测投影所形成的椭圆方向也不同。平行于坐标面的圆的正等轴测投影图的画法如图5.11所示。

4. 曲面体正等轴测投影图的画法

掌握了圆的正等轴测投影图的画法，曲面体的正等轴测投影图也就容易画出来了。在绘制曲面体的正等轴测投影图时，一般要先画出平行于坐标面的圆的正等轴测投影图，再用直线或曲线画出其外形线即可。

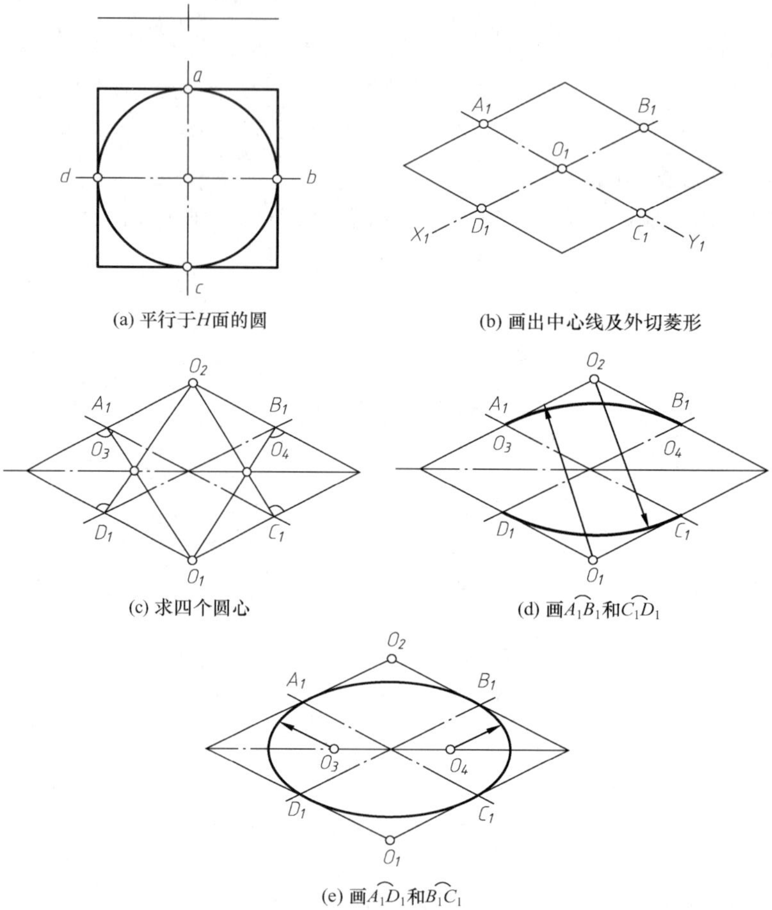

(a) 平行于H面的圆

(b) 画出中心线及外切菱形

(c) 求四个圆心

(d) 画$\widehat{A_1B_1}$和$\widehat{C_1D_1}$

(e) 画$\widehat{A_1D_1}$和$\widehat{B_1C_1}$

图 5.10　四心法画椭圆

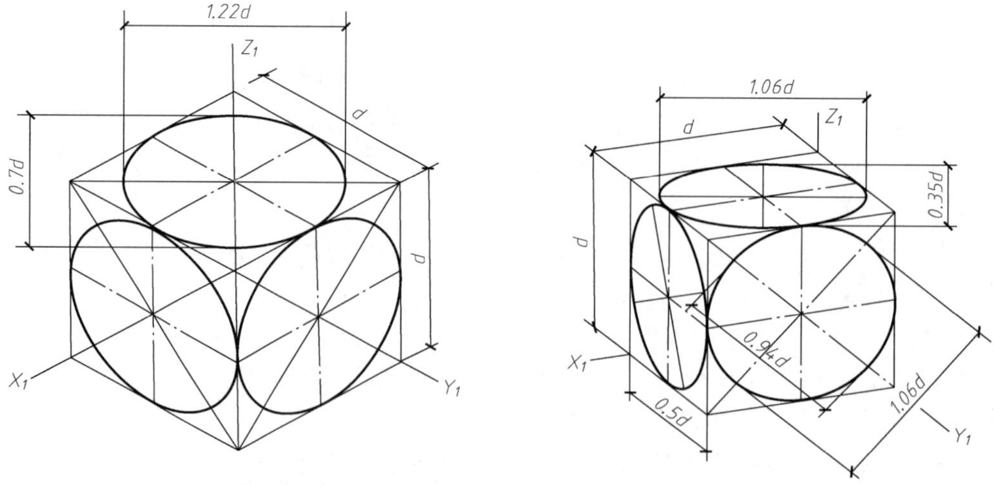

(a)

(b)

图 5.11　平行于坐标面的圆的正等轴测投影图

【例 5-4】 已知圆柱的正投影图如图 5.12(a)所示，画其正等轴测投影图。

解： 先作出轴测轴 O_1X_1、O_1Y_1、O_1Z_1，用四心圆法作出 H 面上底圆的正等轴测投影图——椭圆，再以柱高平移圆心作顶面可见椭圆(此为移心法)，如图 5.12(b)所示；最后作两椭圆的最左、最右切线，即为圆柱的正等轴测投影图的轮廓线(切点是长轴端点)，如图 5.12(c)所示。为加强立体效果，可加绘平行于轴线的阴影线，越近轮廓线画得越密，在轴线附近不画，如图 5.12(d)所示。

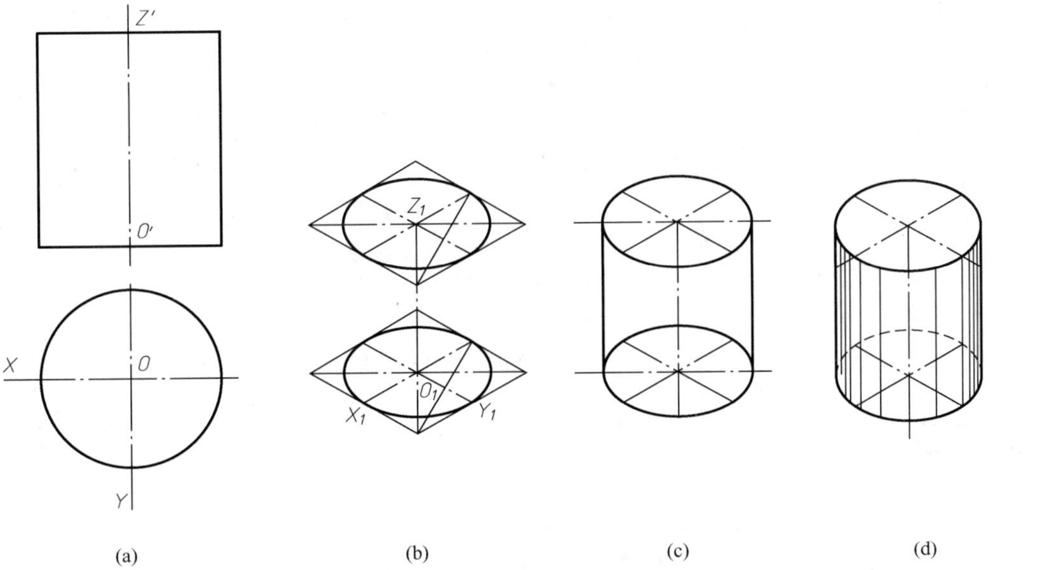

图 5.12　圆柱正等轴测投影图的画法

【例 5-5】 已知圆锥的正投影图如图 5.13(a)所示，画其正等轴测投影图。

解： 先作底面椭圆，过椭圆中心往上至圆锥高度，得锥顶点 s_1，过点 s_1 作椭圆的切线，加绘阴影线得圆锥的正等轴测投影图，如图 5.13 所示。

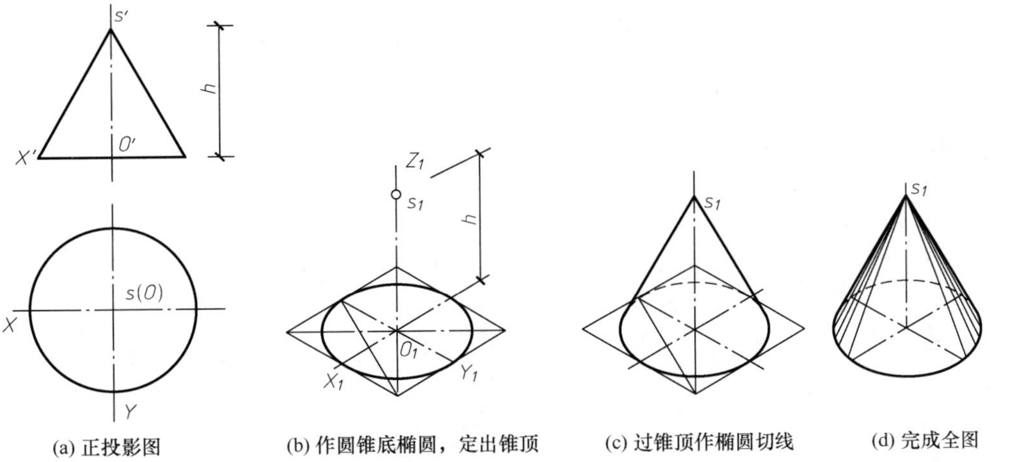

图 5.13　圆锥正等轴测投影图的画法

【例 5-6】 如图 5.14(a)所示，平面图形上有 4 个圆角，每一段圆弧相当于整圆的 1/4，画该平面图形的正等轴测投影图。

解：圆角的正等轴测投影图的画法如图 5.14(b)所示。每段圆弧的圆心是过外接菱形各边中点(切点)所作垂线的交点，其中 $\widehat{D_1B_1}$ 是以 O_2 为圆心、R_2 为半径画出，$\widehat{B_1C_1}$ 是以 O_3 为圆心、R_3 为半径画出。D_1、B_1、C_1 等切点均利用已知的 r 来确定。平面图形的正等轴测投影图如图 5.14(c)所示。

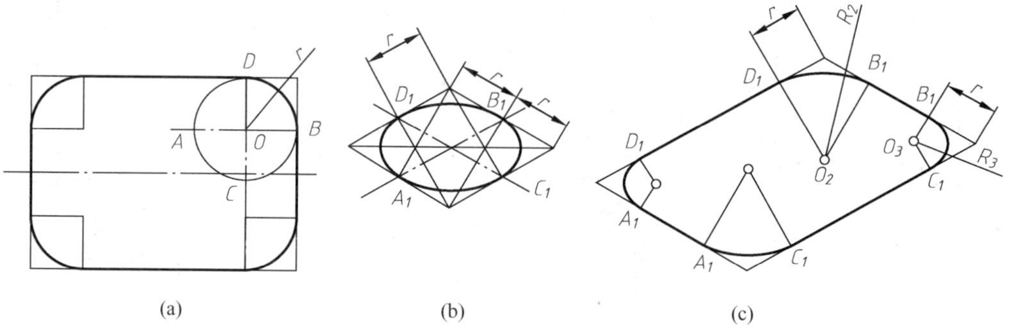

图 5.14　圆角正等轴测投影图的画法

5.2.2　正二等轴测投影图

1. 轴间角和轴向变形系数

当形体在正等轴测投影图的位置发生转动，使形体 3 个面与轴测投影面的夹角不相等，且选定 $p=r=2q$ 时所得的正轴测投影图，称为正二等轴测投影图，简称正二测，其投影方向如图 5.15(a)所示。正二等轴测投影图的轴测轴和轴间角的关系如图 5.15(b)所示，其中 O_1Z_1 轴为铅垂线，O_1X_1 轴与水平线的夹角为 7°10′，O_1Y_1 轴与水平线的夹角为 41°25′。

正二等轴测投影图的 3 个轴向变形系数不相等，其理论值为 $p=r=0.94$，$q=0.47$，如图 5.15(c) 所示。为了作图方便，将其简化，使 $p=r=1$，$q=0.5$。使用简化值作图对形体的轴测投影图的形状没有影响，只是图形放大了一些，如图 5.15(d)所示。

在实际绘制正二等轴测投影图时，不需要用量角器准确确定轴间角，用近似方法作正二等轴测投影图的轴间角即可。即 O_1X_1 轴采用 1∶8，O_1Y_1 轴采用 7∶8 的直角三角形，其斜边即为所求的轴测轴，如图 5.15(e)所示。

2. 正二等轴测投影图的画法

正二等轴测投影图的画法和正等轴测投影图的画法相似，方法相同，只是轴间角和轴向变形系数发生了变化。对于同一个形体而言，其正二等轴测投影图与正等轴测投影图的形状不变，只是观察的角度不同，如图 5.16 所示。

【例 5-7】 已知形体的正投影图如图 5.17(a)所示，画其正二等轴测投影图。

解：作图步骤如下。

(1) 确定轴测轴。把坐标原点 O_1 选在下底面的右后角上，如图 5.17(a)所示。

(2) 根据正二等轴测投影图的轴间角及各点的坐标在形体的下底面画出组合体的 H 面投影的轴测投影图，如图 5.17(b)所示。

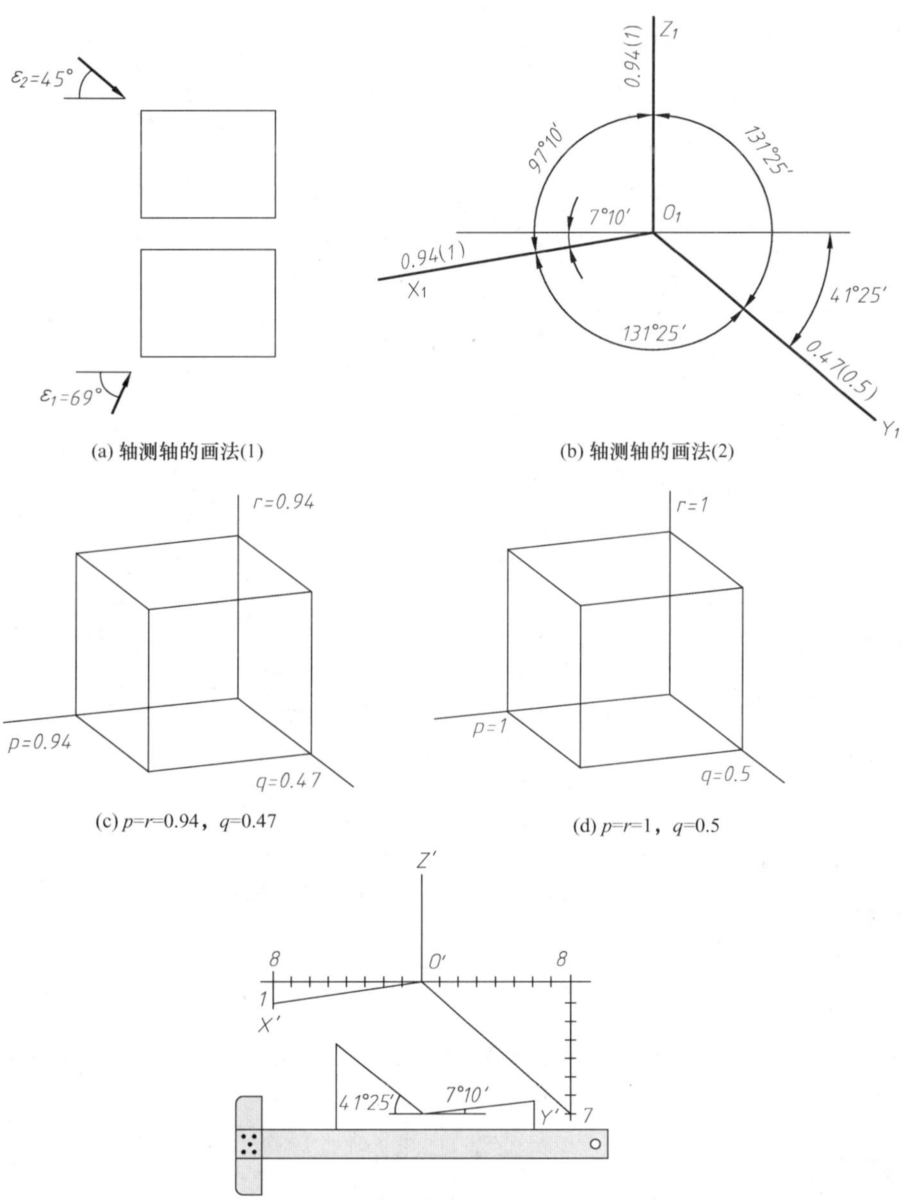

(a) 轴测轴的画法(1)

(b) 轴测轴的画法(2)

(c) $p=r=0.94$，$q=0.47$

(d) $p=r=1$，$q=0.5$

(e) 轴测轴的画法(3)

图 5.15　正二等轴测投影图的轴间角和轴向变形系数

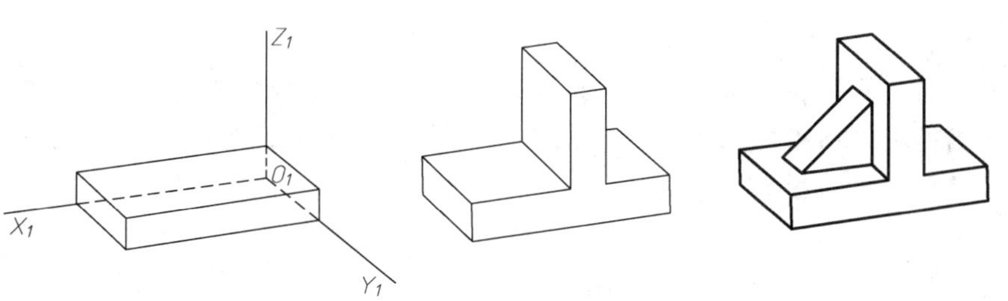

图 5.16　形体的正二等轴测投影图

(3) 根据形体的高度，画出形体的轴测投影图，如图 5.17 (c)所示。

(4) 擦去多余的线，加深图线即为所求，如图 5.17 (d)所示。

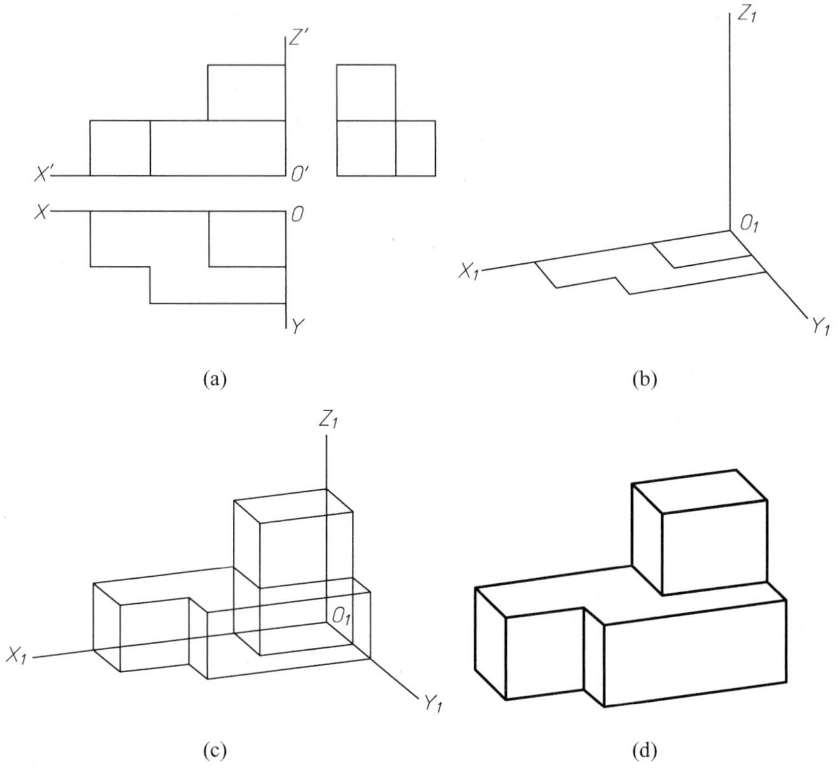

图 5.17 形体的正二等轴测投影图的画法

特别提示

对于底面为正方形的棱柱，画其正等轴测投影图时会出现顶角与 Z 轴相重合的现象，看起来容易混淆，这种情况下如果画成正二等轴测投影图就可以克服这个缺陷。

5.3 斜轴测投影图

当投影方向与轴测投影面倾斜(但不与原坐标面或者坐标轴平行)时，所得到的平行投影称为斜轴测投影，所得图形称为斜轴测投影图。常用的斜轴测投影图有两种：正面斜轴测投影图和水平斜轴测投影图。以 V 面或以与 V 面平行的面作为轴测投影面，所得的斜轴测投影图称为正面斜轴测投影图。以 H 面或以与 H 面平行的面作为轴测投影面，所得的斜轴测投影图称为水平斜轴测投影图。

5.3.1 正面斜轴测投影图

1. 轴间角和轴向变形系数

以 V 面或以与 V 面平行的面作为轴测投影面，当形体的 OX 轴和 OZ 轴所决定的坐标面(即正立面)平行于轴测投影面时，投影方向与轴测投影面倾斜所作的轴测投影图称为正面斜轴测投影图，简称正面斜轴测。正面斜轴测投影图是斜轴测投影图的一种，它具有斜轴测投影图的如下特性。

(1) 无论投影方向如何倾斜，平行于轴测投影面的平面图形的斜轴测投影反映实形。

(2) 相互平行的直线，其正面斜轴测投影图仍相互平行，平行于坐标轴的线段的正面斜轴测投影与线段实长之比，等于相应的轴向变形系数。

(3) 垂直于投影面的直线，它的轴测投影方向和长度，将随着投影方向 S 的不同而变化。

然而，正面斜轴测投影图的轴测轴 O_1Y_1 的位置和轴向变形系数 q 是各自独立的，没有固定的关系，可以任意选之。轴测轴 O_1X_1 与 O_1Y_1 轴的夹角一般取 30°、45°或 60°，常用 45°。

当轴向变形系数 $p=q=r=1$ 时，称为正面斜等轴测投影图，简称正面斜等测；当轴线变形系数 $p=r=1$、$q=0.5$ 时，称为正面斜二等轴测投影图，简称正面斜二测。工程实际中常用正面斜二等轴测投影图作辅助图样。

正面斜轴测投影图的轴测轴和轴间角的关系如图 5.18 所示，其中 O_1Z_1 轴为铅垂线，O_1X_1 轴为水平线，也即是 $\angle X_1O_1Z_1=90°$，O_1Y_1 轴与水平线的夹角为 45°，方向可以在 Z_1 轴左边，也可以在 Z_1 轴右边。

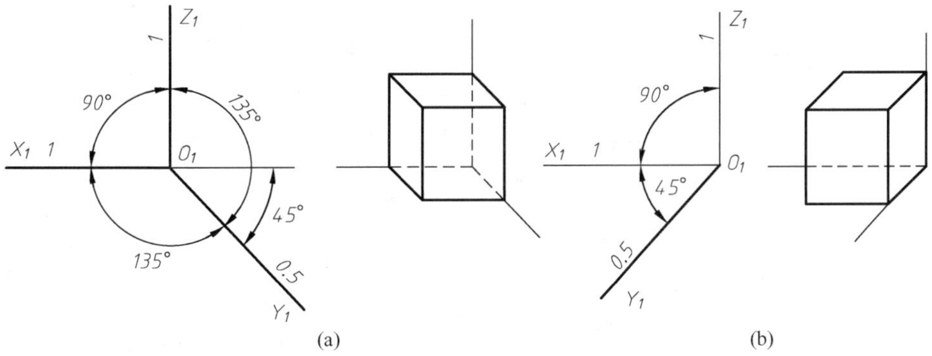

图 5.18 正面斜轴测投影图的轴间角和轴向变形系数

由于正面斜轴测投影图的轴向变形系数 $p=r=1$，轴间角 $\angle X_1O_1Z_1=90°$，所以，在正面斜轴测投影图中，形体的正立面不发生变形。

特别提示

在设备工程施工图中，为了方便作图，将正面斜轴测投影图的轴向变形系数 p、q、r 都取为 1。

2. 平面体正面斜轴测投影图的画法

正面斜轴测投影图的画法与正等轴测投影图及正二等轴测投影图的画法相似，方法相同。对于正面斜轴测投影图，有一个坐标面与投影面完全平行，即在 $X_1O_1Z_1$ 轴测投影面上反映形体在该面上的实形，在 O_1Y_1 轴方向量取另一方向的尺寸，相连即得到正面斜轴测投影图。下面主要介绍工程中常用的正面斜二等轴测投影图的画法。

【例 5-8】 作出图 5.19(a)所示台阶的正面斜二等轴测投影图。

解： 台阶的正面投影可以反映该形体的特性，因此，可利用正面投影作出它的正面斜二等轴测投影图。如选用轴间角 $\angle X_1O_1Y_1=45°$，这时踏面被踢面遮住而表示不清，所以选用 $\angle X_1O_1Y_1=135°$。

作图步骤如下。

(1) 画轴测轴，并按台阶正投影图中的正面投影，作出台阶前端面的轴测投影，如图 5.19(b)所示。

(2) 过台阶前端面的各顶点，作 O_1Y_1 轴的平行线，如图 5.19(c)所示。

(3) 从前端各顶点开始在 O_1Y_1 轴的平行线上量取 $0.5y$，由此确定台阶的后端面而成图，如图 5.19(d)所示。

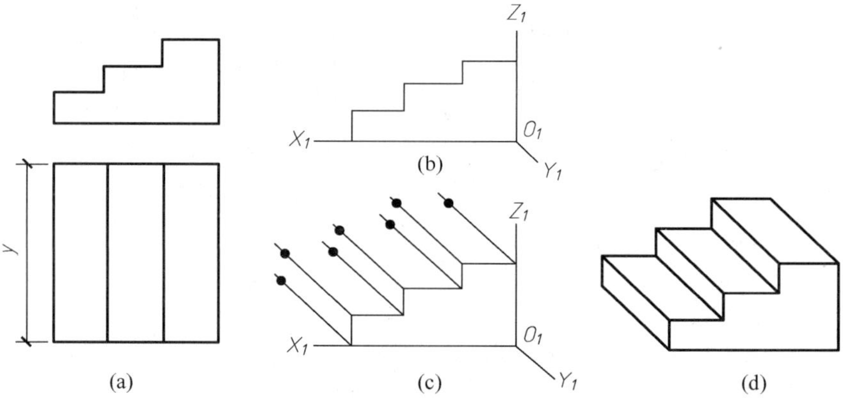

图 5.19　台阶的正面斜二等轴测投影图

【例 5-9】 试根据图 5.20(a)所示挡土墙的投影图，作出其正面斜二等轴测投影图。

解： 作图步骤如下。

(1) 根据挡土墙形状的特点，选定 O_1Y_1 方向。如果采用与 O_1X_1 轴方向成 45°的轴，即投影方向是从右向左，则三角形的扶壁会将竖墙遮挡而表示不清。所以轴间角应改用 135°，即投影方向是从左向右。

(2) 先画出竖墙和底板的正面斜二等轴测投影图，如图 5.20(b)所示。

(3) 扶壁到竖墙边的距离是 y_1，从竖墙边往后量 $y_1/2$ 距离画出扶壁的三角形底面的实形，如图 5.20(c)所示。

(4) 完成扶壁，如图 5.20(d)所示。

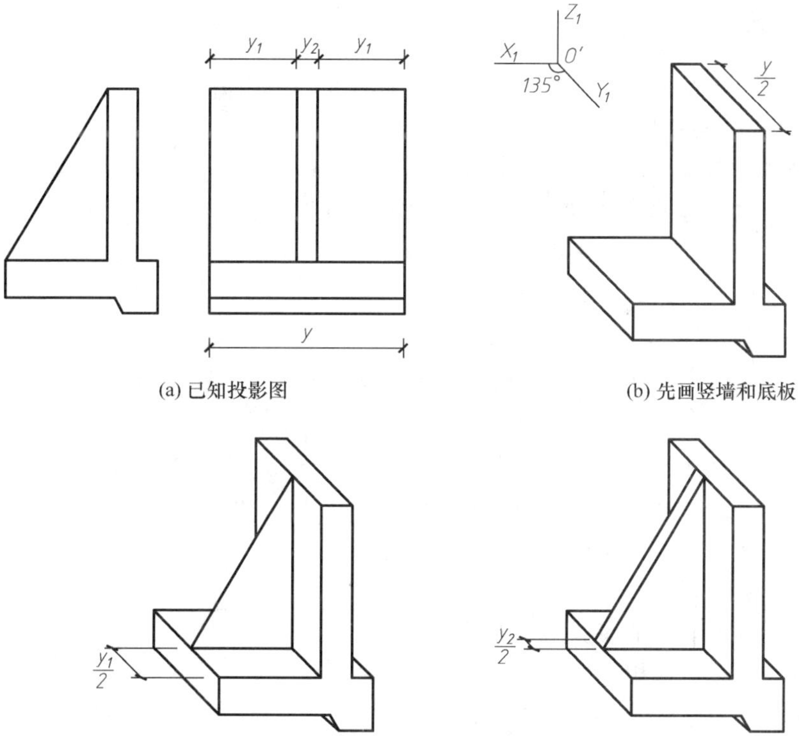

(a) 已知投影图　　(b) 先画竖墙和底板

(c) 画扶壁的三角形底面　　(d) 完成扶壁

图 5.20　挡土墙的正面斜二等轴测投影图

5.3.2 水平斜轴测投影图

如果形体仍保持正投影的位置，而用倾斜于 H 面的轴测投影方向 S，向平行于 H 面的轴测投影面 P 进行投影，如图 5.21(a)所示，所得的轴测投影图称为水平斜轴测投影图，简称水平斜轴测图。

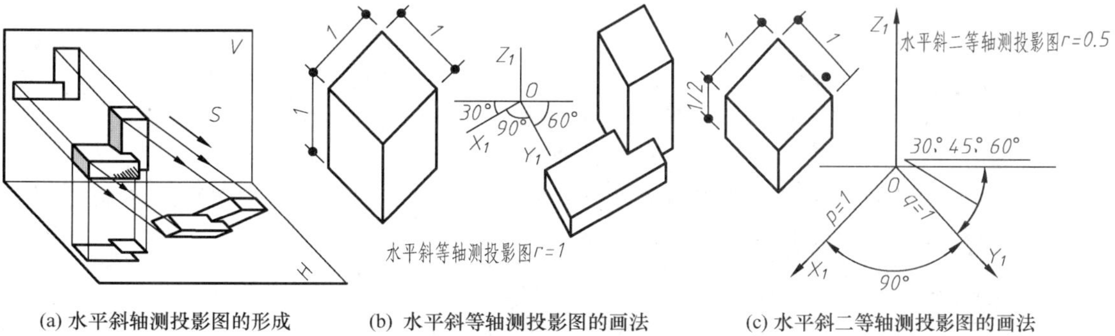

(a) 水平斜轴测投影图的形成　　(b) 水平斜等轴测投影图的画法　　(c) 水平斜二等轴测投影图的画法

图 5.21　水平斜轴测投影图的形成及画法

特别提示

水平斜轴测投影图常用来表达复杂建筑群体的形体组合，适用于作小区规划的表现图。

1. 轴间角和轴向变形系数

在水平斜轴测投影中，空间形体的坐标轴 OX_1 和 OY_1 平行于水平的轴测投影面，所以变形系数 $p=q=1$，轴间角 $X_1O_1Y_1=90°$，至于 O_1Z_1 轴与 O_1X_1 轴之间的轴间角和轴向伸缩系数 r，则可以单独任意选择，但习惯上取 $\angle X_1O_1Z_1=120°$，r 取 1 或 0.5 均可。如果 $p=q=r=1$，所得的图形为水平斜等轴测投影图，如图 5.21(b)所示；如果 $p=q=1$，$r=0.5$，所得图形为水平斜二等轴测投影图，如图 5.21(c)所示。坐标轴 OZ 与轴测投影面垂直，由于投影方向 S 是倾斜的，因此 O_1Z_1 成了一条斜线，如图 5.22(a)所示。画图时，习惯上将 O_1Z_1 轴画成竖直位置，这样 O_1X_1 轴和 O_1Y_1 轴相应偏转一定的角度，通常 O_1X_1 轴和 O_1Y_1 轴分别与水平线成 30°和 60°，如图 5.22(b)所示。

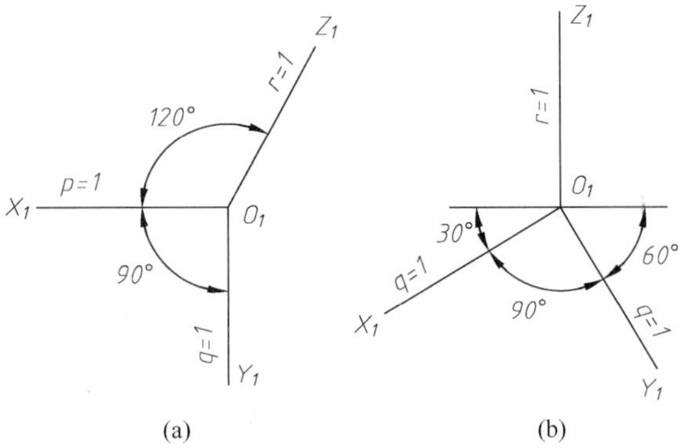

图 5.22　水平斜轴测投影图的轴测轴

特别提示

绘制水平斜轴测投影图时，轴向变形系数通常选用 $p=q=r=1$，这样画出来的图在尺度上感觉与实际比较接近，也方便把握建筑群体的整体空间感。

2. 水平斜轴测投影图的画法

水平斜轴测投影图的画法与前面所讲的几种轴测投影图的画法基本相似，方法相同。在水平斜轴测投影图上，能够反映与 H 面平行的平面图形的实形。

【例 5-10】 已知小区的正投影图如图 5.23(a)所示，自定房屋高度，画其水平斜等轴测投影图。

解：作图步骤如下。

(1) 将 X 轴逆时针方向旋转，使之与水平方向成 30°。

(2) 按比例画出总平面图的水平面的斜轴测投影图。

(3) 在水平面的斜轴测投影图的基础上，根据自定的房屋高度按比例画出各栋房屋。

(4) 根据总平面图的要求，还可画出绿化、道路等。

(5) 擦去多余的线，加深图线，如图 5.23(b)所示。

完成上述作图后，还可以根据需要着色，形成彩色的效果图。

【例 5-11】 已知建筑平面图如图 5.24(a)所示，并已知建筑物的形状和高度，试画出水平斜二等轴测投影图。

解：如图 5.24(b)所示，取轴测轴 OX_1 与水平线成 30°，OY_1 轴与水平线成 60°，OZ_1

轴位于铅垂位置，用铅垂方向表达建筑物的高度，画出建筑物的水平斜二等轴测投影图。

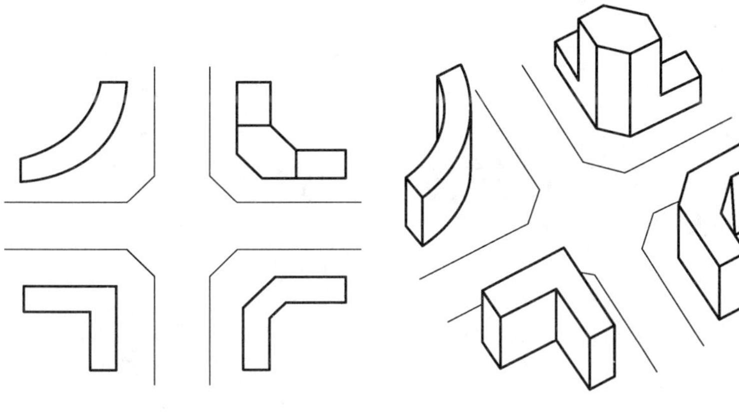

(a) (b)

图 5.23 小区的水平斜等轴测投影图

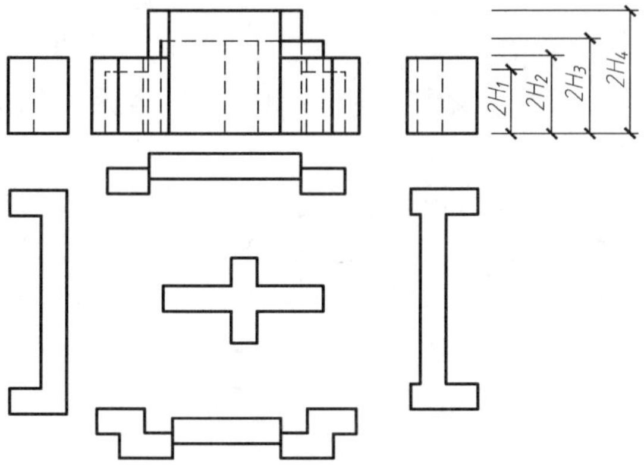

(a) 建筑群的立面图、平面图

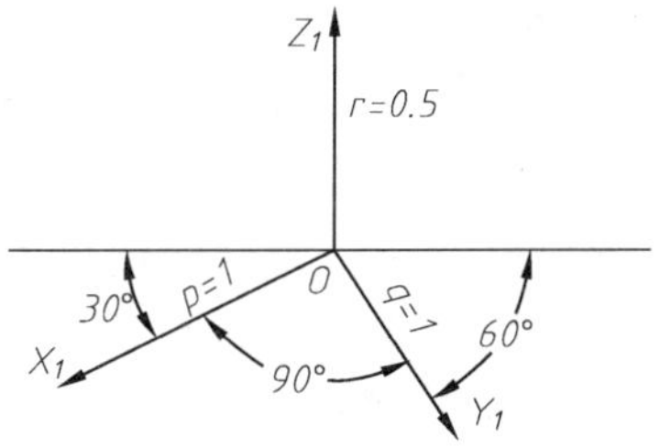

(b) 基本参数

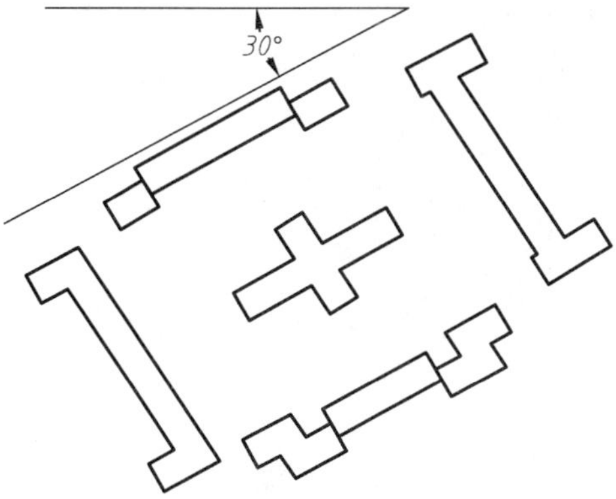

(c) 将平面图旋转30°

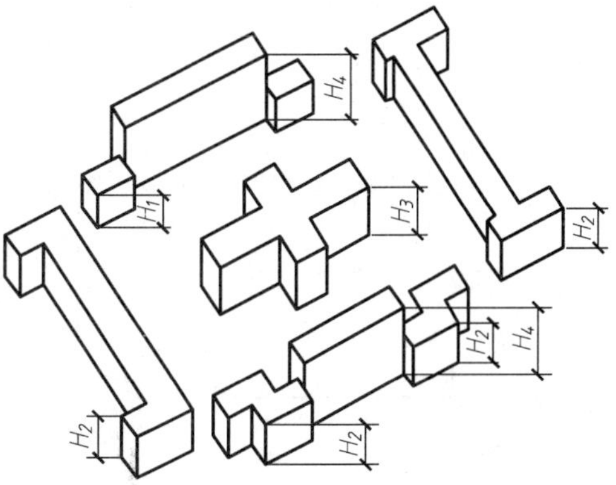

(d) 按各房屋的高度沿轴测轴OZ_1方向的高度，画出上表面，完成水平斜二等轴测投影图

图 5.24 建筑群的水平斜二等轴测投影图(鸟瞰图)

以水平斜二等轴测投影图来表达建筑物，既有平面图的优点，又具有直观性。图 5.24(a)所示的建筑群总平面图，其水平斜二等轴测投影图如图 5.24(d)所示。作图过程如图 5.24 所示。

5.4 轴测投影方向的选择

轴测投影图的种类很多，在工程实际中究竟选用哪种轴测投影图来表达物体最合适，应该从两个方面来考虑：一是有较强的立体感，直观性好，能够将形体的结构形状完整地表达清楚；二是作图力求简便。

5.4.1 轴测投影图的效果分析

影响轴测投影图直观效果的因素有两个：一是形体自身的结构，二是轴测投影图的投影方向与各形体的相对位置。在作轴测投影图时，不管是正轴测投影图还是斜轴测投影图，为了能够直观清楚地表达出形体的形状，应该注意以下 4 点。

(1) 要避免被遮挡。在轴测投影图中，应该尽量多地将孔、洞、槽等隐蔽部分表达清楚，看通或者看到其底部。如图 5.25 所示，通过分析发现用正面斜二等轴测投影图绘制的轴测投影图的直观性较好，而且能够看到底部，所以绘制的时候，应该选择正面斜二等轴测投影图来表达。而正等轴测投影图的 3 个轴间角和轴向变形系数均相等，故平行于 3 个坐标平面的圆的轴测投影(椭圆)的画法相同，且作图简便。因此，具有水平圆或侧平圆的立体宜采用正等轴测投影图。

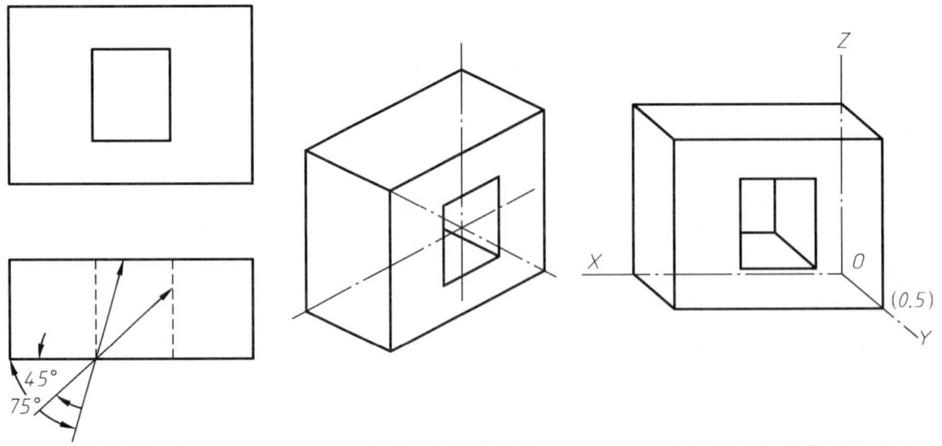

(a) 正投影图　(b) 正等轴测投影图　(c) 正面斜二等轴测投影图

图 5.25　避免被遮挡

(2) 要避免转角处交线投影成一直线。如图 5.26 (a) 所示，在正投影图中，如果物体有与正平面、水平面方向成 45°的表面，就不应采用正等轴测投影图［图 5.26（b)］，这是因为这个方向的面在轴测投影图上均积聚为一直线，平面的轴测投影图显示不出来，直观性较差。

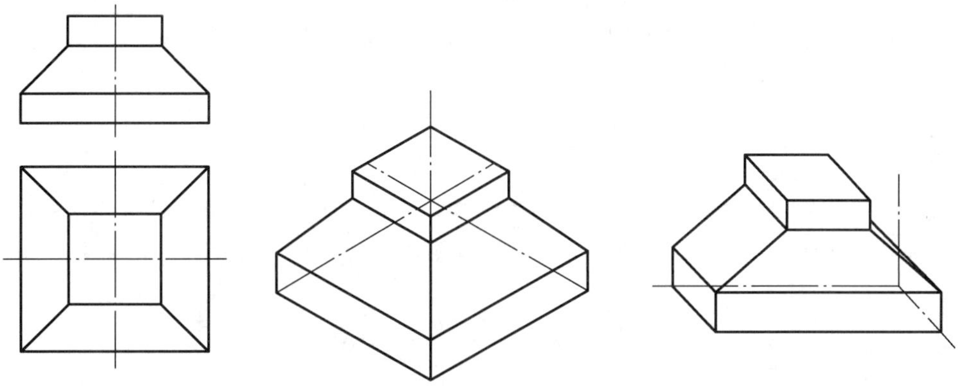

(a) 正投影图　　(b) 正等轴测投影图　　(c) 正面斜二等轴测投影图

图 5.26　避免转角处成一直线

（3）要避免平面体投影成左右对称的图形。这不是针对圆柱、圆锥等曲面体的，因为它们的正轴测投影图总是左右对称的。图 5.26(b)所示的正等轴测投影图左右对称，显得呆板，直观性差。

（4）要避免侧面的投影积聚为一直线，如图 5.26(c)所示。

5.4.2　轴测投影方向的选择

轴测投影方向近似人对物体的观察方向。当轴测投影的方向不同时，轴测图形的表达效果也不一样。在决定了轴测投影图的种类之后，应针对物体的形状特征合理选择恰当的投影方向，使物体的主要平面或棱线不与投影方向平行，使需要表达的部分最为明显，如图 5.27 所示。

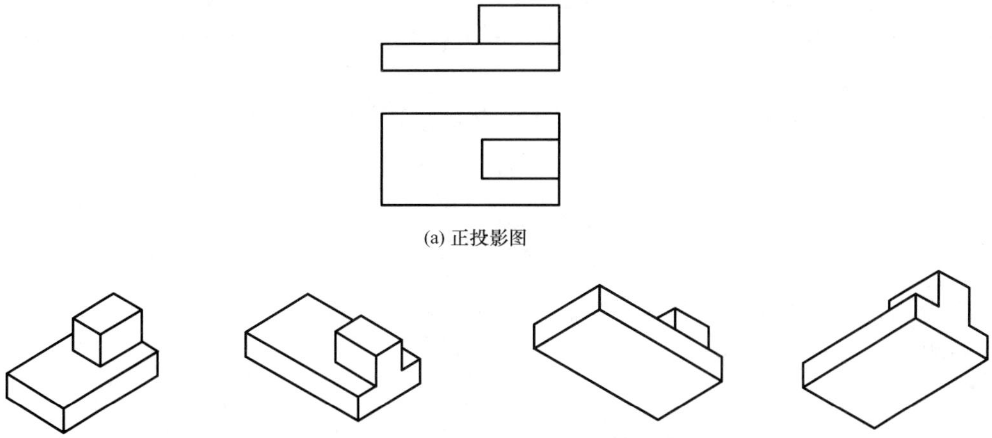

(a) 正投影图

(b) 由左前上向右后下投射　　(c) 由右前上向左后下投射　　(d) 由左前下向右后上投射　　(e) 由右前下向左后上投射

图 5.27　轴测投影图的 4 种投影方向及图示效果

前面所述的轴测投影图的投影方向，大多都是由左前上向右后下的，这种观看角度，各类轴测投影图侧重表达的是物体的左、前、上表面。根据形体特征和工程实际需要，各类轴测投影图还可以从另外 3 种方向投射来表达其他相应要侧重表达的表面。在图 5.27 中，表示了形体的 4 种不同的投影方向下的正等轴测投影图的效果。对“上大下小”的形体，不适合作俯视图，而应作仰视的轴测投影图。究竟从哪个角度才能把形体表达清楚，应根据具体情况来选用不同的投影方向。

特别提示

轴测投影图种类的选择，轴测投影方向的选择，要根据形体特征和工程实际来定，工程人员交流过程中习惯徒手作轴测投影图，此时轴测投影图的种类和方向的选择可大致定一下。

小　结

(1) 轴测投影图是一种单面投影图，具有较强的立体感，但是缺乏度量性，常作为工程中的辅助图样。

(2) 轴测投影图是根据平行投影原理得到的投影图，所以它具备平行投影的一切特性。

(3) 绘制轴测投影图的两个关键要素分别为轴间角和轴向变形系数，轴间角确定了形体在轴测投影图中的方位，轴向变形系数确定了形体在轴测投影图中的大小。

(4) 4 种常用的轴测投影图的轴间角和轴向变形系数分别为：正等轴测投影图的轴间角都为 120°，轴向变形系数为 $p=q=r=1$；正二等轴测投影图的轴间角为 $\angle X_1O_1Z_1=97°10'$、$\angle Y_1O_1Z_1=\angle X_1O_1Y_1=131°25'$，轴向变形系数为 $p=r=1$、$q=0.5$；正面斜轴测投影图的轴间角为 $\angle X_1O_1Z_1=90°$、$\angle X_1O_1Y_1=\angle Y_1O_1Z_1=45°$ 或 135°，轴向变形系数为 $p=r=1$、$q=0.5$ 或 1；水平斜轴测投影图的轴间角为 $\angle X_1O_1Y_1=90°$、$\angle X_1O_1Z_1=120°$、$\angle Y_1O_1Z_1=150°$，轴向变形系数为 $p=q=1$、$r=0.5$ 或 1。绘制轴测投影图时，可以根据具体情况来选择采用哪种轴测投影图作为工程中的辅助图样。

(5) 轴测投影图绘图的常用方法有坐标法、切割法和叠加法。

(6) 轴测投影图的种类很多，在实践中究竟选用哪种轴测投影图来表达物体最合适，应该从两个方面来考虑：一是有较强的立体感，直观性好，能够将形体的结构形状完整地表达清楚；二是作图力求简便。

思考题

1. 简述轴测投影图的形成及其特性。
2. 轴测投影图分哪几类?
3. 什么是轴间角?
4. 什么是轴向变形系数? 正等轴测投影图的简化轴向变形系数是多少?
5. 简述绘制轴测投影图的基本步骤。
6. 轴测投影方向选择的原则是什么?

第6章 剖面图和断面图

教学目标

通过学习剖面图和断面图的形成原理、剖面图和断面图的种类和画法、剖面图和断面图的图示区别及识读方法、形体常用的简化画法等内容，熟练掌握全剖面图、阶梯剖面图、移出断面图的画法，掌握剖面图和断面图的图示区别及识读方法，熟悉剖面图和断面图的形成过程，了解形体常用的简化画法。

教学要求

能力目标	知识要点	权重
熟悉剖面图和断面图的形成	剖面图的形成、断面图的形成	15%
熟练掌握全剖面图、阶梯剖面图的画法	全剖面图的形成、标注和画法，阶梯剖面图的形成、标注和画法	30%
熟练掌握移出断面图的画法	移出断面图的形成、标注和画法	25%
掌握剖面图和断面图的区别及分类	剖面图的分类、断面图的分类、剖面图和断面图的图示和标注区别	20%
了解建筑形体常用的简化画法	对称形体的简化画法、相同要素的简化画法	10%

章节导读

剖面图和断面图主要反映形体内部的构造、做法、材料和尺寸标注，同时也便于识图。

学习剖面图和断面图的形成、标注、分类和画法，掌握剖面图和断面图的图示区别及识读方法，是为了表达内部构造比较复杂的形体，同时为表达房屋的内部构造打下基础，以便进一步提高识读房屋施工图的能力。

引　例

请看以下图形。

(1) 图 6.0(a)是某形体的正投影图，图中虚线较多，用什么方式能将其表达清楚？

(2) 图 6.0(b)是钢屋架各杆件的组成情况，杆件间中断部分所画的图形表达了什么？

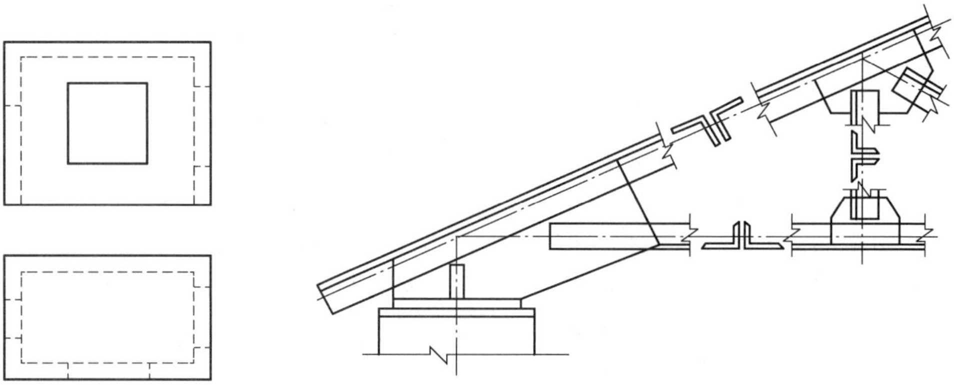

(a) 某形体的正投影图　　(b) 钢屋架各杆件组成

图 6.0　引例图形

在绘制形体的正投影图时，可见的轮廓线用实线表示，不可见的轮廓线则用虚线表示。当一个形体的内部构造比较复杂时，如一幢楼房，其内部通常有各种房间、楼梯、门窗、地下基础等许多构配件，如果都用虚线来表示这些从外部看不见的部分，必然造成形体视图和图面上的实线和虚线纵横交错、混淆不清。因而会给绘图、读图和尺寸标注等均带来不便，也无法清楚地表达房屋的内部构造，容易产生错误。在实际工程中为了能较清楚地反映形体内部的构造、材料和尺寸标注，同时也便于识图，人们采取将形体假想剖开后来表达内部投影的方法——剖面图或断面图，在工程设计施工中得到了广泛的应用。

6.1　剖面图

6.1.1　剖面图的形成

剖面图是假想用一个剖切平面将形体剖切，然后移去介于观察者和剖切平面之间的部分，对剩余部分向投影面所作的正投影图。剖切平面通常为投影面平行面或垂直面，剖面图的形成如图 6.1 所示。在图 6.1(a)中假想用一个通过基础前后对称面的正平面 P 将基础剖切开，然后移去介于观察者和剖切平面之间的部分及剖切平面 P 后，再将留下的后半部分基础向 V 面作投影，得到图 6.1(b)所示的剖面图。图中反映了剖切到的建筑形体的材料图例和构造，同时也反映出剖切位置后方的所有可见形体投影，显然，原来不可见的虚线，在剖面图上已变成实线，为可见轮廓线。

在剖面图和断面图中，要将被剖切的断面部分画上材料图例表示材质。如图 6.1(b)所示，该基础是由钢筋混凝土材料构成的。

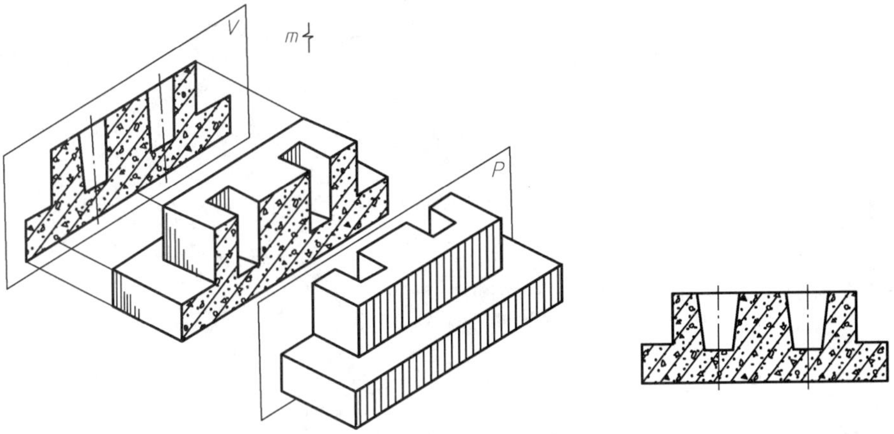

(a) 假想用剖切平面P剖开基础并向V面进行投影

(b) 基础的剖面图

图 6.1 剖面图的形成

6.1.2 剖面图的画法

1. 确定剖切平面的位置

作形体的剖面图时，首先应确定剖切平面的位置，以使剖切后得到的剖面图能够清晰地反映实形、便于理解内部的构造组成，并对剖切形体来说具有足够的代表性。故在选择剖切平面位置时，除应注意使剖切平面平行于投影面外，还需要使其经过形体有代表性的位置，如孔、洞、槽位置(孔、洞、槽若有对称性则应经过其中心线)。

2. 确定剖面图的数量

在剖面图中剖切到的轮廓用实线表示。剖面图的剖切是假想的，所以在画剖面图以外的投影图形时仍以完整形体画出。

确定剖面图的数量，原则上是以较少的剖面图来反映尽可能多的内容。选择时通常与形体的复杂程度有关。较简单的形体可只画一个剖面图，而较复杂的形体则应画多个剖面图，以能反映形体内外特征、便于识读理解为目的。如图 6.2 所示，选用两个剖面图就能较好地反映形体的空间状况。

3. 剖切符号的标注

由于剖面图本身不能反映剖切平面的位置，因此必须在其他投影图上标出剖切平面的

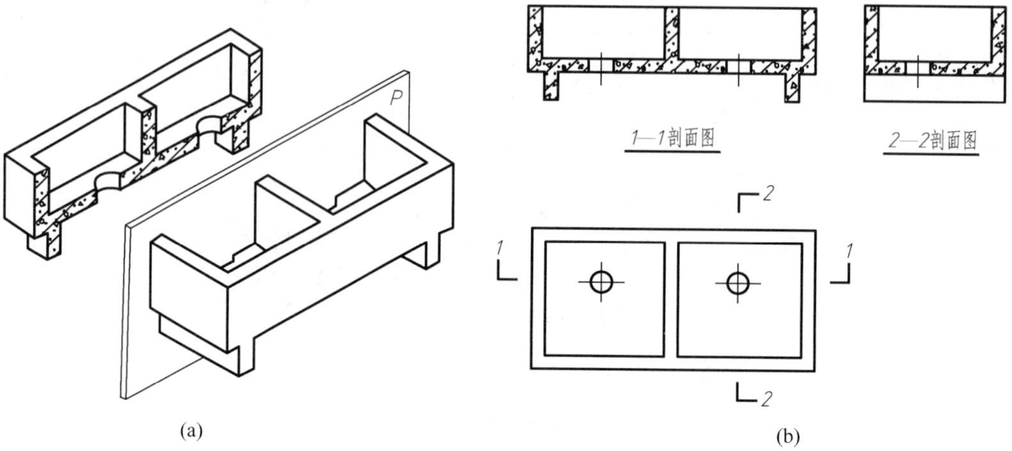

图 6.2　剖面图的数量

位置及剖切形式。在建筑工程图中用剖切平面符号表示剖切平面的位置及其剖切开以后的投影方向。《房屋建筑制图统一标准》(GB/T 50001—2017)中规定剖切符号由剖切位置线及剖视方向线组成，均以粗实线绘制，如图 6.3 所示。

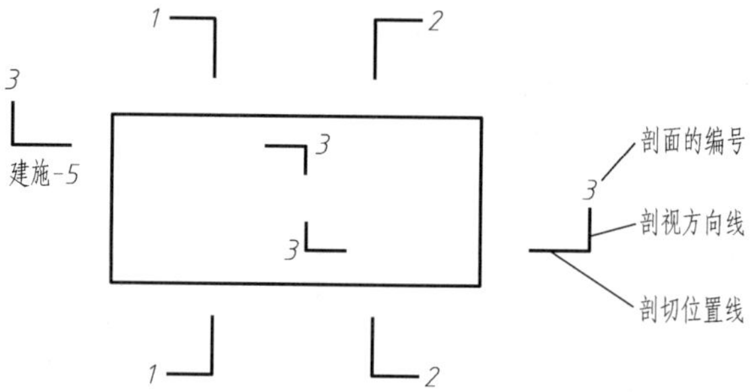

图 6.3　剖面图的剖切符号

(1) 剖切位置线是表示剖切平面的剖切位置的。剖切位置线用两段粗实线绘制，长度为 6～10mm。

(2) 剖视方向线是表示剖切形体后向哪个方向作投影的。剖视方向线用两段粗实线绘制，与剖切位置线垂直，长度宜为 4～6mm。剖面图中的剖切符号不宜与图面上的图线相接触。

(3) 剖面图的剖切符号，用阿拉伯数字按顺序由左至右、由下至上连续编排，编号应注写在剖视方向线的端部，且应将此编号标注在相应的剖面图的下方。

(4) 需要转折的剖切位置线，在转折处如与其他图线发生混淆，应在转角的外侧加注与该符号相同的编号。

(5) 剖面图如与被剖切图样不在同一张图纸内，可在剖切位置线的另一侧注明其所在图纸的图纸号，也可在图上集中说明。

(6) 通常对下列剖面图不标注剖切符号：通过门、窗洞口位置剖切房屋所绘制的建筑平面图；通过形体(或构件配件)对称平面、中心线等位置剖切形体所绘制的剖面图。

4. 画材料图例

在剖切时，剖切平面将形体切开，从剖切开的截面上能反映形体所采用的材料。因此，在截面上应表示该形体所用的材料。《房屋建筑制图统一标准》(GB/T 50001—2017)中将常用建筑材料做了规定画法，见表6-1。

表6-1 建筑材料图例

序号	名称	图例	备注
1	自然土壤		包括各种自然土壤
2	夯实土壤		—
3	砂、灰土	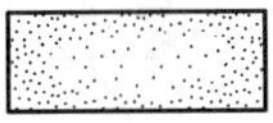	—
4	砂砾石、碎砖三合土	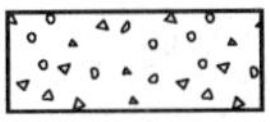	—
5	石材	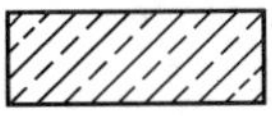	—
6	毛石	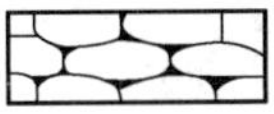	—
7	实心砖、多孔砖	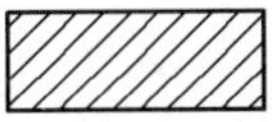	包括普通砖、多孔砖、混凝土砖等砌体
8	耐火砖	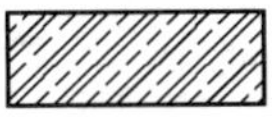	包括耐酸砖等砌体
9	空心砖、空心砌块		指空心砖、普通或轻骨料混凝土小型空心砌块等砌体
10	加气混凝土	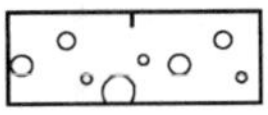	包括加气混凝土砌块砌体、加气混凝土墙板及加气混凝土材料制品等
11	饰面砖	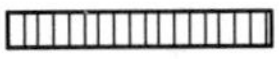	包括铺地砖、玻璃马赛克、陶瓷锦砖、人造大理石等
12	焦渣、矿渣	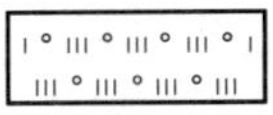	包括与水泥、石灰等混合而成的材料
13	混凝土	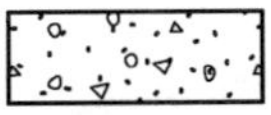	① 包括各种强度等级、骨料、添加剂的混凝土 ② 在剖面图上画出钢筋时，则不需绘制图例线 ③ 断面图形小，不易绘制表达图例线时，可填黑或深灰(灰度宜为70%)
14	钢筋混凝土		
15	多孔材料		包括水泥珍珠岩、沥青珍珠岩、泡沫混凝土、软木、蛭石制品等

续表

序号	名称	图例	说明
16	纤维材料		包括矿棉、岩棉、玻璃棉、麻丝、木丝板、纤维板等
17	泡沫塑料材料	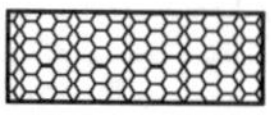	包括聚苯乙烯、聚乙烯、聚氨酯等多孔聚合物类材料
18	木　材	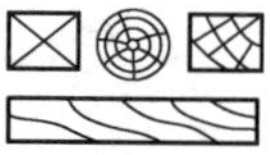	1. 上图为横断面，上左图为垫木、木砖或木龙骨 2. 下图为纵断面
19	胶合板	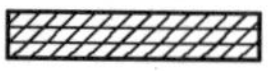	应注明为×层胶合板
20	石膏板		包括圆孔或方孔石膏板、防水石膏板、硅钙板、防火石膏板等
21	金属	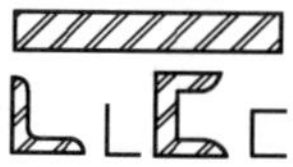	1. 包括各种金属 2. 图形较小时，可填黑或深灰（灰度宜为70%）
22	网状材料		1. 包括金属、塑料网状材料 2. 应注明具体材料名称
23	液体	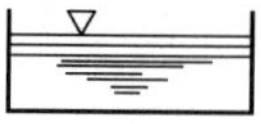	应注明具体液体名称
24	玻璃		包括平板玻璃、磨砂玻璃、夹丝玻璃、钢化玻璃、中空玻璃、夹层玻璃、镀膜玻璃等
25	橡胶		—
26	塑料		包括各种软、硬塑料及有机玻璃等
27	防水材料		构造层次多或绘制比例大时，采用上面的图例
28	粉刷	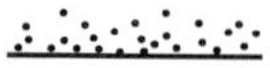	本图例采用较稀的点

6.1.3 画剖面图应注意的问题

(1) 剖切平面是假想的，目的是为了清楚地表达物体内部形状，所以除了剖面图和断面图外，其他的各个投影图都要按照原来没有剖切时的形状画出。同一物体如果需要几个剖面图表示时，可以进行几次剖切，每次剖切均按完整的物体进行。

(2) 对剖切平面没有剖切到的部分，但沿投影方向可以看见的部分的轮廓线都必须用中实线画出，不能遗漏。图 6.4 所示为几种常见孔槽的剖面图的画法，图中加“○”的线是初学者容易漏画的，希望引起注意。

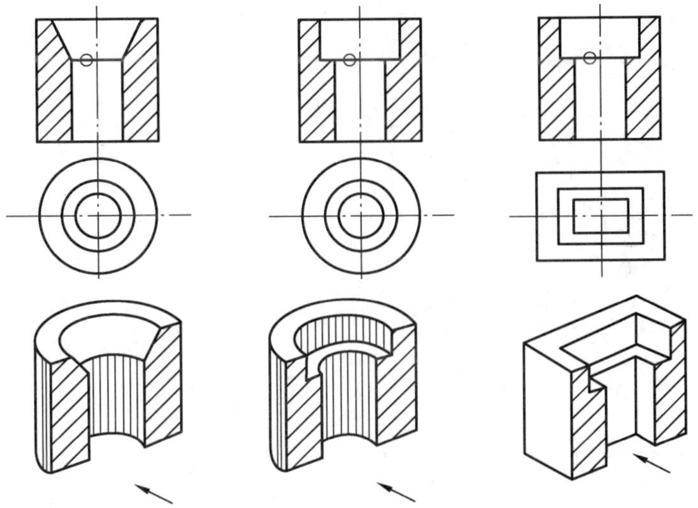

图 6.4　几种常见孔槽剖面图的画法

(3) 为了保持图面清晰，一般在剖面图中不画虚线。但是如果画少量虚线就能减少投影图的数量，且所画虚线对剖面图清晰程度的影响不大，则可以在剖面图中画少量虚线。

6.1.4　剖面图的种类

由于形体的形状变化多样，对形体作剖面图时所剖切的位置、方向和范围也不同。下面介绍建筑工程中常用的剖面图的剖切方法。常用的剖面图有全剖面图、半剖面图、阶梯剖面图、展开剖面图、局部剖面图和分层剖面图 6 种。

1. 全剖面图

假想用一个剖切平面将形体完整地剖切开，得到的剖面图称为全剖面图，简称全剖。全剖面图适用于外部结构比较简单，而内部结构比较复杂的不对称形体或对称形体。全剖面图一般都要标注剖切位置线，如图 6.5 所示。

在建筑工程图中，房屋建筑平面图就是用水平全剖的方法绘制的水平全剖面图，如图 6.6 所示。

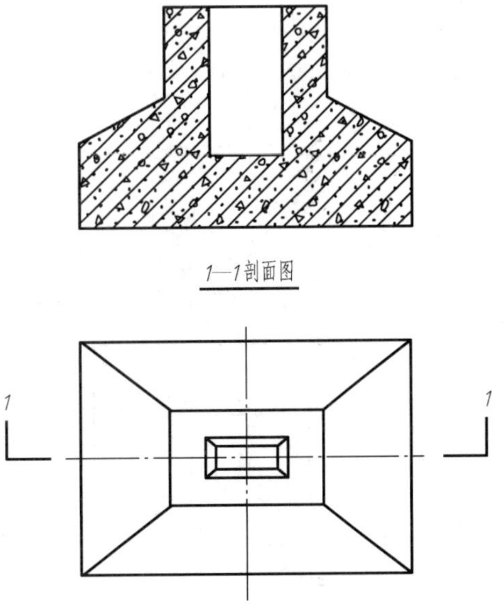

图 6.5　全剖面图

2. 半剖面图

如果形体左右对称或前后对称，而且内部

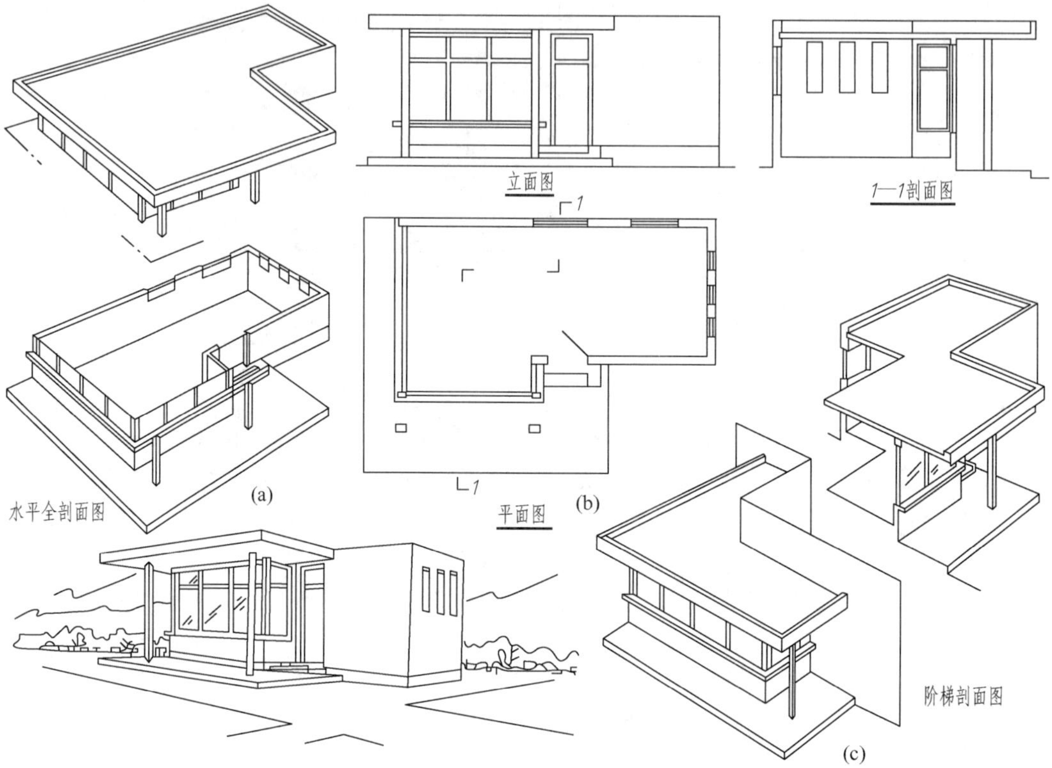

图 6.6 房屋平、立、剖面图

和外部形状都比较复杂时，为了同时表达内外形状，应采用半剖面图表达。

半剖面图就是以图形对称线为分界线，相当于把形体剖去 1/4 之后，画出一半表示外形投影，一半表示内部剖面的图形。

图 6.7 所示为一个杯形基础的半剖面图，在正面投影和侧面投影中，都采用了半剖面图的画法，以表示基础的外部形状和内部构造。

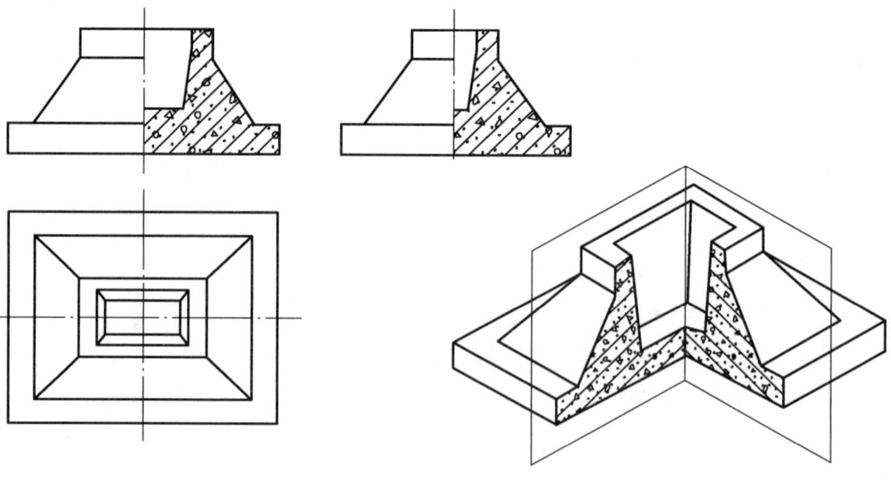

(a) (b)

图 6.7 杯形基础的半剖面图

画半剖面图时应注意以下几点。

(1) 剖面图和半外形图应以对称面或对称线为界，对称面或对称线画成细的单点长画线。

(2) 半剖面图一般应画在水平对称轴线的下侧或竖直对称轴线的右侧。

(3) 半剖面图一般不画剖切符号和编号，图名沿用原投影图的图名。

3. 阶梯剖面图

用两个或两个以上互相平行的剖切平面将形体剖开，得到的剖面图称为阶梯剖面图。阶梯剖面图一般用在一个剖切平面不能将形体需要表示的内部全部剖切到的形体上。

图 6.6 所示的房屋，如果只用一个平行于侧面投影面的剖切平面，就不能同时剖开前墙的窗和后墙的窗，这时可将剖切平面转一个直角弯，形成两个平行的剖切平面[图 6.6(c)]，使一个剖切平面剖切前墙的窗，另一个剖切平面剖切后墙的窗，这就把该房屋的内部构造都表示出来了。

需注意，因为剖切平面是假想的，所以剖切平面转折处由于剖切而使形体产生的轮廓线不应在剖面图中画出。在画剖切符号时，剖切平面的阶梯转折用粗折线表示，线段长度一般为 4～6mm，折线的突角外侧可注写剖切编号，以免与图线相混。

4. 展开剖面图

当形体有不规则的转折，或有孔、洞、槽而采用以上 3 种剖切方法都不能解决时，可以用两个相交的剖切平面将形体剖切开，所得到的剖面图，经旋转展开，平行于某个投影面后再进行正投影得到的剖面图称为展开剖面图。

图 6.8 所示为一个楼梯的展开剖面图，由于楼梯的两个梯段间在水平投影图上成一定夹角，用一个或两个平行的剖切平面都无法将楼梯表示清楚，因此可以用两个相交的剖切平面进行剖切，移去剖切平面和观察者之间的部分，将剩余楼梯的右面部分旋转至与正立投影面平行后，便可得到展开剖面图，在图名后面加“展开”二字，并加上圆括号。

在绘制展开剖面图时，剖切符号的画法如图 6.8(a)所示，转折处用粗实线表示，每段长度为 4～6mm。

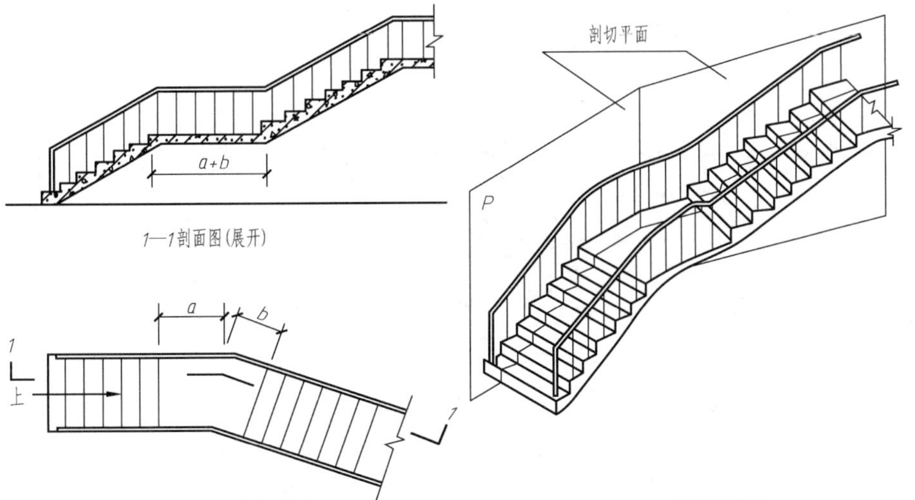

(a) 两投影和展开剖切符号

(b) 直观图

图 6.8 楼梯的展开剖面图

5. 局部剖面图

当形体仅需要部分采用剖面图就可以表示内部构造时，可将该部分剖开形成局部剖面的形式，所绘的剖面图称为局部剖面图。局部剖面图的剖切平面也是投影面平行面。图 6.9 所示为杯形基础的局部剖面图，为了保留较完整的外形，将其水平投影的一角剖开画成局部剖面图，以表示基础内部的钢筋配置情况。基础的正面投影是全剖面图，画出了钢筋的配置情况，此处将混凝土视为透明体，不再画混凝土的材料图例，这种图在结构施工图中称为配筋图。

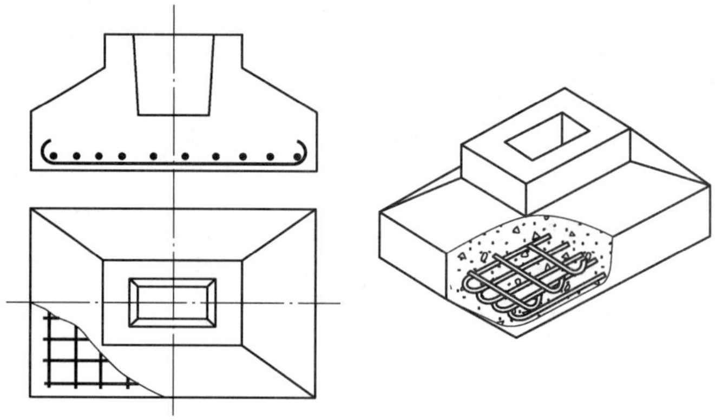

图 6.9 杯形基础的局部剖面图

画局部剖面图时应注意以下几点。

(1) 局部剖面图部分用波浪线分界，不标注剖切符号和编号。图名沿用原投影图的名称。

(2) 波浪线应是细线，与图样轮廓线相交。注意不要画成图线的延长线。

(3) 局部剖面图的范围通常不超过该投影图形的 1/2。

6. 分层剖面图

对于一些具有分层构造的工程形体，可按实际情况用分层剖开的方法得到其剖面图，这种剖面图称为分层剖面图。

图 6.10 所示为楼层地面构造的分层剖面图，图中以波浪线为界，将剖切到的地面

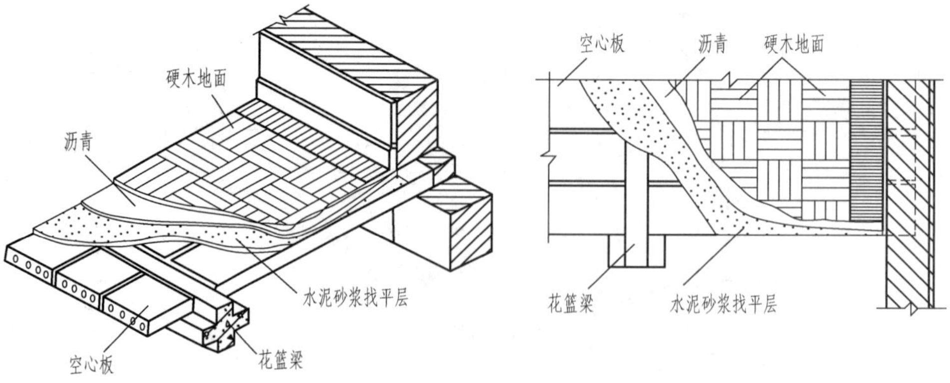

(a) 立体图　　(b) 平面图

图 6.10 楼层地面构造的分层剖面图

一层一层地剥离开来，分别画出地面的构造层次：花篮梁、空心板、水泥砂浆找平层、沥青、硬木地面等。在画分层剖面图时，应按层次以波浪线分界，波浪线不与任何图线重合。

图 6.11 所示为用分层剖面图表示的一墙体的构造情况，以两条波浪为界，分别画出 3 层构造：内层为砖墙、中层为混合砂浆找平层、面层为仿瓷涂料罩面。在剖切的范围中画出材料图例，有时还需加注文字说明。

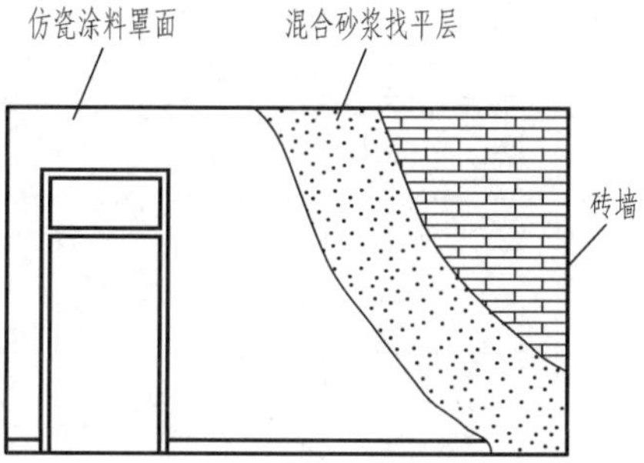

图 6.11 墙体构造的分层剖面图

总之，剖面图是工程中应用最多的图样，必须熟练掌握其作图方法，并能准确理解和识读各种剖面图，提高对工程图的识读能力。

特别提示

本章引例(1)的解答：图 6.0(a)是某形体的正投影图，图中虚线较多，说明该形体内部构造较复杂，用全剖面图能将其表达清楚。

6.2 断面图

6.2.1 断面图的形成

对于某些单一杆件或需要表示构件某一部位的截面形状时，可以只画出形体与剖切平面相交的那部分图形，即假想用剖切平面将形体剖切后，仅画出剖切平面与形体接触部分的正投影，该投影称为断面图，简称断面。如图 6.12 所示，带牛腿的工字形柱子与下柱的截断面形状不同。

6.2.2 断面图与剖面图的区别

(1) 断面图只画出形体被剖切后剖切平面与形体接触到的那部分，而剖面图则要画出被剖切后剩余部分的投影，即剖面图不仅要画出剖切平面与形体接触的部分，而且还要画出剖切平面后面没有被剖切到但可以看得见的部分，如图 6.13(c)所示(即断面图是剖面图的一部分，剖面图中包含断面图)。

(2) 断面图和剖面图的剖切符号不同，断面图的剖切符号只画剖切位置线(长度为 6～10mm 的粗实线)，不画剖视方向线。而标注断面方向的一侧即为投影方向一侧。图 6.13(d)所示的编号“1”写在剖切位置线的右侧，表示剖开后自左向右投影。

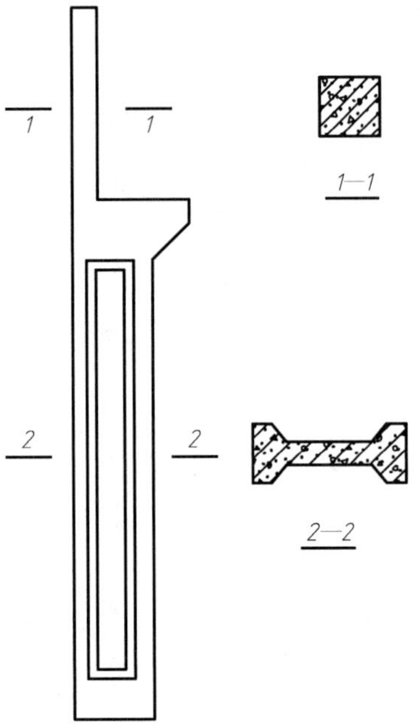

图 6.12　断面图

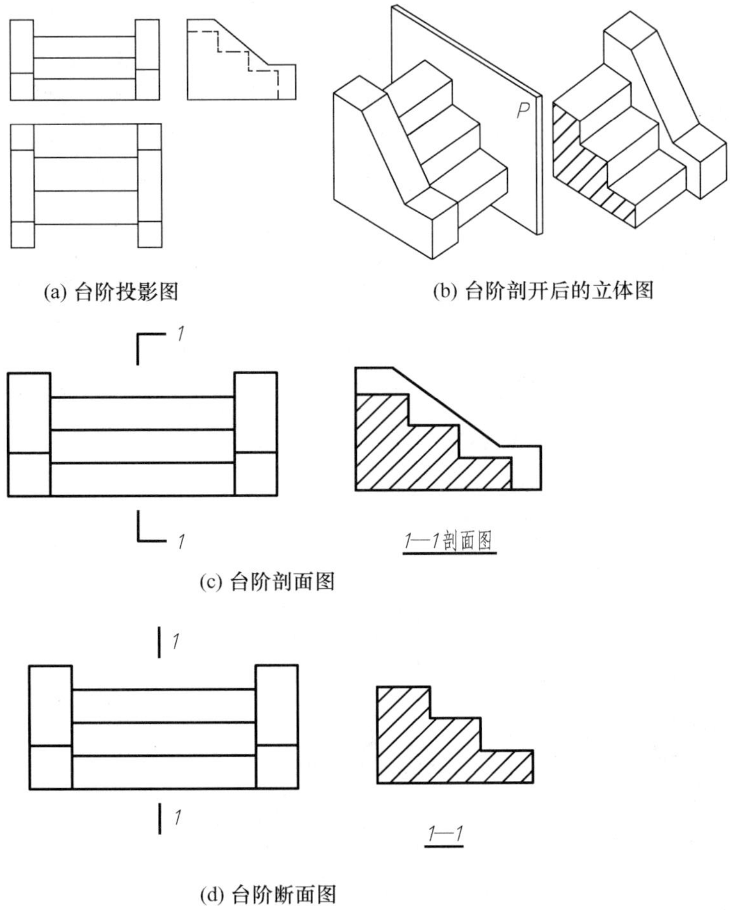

图 6.13　台阶剖面图与断面图的图示方法

(3) 剖面图是用来表达形体内部形状和结构的，而断面图则是用来表达形体中某断面的形状和结构的。图 6.14 可进一步说明两者的区别。

6.2.3　断面图的种类

根据断面图布置位置的不同，可分为移出断面图、重合断面图和中断断面图 3 种。

1. 移出断面图

将形体某一部分剖切后所形成的断面移画于主投影图的一侧，称为移出断面图。图 6.14(d)所示为钢筋混凝土牛腿柱的正立面图和移出断面图。

移出断面图的轮廓要画成粗实线，轮廓线内画图例符号。图 6.14(d)所示钢筋混凝土牛腿柱的 1—1、2—2 断面图中，画出了钢筋混凝土的材料图例。

移出断面图一般应标注剖切位置、投影方向和断面名称，如图 6.14(d)所示的 1—1、2—2 断面图。

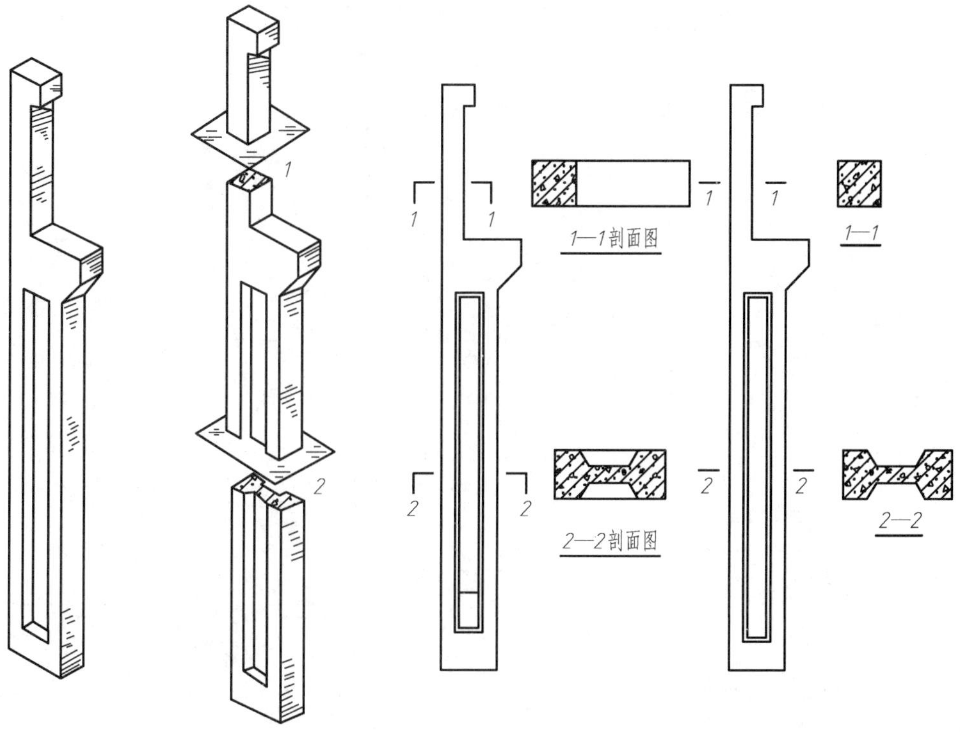

(a) 牛腿柱 (b) 剖开后的牛腿柱 (c) 剖面图 (d) 断面图

图 6.14 剖面图与断面图的区别

移出断面图可画在剖切平面的延长线上或其他任何位置。当断面图形对称时，则只需用细单点长画线表示剖切位置，不需进行其他标注，如图 6.15(a)所示。如断面图画在剖切平面的延长线上时，可标注断面名称，如图 6.15(b)所示。

移出断面图应画在形体投影图的附近，以便识读。移出断面图也可以适当地放大比例，以利于标注尺寸和清晰地显示其内部构造。

2. 重合断面图

将断面图直接画于投影图中，两者重合在一起，称为重合断面图。图 6.16 所示为一角钢的重合断面图。它是假想用一个垂直于角钢轴线的剖切平面剖切角钢，然后将断面向右旋转 90°，使它与正立面图重合后画出来的。

由于剖切平面剖切到哪里，重合断面就画在哪里，因而重合断面不需标注剖切符号和编号。为了避免重合断面与投影图轮廓线相混淆，当断面图的轮廓线是封闭的线框时，重合断面的轮廓线用细实线绘制，并画出相应的材料图例；当重合断面的轮廓线与投影图的轮廓线重合时，投影图的轮廓线仍完整画出，不应断开，如图 6.16 所示。

3. 中断断面图

对于单一的长向杆件，也可以在杆件投影图的某一处用折断线断开，然后将断面图

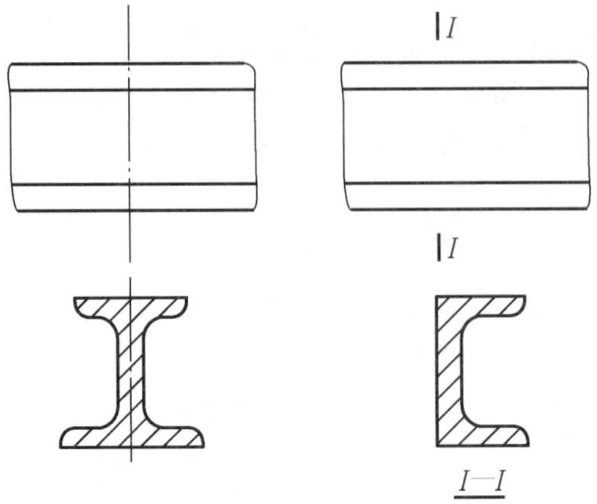

(a) 工字钢　　(b) 槽钢

图 6.15　工字钢、槽钢的移出断面图

画于其中，不画剖切符号。图 6.17 所示为槽钢杆件的中断断面图。同样，钢屋架、桁架的大样图也常采用中断断面图的形式表达其各杆件的形状。中断断面的轮廓线用粗实线绘制，断开位置线可为波浪线、折断线等，但必须为细线，图名沿用原投影图的名称。

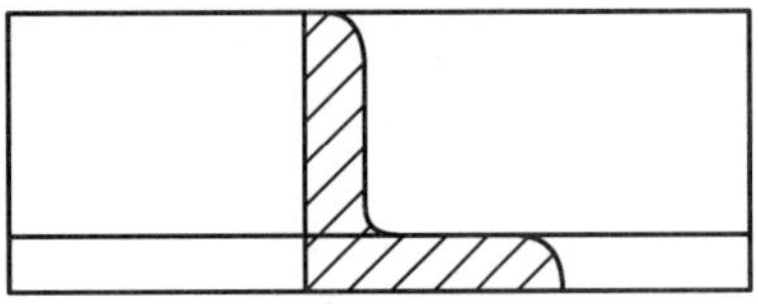

图 6.16　角钢的重合断面图

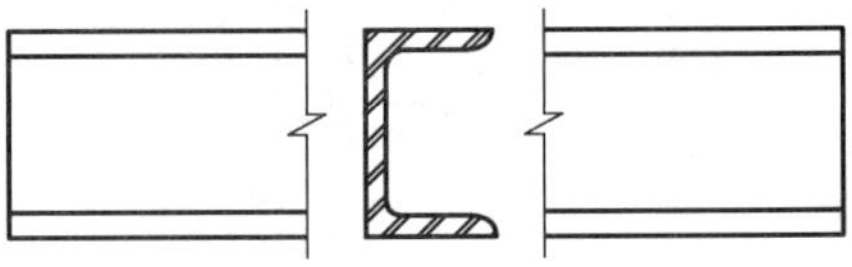

图 6.17　槽钢杆件的中断断面图

6.2.4　断面图的识读

图 6.18 所示为一钢筋混凝土空腹鱼腹式吊车梁。该梁通过完整的正立面图和 6 个移出断面图，清楚地表达了梁的构造形状。识图时，利用形体分析法，从正立面图出发，结合相对应的断面图，想象出每一部分的形状，最后将各部分联系起来，想象出吊车梁的空间形状，如图 6.18(b)所示。

在吊车梁的平面图上，表示出梁顶面上孔的位置、直径。这种图示方法在钢结构等构件图中应用较多。

特别提示

本章引例(2)的解答：图 6.0(b)是钢屋架各杆件的组成情况，杆件间中断部分采用了中断断面图的形式，表达了各杆件断面的形状。

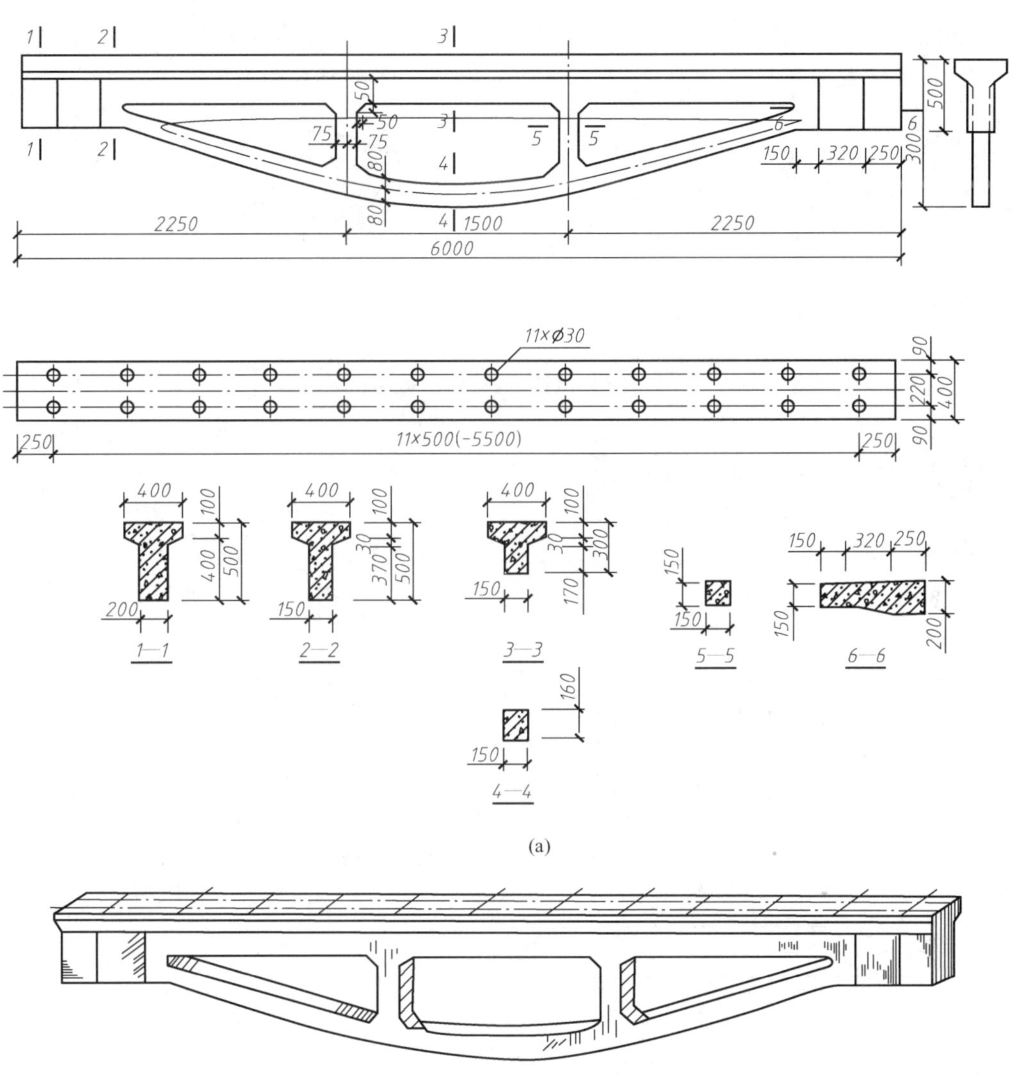

(a)

(b)

图 6.18 钢筋混凝土空腹鱼腹式吊车梁移出断面图的识读

6.3 常用的简化画法

形体或要素外形特征满足一定的条件可采取相应的简化画法，简化画法能够提高绘图速度或节省图纸空间，建筑制图国家标准允许在必要时采用以下简化画法。

6.3.1 对称形体的简化画法

对于对称形体的投影图，可以只画一半，但要在对称中心线处加上对称符号，如

图 6.19 所示，剩下的一半图形可以不画，但是尺寸应该按照全尺寸来标注。对称符号用平行的短细实线表示，其长度为 6～10mm。两端的对称符号到图形的距离应相等。

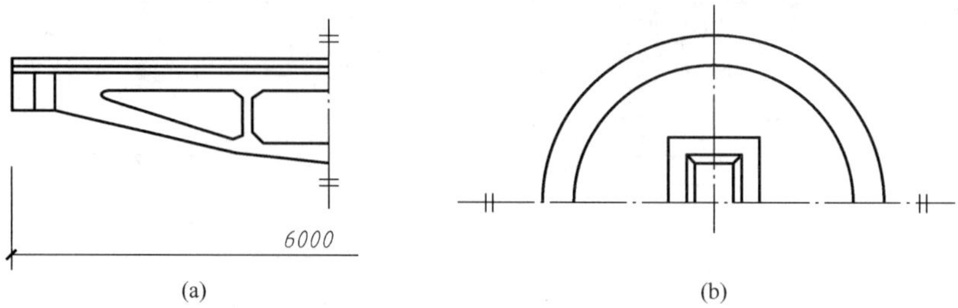

图 6.19 对称形体的简化画法

6.3.2 相同要素的简化画法

当物体上有多个完全相同且连续排列的构造要素时，可在适当位置画出一个或几个完整图形，其他要素只需在所处位置用中心线或中心线交点表示即可，但要注明个数，如图 6.20 所示。

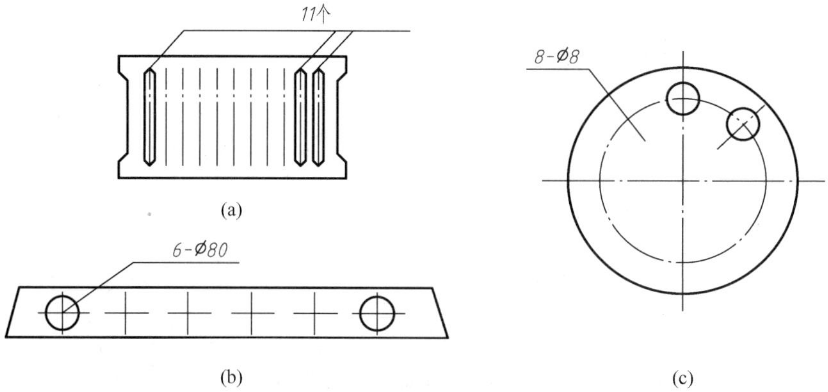

图 6.20 相同要素的简化画法

6.3.3 折断画法

只需表示物体的一部分形状时，可假想把不需要的部分折断，画出留下部分的投影，并在折断处画上折断线，如图 6.21 所示。

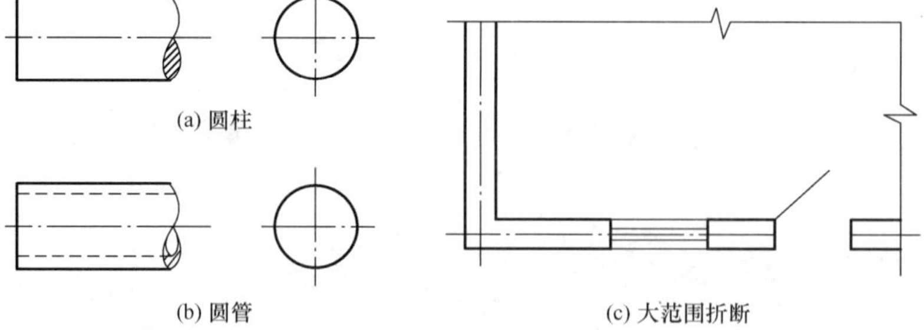

图 6.21 折断画法

6.3.4 断开画法

如果形体较长，且沿长度方向断面形状相同或均匀变化，其投影图可以采用断开画法。即假想将其断开，去掉中间部分，只画两端，但尺寸要标注总长，如图 6.22 所示。

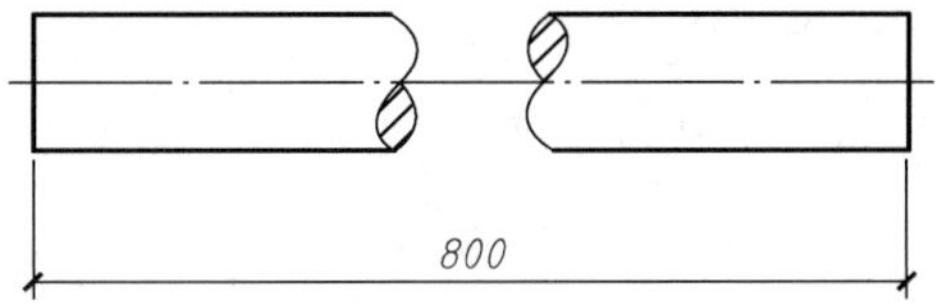

图 6.22 断开画法

特别提示

简化画法要视形体特征和图纸空间，以及国家制图标准和各地图形表达习惯来定，不能随意简化。

小 结

(1) 剖面图是假想用一个剖切平面将形体剖切，移去介于观察者和剖切平面之间的部分，对剩余部分向投影面所作的正投影图。看剖面图时，先应弄清楚剖面图的概念，搞清楚剖面图的形成原理，这样才能看懂剖面图。

(2) 剖切方法不同可以获得不同的剖面图。常用的剖面图有全剖面图、半剖面图、阶梯剖面图、展开剖面图、局部剖面图和分层剖面图 6 种。

(3) 断面图是假想用剖切平面将形体剖切后，仅画出剖切平面与形体接触部分的正投影图，简称断面。

(4) 断面图常用于表示形体某一部位的断面形状。根据断面布置位置不同，可分为移出断面图、重合断面图和中断断面图 3 种。

(5) 剖面图与断面图的区别如下。

相同点：都是用剖切平面剖切形体后得到的投影图。

不同点：①剖面图是用假想剖切平面剖切形体后，对剩余部分向投影面所作的正投影图，断面图则是只画出剖切平面与形体接触部分的正投影图，所以说，剖面图中包含着断面图，断面图则在剖面图之内；②断面图和剖面图的剖切符号不同；③断面图和剖面图的用途不同，剖面图是用来表达形体内部形状和结构的，而断面图则是用来表达形体中某断面的形状和结构的。

(6) 形体或要素外形特征满足一定的条件可采取相应的简化画法。

思考题

1. 什么是剖面图？剖面符号如何表示？
2. 常用的剖面图有哪几种？如何区别？各适用于什么形体？
3. 什么是断面图？常用的断面图有哪几种？如何区别？断面符号如何表示？
4. 剖面图和断面图是什么关系？有什么区别？
5. 画全剖面图、半剖面图、阶梯剖面图和局部剖面图时应注意哪些问题？

第7章 建筑施工图

教学目标

通过对建筑施工图的分类、施工图首页的构成及作用、建筑总平面图、平面图、立面图、剖面图、详图及工业建筑施工图的作用、图示内容及绘制方法等内容的学习，熟练掌握建筑平面图、建筑立面图、建筑剖面图的图示内容及识读方法，掌握建筑详图的作用、图示内容及识读方法，熟悉建筑总平面图的图示内容及作用，了解建筑施工图的分类、施工图首页的构成、工业厂房建筑施工图的图示内容。

教学要求

能力目标	知识要点	权重
了解施工图首页的构成	图纸目录、设计总说明、工程做法表及门窗表的基本内容	5%
熟悉建筑总平面图的图示内容及作用	总平面图的形成、内容、图例和识读方法	10%
熟练掌握建筑平面图的内容及识读方法	建筑平面图的形成、内容、图例和识读方法	20%
熟练掌握建筑立面图的内容及识读方法	建筑立面图的形成、内容和识读方法	20%
熟练掌握建筑剖面图的内容及识读方法	建筑剖面图的形成、内容和识读方法	20%
掌握建筑详图的图示内容及识读方法	外墙身详图、楼梯详图的内容及识读方法	15%
了解工业厂房施工图的图示内容	工业厂房建筑平面图、立面图、剖面图的图示内容	10%

章节导读

建筑施工图主要包括建筑总平面图、建筑平面图、建筑立面图、建筑剖面图和建筑详图。建筑施工图是用来表示建筑物的总体布局、外部造型、内部布置及细部构造的图纸，是房屋施工的重要依据，也是编制工程预、决算的依据。

学习建筑总平面图、建筑平面图、建筑立面图、建筑剖面图、建筑详图的形成、图示方法和图示内容，都是为了实现本章的学习目的，即正确识读建筑施工图。学习民用建筑施工图的同时，应了解单层工业厂房平面图、立面图、剖面图的图示内容，可进一步提高识图能力。

引　例

请看以下图形。

(1) 图7.0是某小区鸟瞰图，这个小区由两栋高层、一栋中高层、多栋多层房屋组成，它是设计单位用来讨论设计方案的，不是施工图的组成部分。每栋房屋都有相应的施工图，那么这个小区的总体布置在施工图中用什么图样表示？

(2) 每栋房屋每层的平面形状、大小和房间布置等内容用什么图样表示？

(3) 每栋房屋的长度、高度、层数等外貌和外墙装修构造用什么图样表示？

(4) 每栋房屋内部的结构或构造方式、分层情况、高度尺寸及各部位的联系等内容用什么图样表示？

(5) 每栋房屋局部的详细构造、详细尺寸和施工做法用什么图样表示？

建筑的构造组成

房屋施工图的组成

建筑分类

图7.0　某小区鸟瞰图

房屋施工图是用来表达建筑物构配件的组成、外形轮廓、平面布置、结构构造，以及装饰、尺寸、材料做法等的工程图纸，是组织施工和编制预、决算的依据。

建造一幢房屋从设计到施工，要由许多专业和不同工种共同配合来完成。按专业分工不同，图纸可分为建筑施工图(简称“建施”)、结构施工图

(简称“结施”)、设备施工图(简称“设施”)及装饰施工图(简称“装施”)。

建筑施工图主要用来表达建筑设计的内容，即表示建筑物的总体布局、外部造型、内部布置、内外装饰、细部构造及施工要求，它包括施工首页图、建筑总平面图、建筑平面图、建筑立面图、建筑剖面图和建筑详图等。

7.1 施工图首页

施工图首页

施工图首页一般由图纸目录、设计总说明、工程做法表及门窗表组成。

7.1.1 图纸目录

图纸目录放在一套图纸的最前面，用来说明本工程的图纸类别、图号、图纸名称和备注等，以方便图纸的查阅。某住宅楼的施工图图纸目录见表7-1。该住宅楼共有建筑施工图12张，结构施工图4张，电气施工图2张。

表7-1 某住宅楼的施工图图纸目录

图纸类别	图号	图纸名称	备注	图纸类别	图号	图纸名称	备注
建施	01	设计说明、门窗表		建施	10	1—1剖面图	
建施	02	车库平面图		建施	11	大样图一	
建施	03	一～五层平面图		建施	12	大样图二	
建施	04	六层平面图		结施	01	基础结构平面布置图	
建施	05	阁楼层平面图		结施	02	标准层结构平面布置图	
建施	06	屋顶平面图		结施	03	屋顶结构平面布置图	
建施	07	①～⑩轴立面图		结施	04	柱配筋图	
建施	08	⑩～①轴立面图		电施	01	一层电气平面布置图	
建施	09	侧立面图		电施	02	标准层电气平面布置图	

7.1.2 设计总说明

施工图的阅读

设计总说明主要说明工程的概况和总的要求，内容包括工程设计依据(如工程地质、水文、气象资料)，设计标准(建筑标准、结构荷载等级、抗震要求、耐火等级、防水等级)，建设规模(占地面积、建筑面积)，工程做法(墙体、地面、楼面、屋面等的做法)及材料要求。

下面是某住宅楼设计说明举例。

(1) 本建筑为长沙市某房地产公司经典生活住宅小区工程9栋，共6层，住宅楼底层为车库，总建筑面积 3263.36m²，基底面积 538.33m²。

（2）本工程为二类建筑，耐火等级为二级，抗震设防烈度为 6 度。

（3）本建筑定位见总图；相对标高±0.000mm，绝对标高值见总图。

（4）本工程合理使用年限为 50 年，屋面防水等级为Ⅱ级。

（5）本设计各图除注明外，标高以米计，平面尺寸以毫米计。

（6）本图未尽事宜，请按现行有关规范规程施工。

（7）墙体材料：砌体结构选用材料除满足本设计外，还必须配合当地建设行政部门政策要求。地面以下或防潮层以下的砌体，潮湿房间的墙，采用 MU10 黏土多孔砖和 M7.5 水泥砂浆砌筑，其余按要求选用。

骨架结构中的填充砌体均不作承重用，其填充墙材料选用见表 7－2。

表 7－2　填充墙材料选用

砌体部分	适用砌块名称	墙厚/mm	砌块强度等级	砂浆强度等级	备　注
外围护墙	黏土多孔砖	240	MU10	M5	砌块容重 $<16kN/m^3$
卫生间墙	黏土多孔砖	120	MU10	M5	砌块容重 $<16kN/m^3$
楼梯间墙	混凝土空心砌块	240	MU5	M5	砌块容重 $<10kN/m^3$

所用混合砂浆均为石灰水泥混合砂浆。

外墙做法：烧结多孔砖墙面，40mm 厚聚苯颗粒保温砂浆，5mm 厚耐碱玻纤网布抗裂砂浆，外墙涂料见立面图。

7.1.3 工程做法表

工程做法表是以表格的形式对建筑物各部位构造、做法、层次、选材、尺寸、施工要求等的详细说明。某住宅楼工程做法见表 7－3。

表 7－3　某住宅楼工程做法

名称	工程做法	施工范围
水泥砂浆地面	素土夯实	一层地面
	30mm 厚 C10 混凝土垫层随捣随抹	
	干铺一层塑料膜	
	20mm 厚 1∶2 水泥砂浆面层	
卫生间楼地面	钢筋混凝土结构板上 15mm 厚 1∶2 水泥砂浆找平	卫生间
	刷基层处理剂一遍，上做 2mm 厚一布四涂氯丁沥青防水涂料，四周沿墙上翻 150mm 高	
	15mm 厚 1∶3 水泥砂浆保护层	
	1∶6 水泥炉渣填充层，最薄处 20mm 厚 C20 细石混凝土找坡 1%	
	15mm 厚 1∶3 水泥砂浆抹平	

7.1.4 门窗表

门窗表反映门窗的类型、编号、数量、尺寸规格、所在标准图集等相应内容，以备工程施工、结算所需。某住宅楼门窗表见表7-4。

表7-4 某住宅楼门窗表

类别	门窗编号	标准图号	图集编号	洞口尺寸/mm		数量	备注
				宽	高		
门	M1	98ZJ681	GJM301	900	2100	78	木门
	M2	98ZJ681	GJM301	800	2100	52	铝合金推拉门
	MC1	见大样图	无	3000	2100	6	铝合金推拉门
	JM1	甲方自定	无	3000	2000	20	铝合金推拉门
窗	C1	见大样图	无	4260	1500	6	断桥铝合金中空玻璃窗
	C2	见大样图	无	1800	1500	24	断桥铝合金中空玻璃窗
	C3	98ZJ721	PLC70-44	1800	1500	7	断桥铝合金中空玻璃窗
	C4	98ZJ721	PLC70-44	1500	1500	10	断桥铝合金中空玻璃窗
	C5	98ZJ721	PLC70-44	1500	1500	20	断桥铝合金中空玻璃窗
	C6	98ZJ721	PLC70-44	1200	1500	24	断桥铝合金中空玻璃窗
	C7	98ZJ721	PLC70-44	900	1500	48	断桥铝合金中空玻璃窗

特别提示

房屋的层数、高度、结构类型、建筑面积不一样，其图纸数量不一样，施工做法也不一样，设计说明的内容也有区别，所有这些内容都能在施工图首页详细查到。施工图首页的内容是识读整套建筑施工图的基础。

7.2 建筑总平面图

7.2.1 建筑总平面图的形成和用途

建筑总平面图是将拟建工程附近一定范围内的建筑物、构筑物及其自然状况，用水平投影方法和相应的图例画出的图样，主要是表示新建房屋的位置、朝向，与原有建筑物的关系，周围道路、绿化布置及地形地貌等内容，是新建房屋施工定位、土方施工，以及绘制水、暖、电等管线总平面图和施工总平面图的依据。

建筑总平面图的比例一般为1∶500、1∶1000、1∶2000等。

特别提示

因为建筑总平面图上表达的内容比较多，只能把表达的对象缩小程度增大，建筑总平面图的常用比例为1∶500和1∶1000。

7.2.2 建筑总平面图的图示内容

1. 新建建筑物的定位

新建建筑物的定位有3种方式：第一种是利用新建建筑物与原有建筑物或道路中心线的距离确定新建建筑物的位置，第二种是利用施工坐标确定新建建筑物的位置，第三种是利用大地测量坐标确定新建建筑物的位置。

2. 区分新建建筑物与原有建筑物

在建筑总平面图上将建筑物分成5种情况，即新建建筑物、原有建筑物、计划扩建的预留地或建筑物、拆除的建筑物和新建的地下建筑物或构筑物。当阅读建筑总平面图时，要区分哪些是新建建筑物，哪些是原有建筑物，在设计中，为了清楚地表示建筑物的总体情况，一般还会在建筑总平面图中建筑物的右上角以点数或数字表示楼房层数。

3. 附近的地形情况

一般用等高线表示，由等高线可以分析出地形的高低起伏情况。

4. 道路

主要表示道路位置、走向及与新建建筑物的联系等。

风向频率玫瑰图

5. 风向频率玫瑰图

风向频率玫瑰图简称风玫瑰，用于反映建筑场地范围内常年主导风向和六、七、八3个月的主导风向(虚线表示)，共有16个方向，图中实线表示全年的风向频率，虚线表示夏季(六、七、八3个月)的风向频率。风由外面吹过建设区域中心的方向称为风向。风向频率是在一定的时间内某一方向出现风向的次数占总观察次数的百分比。

6. 绿化规划

用于反映整个场区的树木、花草的布置情况。

7.2.3 建筑总平面图图例符号

要能熟练识读建筑总平面图，必须熟悉常用的建筑总平面图图例符号。建筑总平面图常用图例见表7-5。同时，识读建筑总平面图，还需熟悉相关停车场的图例，停车场图例如图7.1所示。

表 7-5 建筑总平面图常用图例

序号	名称	图例	备注
1	新建建筑物	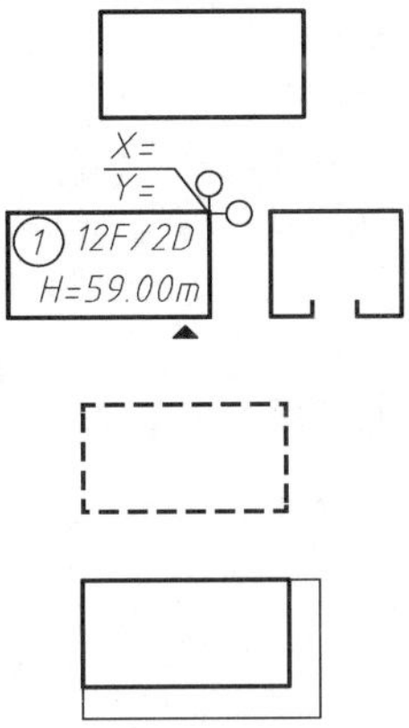	新建建筑物以粗实线表示与室外地坪相接处±0.00外墙定位轮廓线。 建筑物一般以±0.00高度处的外墙定位轴线交叉点坐标定位。轴线用细实线表示，并标明轴线号。 根据不同设计阶段标注建筑编号，地上、地下层数，建筑高度，建筑出入口位置（两种表示方法均可，但同一图纸采用一种表示方法）。 地下建筑物以粗虚线表示其轮廓。 建筑上部（±0.00以上）外挑建筑用细实线表示。 建筑物上部连廊用细虚线表示并标注位置
2	原有建筑物	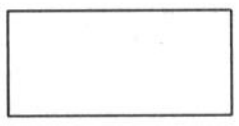	用细实线表示
3	计划扩建的预留地或建筑物		用中粗虚线表示
4	拆除的建筑物	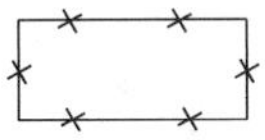	用细实线表示
5	建筑物下面的通道	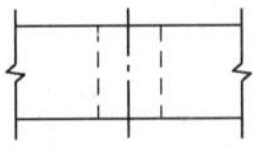	—
6	散状材料露天堆场	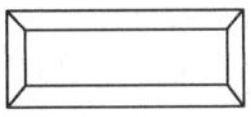	需要时可注明材料名称
7	其他材料露天堆场或露天作业场	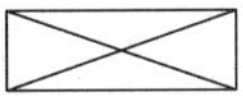	需要时可注明材料名称
8	铺砌场地	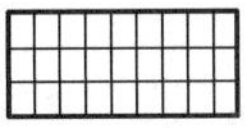	—
9	敞棚或敞廊	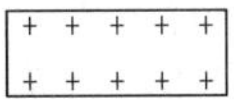	—
10	高架式料仓	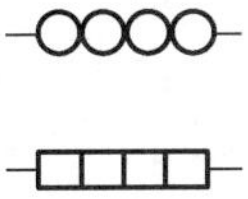	—
11	漏斗式贮仓		左、右图为底卸式，中图为侧卸式
12	冷却塔（池）		应注明冷却塔或冷却池
13	水塔、贮罐	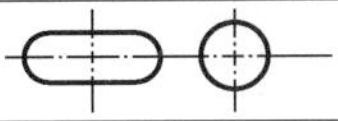	左图为卧式贮罐，右图为水塔或立式贮罐

续表

序号	名　　称	图　　例	备　　注
14	水池、坑槽		也可以不涂黑
15	烟囱		实线为烟囱下部直径，虚线为基础，必要时可注写烟囱高度和上、下口直径
16	围墙及大门	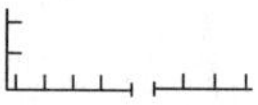	—
17	挡土墙	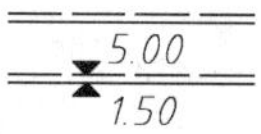	挡土墙根据不同设计阶段的需要标注 墙顶标高 墙底标高
18	挡土墙上设围墙		—
19	台阶及无障碍坡道	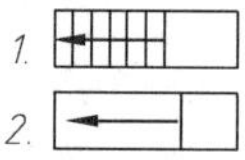	1. 表示台阶（级数仅为示意）； 2. 表示无障碍坡道
20	坐标	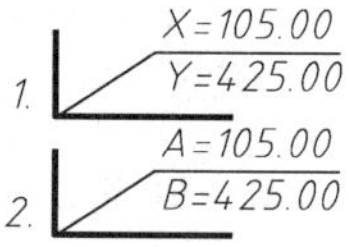	1. 表示地形测量坐标系； 2. 表示自设坐标系； 坐标数字平行于建筑标注
21	方格网交叉点标高	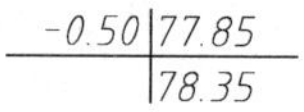	“78.35”为原地面标高； “77.85”为设计标高； “−0.50”为施工高度； “−”表示挖方（“+”表示填方）
22	填方区、挖方区、未整平区及零线	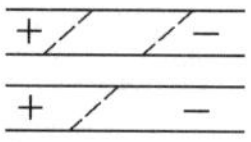	“+”表示填方区； “−”表示挖方区； 中间为未整平区； 点画线为零点线
23	填挖边坡		—
24	截水沟		“1”表示1%的沟底纵向坡度，“40.00”表示变坡点间距离，箭头表示水流方向
25	排水明沟	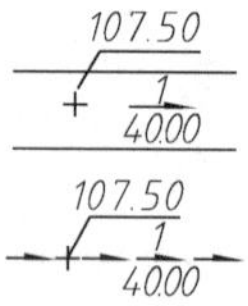	上图用于比例较大的图面； 下图用于比例较小的图面； “1”表示1%的沟底纵向坡度，“40.00”表示变坡点间距离，箭头表示水流方向； “107.50”表示沟底变坡点标高（变坡点以“+”表示）
26	有盖板的排水沟	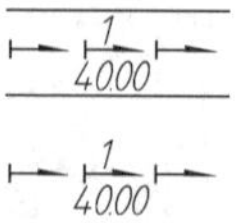	—

续表

序号	名　　称	图　　例	备　　注
27	雨水口	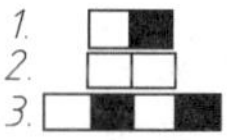	1. 雨水口； 2. 原有雨水口； 3. 双落式雨水口
28	消火栓井		—
29	室内地坪标高	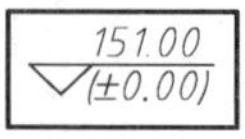	数字平行于建筑物书写
30	室外地坪标高	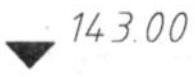	室外标高也可采用等高线
31	盲道		—
32	地下车库入口	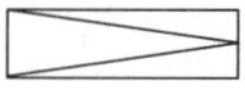	机动车停车场

(a) 地面露天停车场　　(b) 露天机械停车场

图 7.1　停车场图例

特别提示

本章引例(1)的解答：新建房屋周围的总体布置情况或新建小区的总体规划情况在建筑总平面图上用相应图例符号可表达得非常清楚。

7.2.4 建筑总平面图的识图示例

图 7.2 所示为某工厂物资供应公司办公楼的建筑总平面图，拟建办公楼东邻原有的两层楼厂房，西邻交通主干道建设四路，拟建三层，有两个出入口，主要出入口朝西南方向，次要出入口朝东南方向。拟建办公楼占地面积 451.6m^2，图中粗点画线表示新建办公楼建筑用地红线，图中显示新建办公楼与原有厂区相距 8.0m，与建设四路中心线间的距离为 12.50m，场地交通便利，较为宽敞。新建办公楼东侧是原有厂区，厂区内有原有道路、绿化带和停车位。图中除画出了新建办公楼周围的道路和原有建筑物外，还画出了相关图例，并列表表示出了主要技术经济指标。本工程±0.000 相当于黄海标高 23.200m，施工场地平坦。

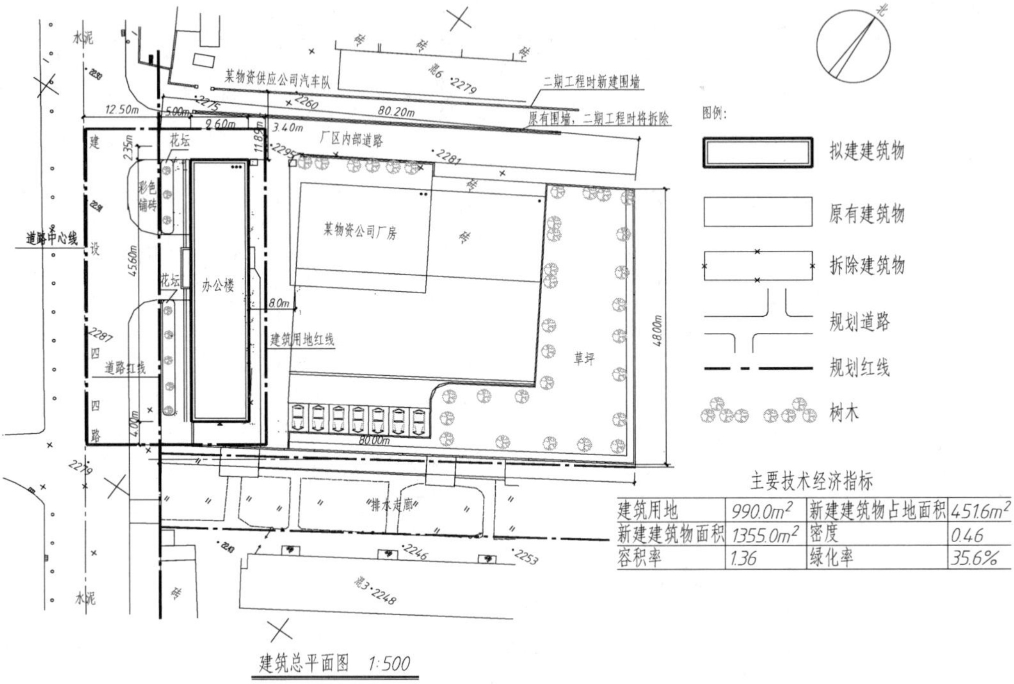

主要技术经济指标

建筑用地	$990.0m^2$	新建建筑物占地面积	$451.6m^2$
新建建筑物面积	$1355.0m^2$	密度	0.46
容积率	1.36	绿化率	35.6%

图 7.2　某工厂物资供应公司办公楼的建筑总平面图

7.3　建筑平面图

7.3.1　建筑平面图的形成和用途

建筑平面图的形成与用途

建筑平面图简称平面图，它是假想用一个水平剖切平面将房屋沿窗台以上适当部位剖切开来，对剖切平面以下部分所作的水平投影图。建筑平面图通常用 1∶50、1∶100、1∶200 的比例绘制，它反映出房屋的平面形状和大小，房间的布置，墙(或柱)的位置、厚度、材料，门窗的位置、大小、开启方向等情况，是施工时放线、砌墙、安装门窗、室内外装修及编制预算等的重要依据。

7.3.2　建筑平面图的图示方法

建筑平面图的图示方法

当建筑物各层的房间布置不同时应分别画出各层平面图；若建筑物的各层布置相同，则可以用 2 个或 3 个平面图表达，即只画底层平面图和楼层平面图(或屋顶平面图)。此时楼层平面图代表了中间各层相同的平面，故称标准层平面图。

因建筑平面图是水平剖面图，故在绘制时，应按剖面图的方法绘制，被剖切到的墙、柱轮廓用粗实线(b)表示，门的开启方向线可用中粗实线($0.5b$)或细实线($0.25b$)表示，窗的轮廓线及其他可见轮廓和尺寸线等用细实线($0.25b$)表示。

7.3.3 建筑平面图的图示内容

1. 底层平面图的图示内容

（1）表示建筑物的墙、柱位置并对其轴线编号。

建筑平面图的图示内容

确定建筑物承重构件位置的线叫定位轴线，各承重构件均需标注纵横两个方向的定位轴线，非承重或次要构件应标注附加轴线。定位轴线应用细点画线绘制，一般应编号，编号应注写在轴线端部的圆内。圆应用细实线绘制，直径为8～10mm。定位轴线圆的圆心，应在定位轴线的延长线上。

建筑平面图上定位轴线的编号，宜标注在图样的下方与左侧。横向编号应用阿拉伯数字，从左至右按顺序编写，竖向编号应用大写拉丁字母，从下至上按顺序编写。拉丁字母I、O、Z不得用作轴线编号，以防与横向定位轴线的编号0、1、2混淆。

附加定位轴线的编号，应以分数形式表示，并应按下列规定编写。

① 两根轴线间的附加轴线，应以分母表示前一根轴线的编号，分子表示附加轴线的编号，编号宜用阿拉伯数字按顺序编写。

② 1号轴线或A号轴线之前的附加轴线的分母应以01或0A表示。

定位轴线的表示要求如图7.3(a)、图7.3(b)所示。

（2）表示建筑物的门、窗位置及编号。

（3）注明各房间名称及室内外楼地面标高。标高是标注建筑物高度的一种尺寸形式，可分为绝对标高和相对标高，均以米为单位。绝对标高是以青岛附近黄海的平均海平面为零点测出的高度，它仅使用在建筑总平面图中。相对标高是以建筑物室内主要地面为零点测出的高度。在建筑工程图中，建筑物某一部位的高度用标高符号加注尺寸数字表示。标高符号用细实线绘制，符号中的三角形为等腰三角形，三角形高约3mm，如图7.3(c)所示。

一般建筑工程的施工图中，采用相对标高，标高数字注写到小数点后第三位，但建筑总平面图中的绝对标高，标高数字则注写到小数点后第二位。零点标高注写成±0.000，负标高数字前必须加注“－”，正标高数字前不加注“＋”。标高的注写形式如图7.3(c)所示。

（4）表示楼梯的位置、上下行方向、级数及平台标高。

（5）表示阳台、雨篷、台阶、雨水管、散水、明沟、花池等的位置及尺寸。

（6）表示室内设备（如卫生器具、水池等）的形状、位置。

（7）画出剖面图的剖切符号及编号。

（8）标注墙厚、墙段、门、窗、房屋开间、进深等各项尺寸。

（9）标注详图索引符号。

《房屋建筑制图统一标准》（GB/T 50001—2017）规定：图样中的某一局部或构件，如需另见详图，应以详图索引符号索引。索引符号是由直径为10mm的圆和水平直径组成，圆和水平直径均应以细实线绘制。

① 详图索引符号按下列规定编写。

a. 索引出的详图，如与被索引的详图在同一张图纸内，则应在索引符号的上半圆中用阿拉伯数字注明该详图的编号，并在索引符号的下半圆中间画一段水平细实线，如图7.4(a)所示。

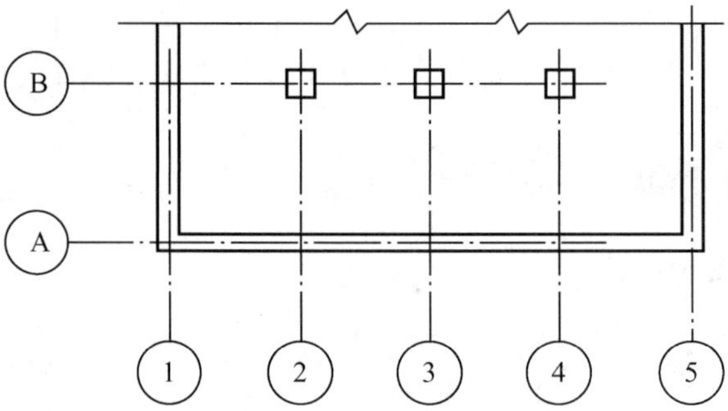

(a) 定位轴线的编号顺序

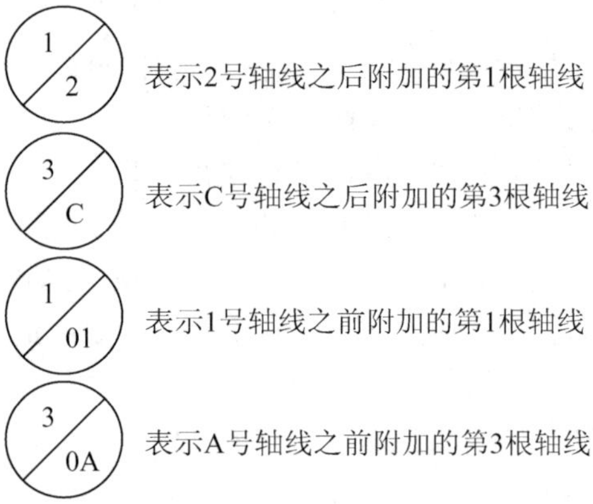

(b) 附加轴线的编号

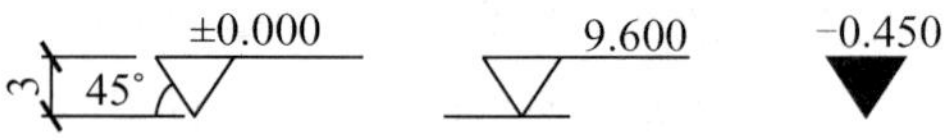

(c) 标高的注写形式

图 7.3　定位轴线与标高

定位轴线

标高

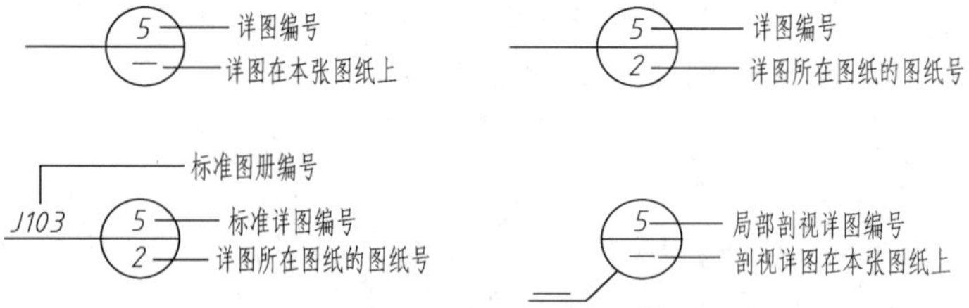

(a) 详图索引符号

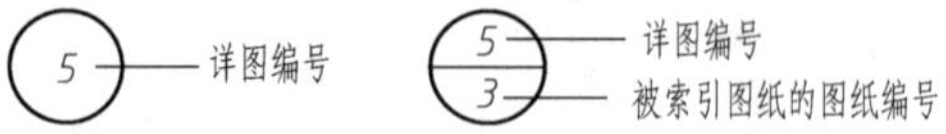

(b) 详图符号

图 7.4　详图索引符号与详图符号

详图索引符号

详图符号

b. 索引出的详图，如与被索引的详图不在同一张图纸内，则应在索引符号的上半圆中用阿拉伯数字注明该详图的编号，在索引符号的下半圆中用阿拉伯数字注明该详图所在图纸的编号。数字较多时，可加文字标注，如图 7.4(a)所示。

c. 索引出的详图，如采用标准图，应在索引符号水平直径的延长线上加注该标准图册的编号，如图 7.4(a)所示。

② 详图的位置和编号，应以详图符号表示。详图符号是用粗实线绘制的圆，圆的直径为 14mm。详图符号应按下列规定编号。

a. 详图与被索引的图样在同一张图纸内时，应在详图符号内用阿拉伯数字注明详图的编号，如图 7.4(b)所示。

b. 详图与被索引的图样不在同一张图纸内时，应用细实线在详图符号内画一水平直径，在详图符号的上半圆中注明详图编号，在详图符号的下半圆中注明被索引的图纸的编号，如图 7.4(b)所示。

(10) 画出指北针。

指北针常用来表示建筑物的朝向。指北针外圆直径为 24mm，采用细实线绘制，指北针尾部宽度为 3mm，指北针头部应注明“北”或“N”字。

2. 标准层平面图的图示内容

指北针

(1) 表示建筑物的门、窗位置及编号。

(2) 注明各房间名称、各项尺寸及楼地面标高。

(3) 表示建筑物的墙、柱位置并对其轴线进行编号。

(4) 表示楼梯的位置、上下行方向、级数及平台标高。

(5) 表示阳台、雨篷、雨水管的位置及尺寸。

(6) 表示室内设备(如卫生器具、水池等)的形状、位置。

(7) 标注详图索引符号。

3. 屋顶平面图的图示内容

屋顶檐口、檐沟、屋顶坡度、分水线与落水口的投影，出屋顶水箱间、上人孔、消防梯及其他构筑物、索引符号等。

特别提示

本章引例(2)的解答：每栋房屋每层的平面形状、大小和房间布置等内容可用建筑平面图表达，若房屋每层布置情况不一样，则每层都要画建筑平面图，如果除底层和顶层外，中间各层平面布置一样，则只需用一张标准层平面图表达。

7.3.4 建筑平面图的图例符号

阅读建筑平面图应熟悉常用图例符号，表 7-6 是从《建筑制图标准》(GB/T 50104—2010) 中摘录的常用构造及配件图例符号，读者应仔细阅读。《建筑制图标准》(GB/T 50104—2010) 中还给出了两翼智能旋转门图例，如图 7.5 所示。

表 7-6　常用构造及配件图例符号

序号	名　称	图　例	备　注
1	墙体	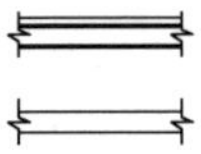	1. 上图为外墙，下图为内墙。 2. 外墙细线表示有保温层或有幕墙。 3. 应加注文字或涂色或图案填充表示各种材料的墙体。 4. 在各层平面图中防火墙宜着重以特殊图案填充表示

续表

序号	名　　称	图　　例	备　　注
2	隔断		1. 加注文字或涂色或图案填充表示各种材料的轻质隔断。 2. 适用于到顶与不到顶隔断
3	玻璃幕墙		幕墙龙骨是否表示由项目设计决定
4	栏杆	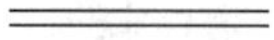	—
5	楼梯	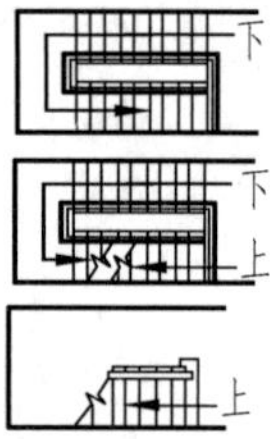	1. 上图为顶层楼梯平面，中图为中间层楼梯平面，下图为底层楼梯平面。 2. 需设置靠墙扶手或中间扶手时，应在图中表示
6	坡道	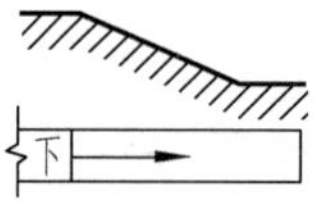	长坡道
		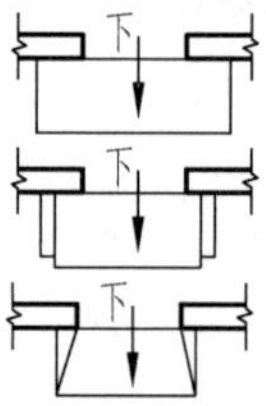	上图为两侧垂直的门口坡道，中图为有挡墙的门口坡道，下图为两侧找坡的门口坡道
7	台阶	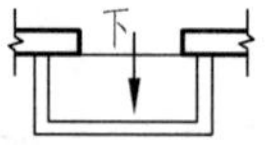	—
8	检查口		左图为可见检查口，右图为不可见检查口
9	孔洞		阴影部分亦可填充灰度或涂色代替
10	坑槽		—
11	墙预留洞、槽	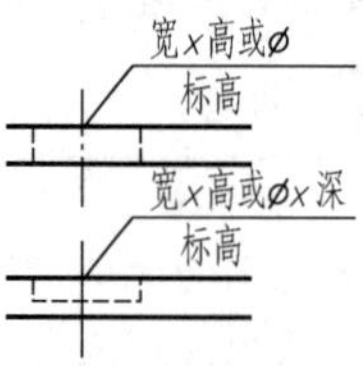	1. 上图为预留洞，下图为预留槽。 2. 平面以洞（槽）中心定位。 3. 标高以洞（槽）底或中心定位。 4. 宜以涂色区别墙体和预留洞（槽）
12	地沟	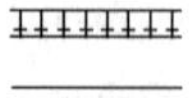	上图为活动盖板地沟，下图为无盖板明沟

续表

序号	名　称	图　例	备　注
13	烟道	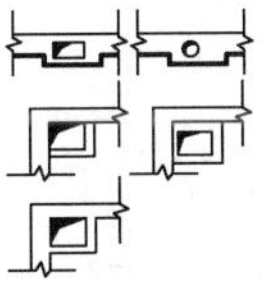	1. 阴影部分亦可涂色代替。 2. 烟道、风道与墙体为相同材料，其相接处墙身线应连通。 3. 烟道、风道根据需要增加不同材料的内衬
14	风道	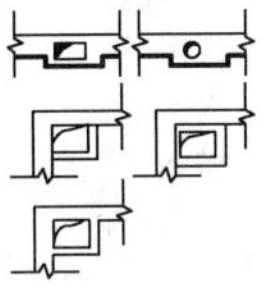	
15	新的墙和窗	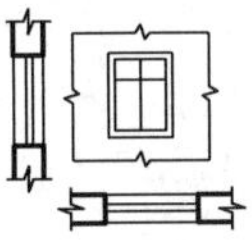	—
16	改建时保留的墙和窗	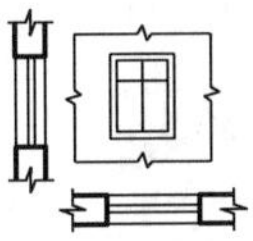	只更换窗，应加粗窗的轮廓线
17	拆除的墙	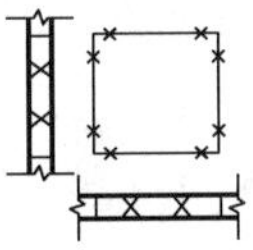	—
18	改建时在原有墙或楼板新开的洞	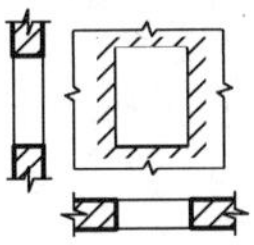	—
19	空门洞	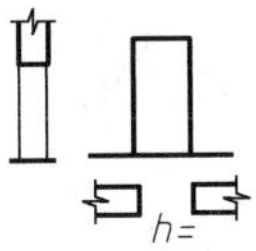	h 为门洞高度
20	单扇平开或单向弹簧门	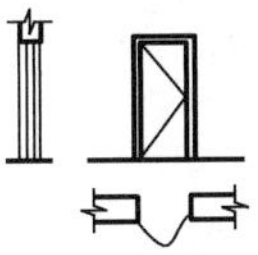	1. 门的名称代号用 M 表示。 2. 平面图中，下为外，上为内，门开启线为 90°、60°或 45°。 3. 立面图中，开启线实线为外开，虚线为内开。开启线交角的一侧为安装合页一侧。开启线在建筑立面图中可不表示，在立面大样图中可根据需要绘制。
	单扇平开或双向弹簧门	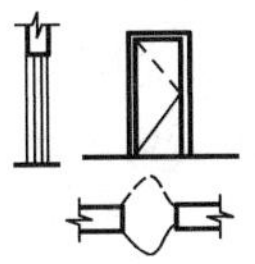	

续表

序号	名　　称	图　　例	备　　注
20	双层单扇平开门	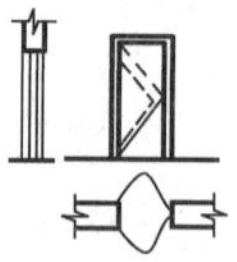	4. 剖面图中，左为例，右为内。 5. 附加纱扇应以文字说明，在平、立、剖面图中均不表示。 6. 立面形式应按实际情况绘制
21	单面开启双扇门(包括平开或单面弹簧)	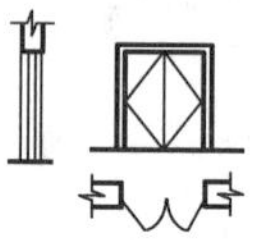	
	双面开启双扇门(包括双面平开或双面弹簧)	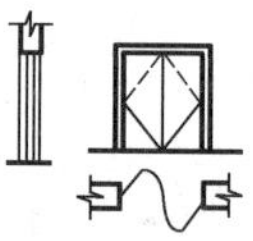	
	双层双扇平开门		
22	折叠门	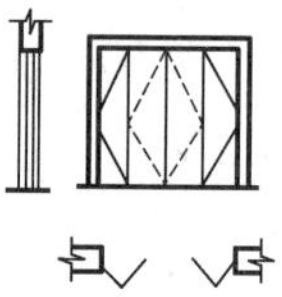	1. 门的名称代号用 M 表示。 2. 平面图中，下为外，上为内。 3. 立面图中，开启线实线为外开，虚线为内开。开启线交角的一侧为安装合页一侧。 4. 剖面图中，左为外，右为内。 5. 立面形式应按实际情况绘制
	推拉折叠门	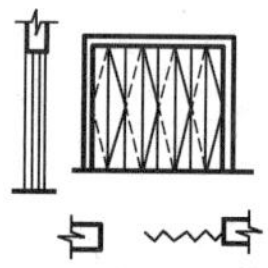	
23	墙洞外单扇推拉门	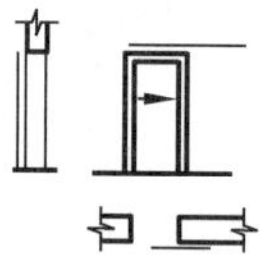	1. 门的名称代号用 M 表示。 2. 平面图中，下为外，上为内。 3. 剖面图中，左为例，右为内。 4. 立面形式应按实际情况绘制
	墙洞外双扇推拉门	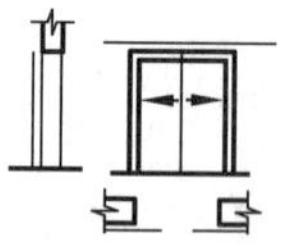	
	墙中单扇推拉门	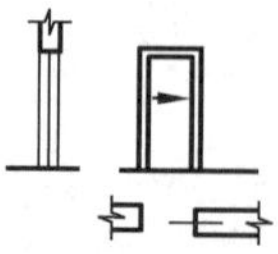	1. 门的名称代号用 M 表示。 2. 立面形式应按实际情况绘制
	墙中双扇推拉门	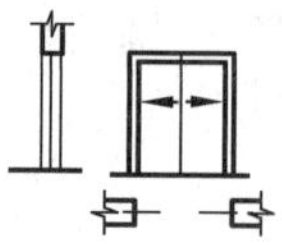	

续表

序号	名　称	图　例	备　注
24	门连窗	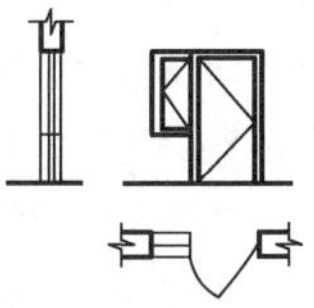	1. 门的名称代号用 M 表示。 2. 平面图中，下为外，上为内，门开启线为 90°、60° 或 45°。 3. 立面图中，开启线实线为外开，虚线为内开。开启线交角的一侧为安装合页一侧。开启线在建筑立面图中可不表示，在室内设计门窗立面大样图中需绘出。 4. 剖面图中，左为外，右为内。 5. 立面形式应按实际情况绘制
25	旋转门	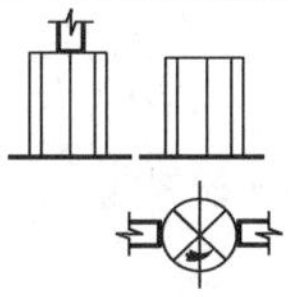	1. 门的名称代号用 M 表示。 2. 立面形式应按实际情况绘制
26	自动门	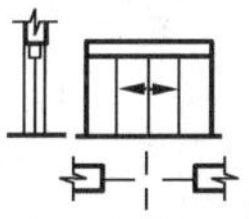	
27	竖向卷帘门	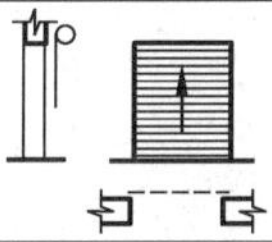	
28	固定窗	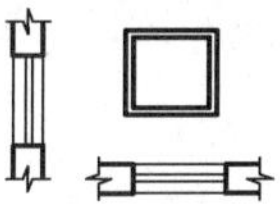	1. 窗的名称代号用 C 表示。 2. 平面图中，下为外，上为内。 3. 立面图中，开启线实线为外开，虚线为内开。开启线交角的一侧为安装合页一侧。开启线在建筑立面图中可不表示，在门窗立面大样图中需绘出。 4. 剖面图中，左为外，右为内，虚线仅表示开启方向，项目设计不表示。 5. 附加纱窗应以文字说明，在平、立、剖面图中均不表示。 6. 立面形式应按实际情况绘制
29	上悬窗	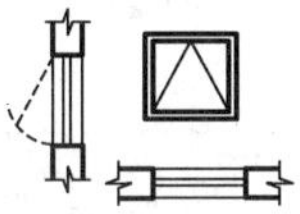	
	中悬窗	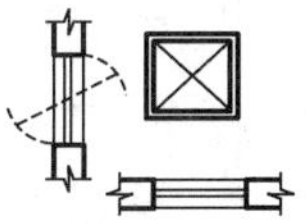	
	下悬窗	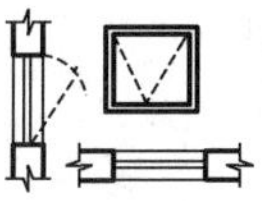	
30	立转窗	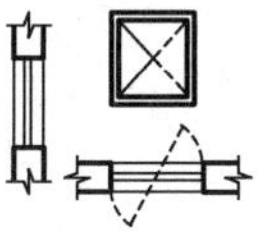	

续表

序号	名　　称	图　　例	备　　注
31	单层外开平开窗	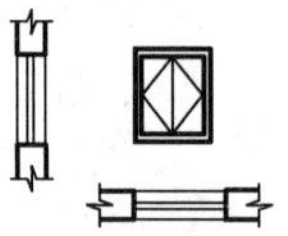	1. 窗的名称代号用C表示。 2. 平面图中，下为外，上为内。 3. 立面图中，开启线实线为外开，虚线为内开。开启线交角的一侧为安装合页一侧。开启线在建筑立面图中可不表示，在门窗立面大样图中需绘出。 4. 剖面图中，左为外，右为内，虚线仅表示开启方向，项目设计不表示。 5. 附加纱窗应以文字说明，在平、立、剖面图中均不表示。 6. 立面形式应按实际情况绘制
	单层内开平开窗	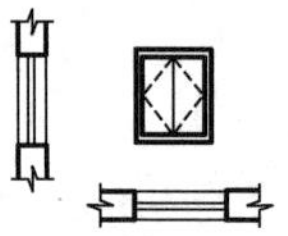	
	双层内外开平开窗	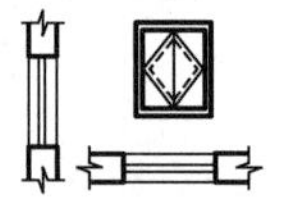	
32	单层推拉窗	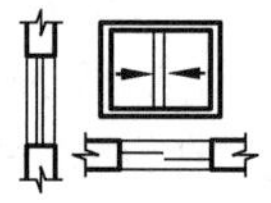	1. 窗的名称代号用C表示。 2. 立面形式应按实际情况绘制
	双层推拉窗	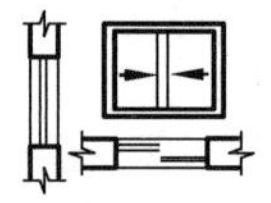	
33	百叶窗	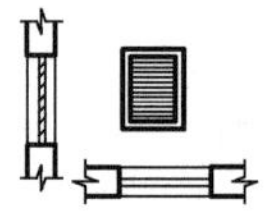	

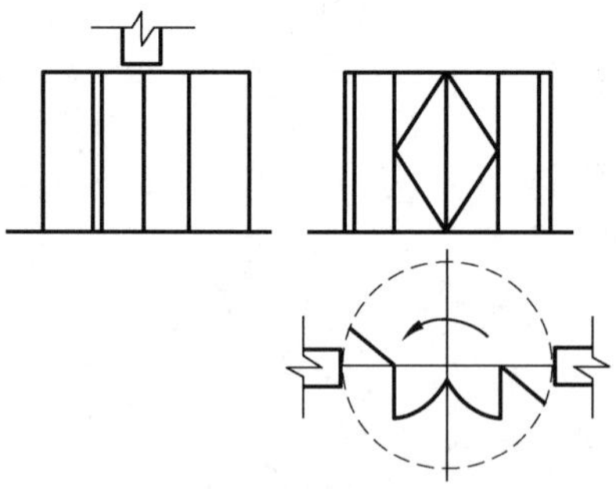

图 7.5　两翼智能旋转门图例

7.3.5　建筑平面图的识读举例

建筑平面图分底层平面图(图 7.6)、标准层平面图(图 7.7)及屋顶平面图(图 7.8)。从图中可知比例均为 1∶100，从图名可知是哪一层的平面图。从底层平面图的指北针可知该建筑物朝向为坐北朝南；同时可以看出，该建筑为一字形对称布置，主要房间为卧室，内墙厚 240mm，外墙厚 370mm。本建筑设有一个门厅，一个楼梯间，中间有 1.8m 宽的内走廊，每层有一个厕所，一个盥洗室。有两种门，3 种类型的窗。房屋开间为 3.6m，进深为 5.1m。从屋顶平面图可知，本建筑屋顶是坡度为 3%的平屋顶，两坡排水，南、北向设有宽为 600mm 的外檐沟，分别布置有 3 根落水管，非上人屋面。剖面图的剖切位置在楼梯间处。

▶ 底层平面图的识读

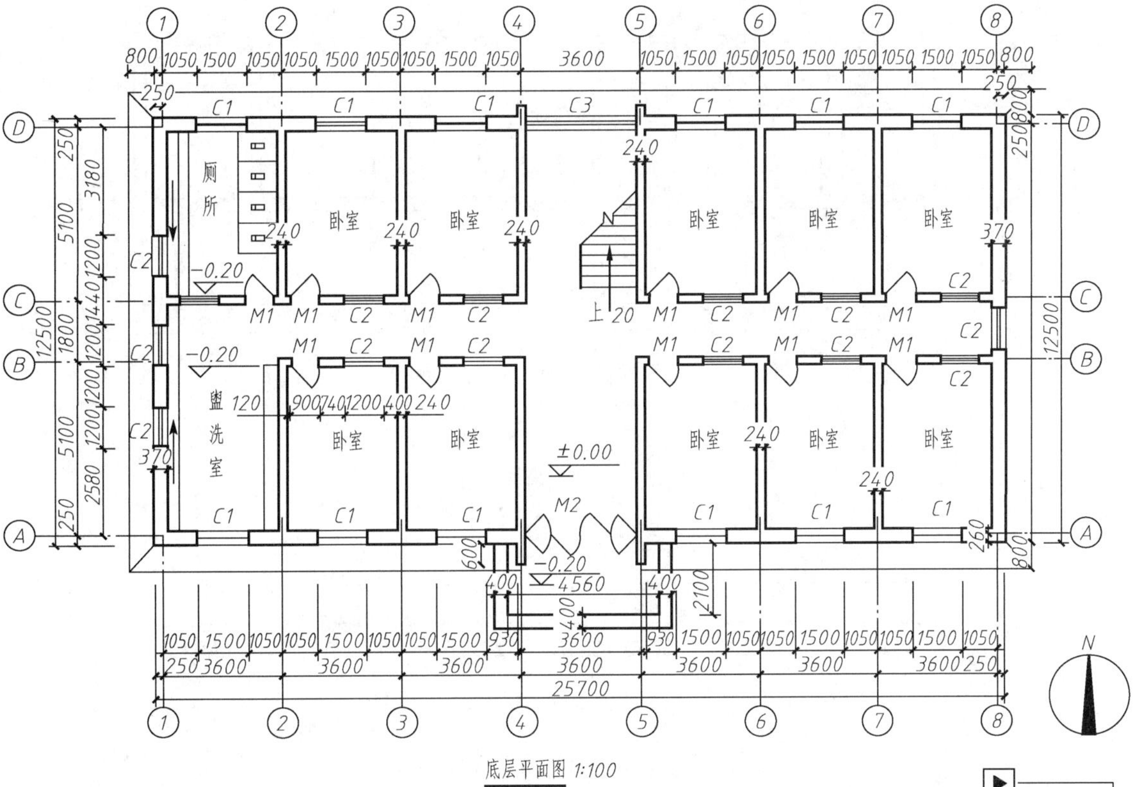

图 7.6　底层平面图

▶ 标准层平面图的识读

7.3.6　建筑平面图的绘制方法和步骤

如图 7.9 所示，建筑平面图的绘制方法和步骤如下。

(1) 绘制墙身定位轴线及柱网，如图 7.9(a)所示。

(2) 绘制墙身轮廓线、柱子、门窗洞口等各种建筑构配件，如图 7.9(b)所示。

(3) 绘制楼梯、台阶、散水等细部，如图 7.9(c)所示。

(4) 检查全图无误后，擦去多余线条，按建筑平面图的要求加深加粗，并进行门窗编号，画出剖面图剖切位置线等，如图 7.9(d)所示。

(5) 尺寸标注。一般应标注 3 道尺寸：第一道尺寸为细部尺寸，第二道尺寸为轴线尺寸，第三道尺寸为总尺寸，如图 7.9(d)所示。

▶ 屋顶平面图的识读

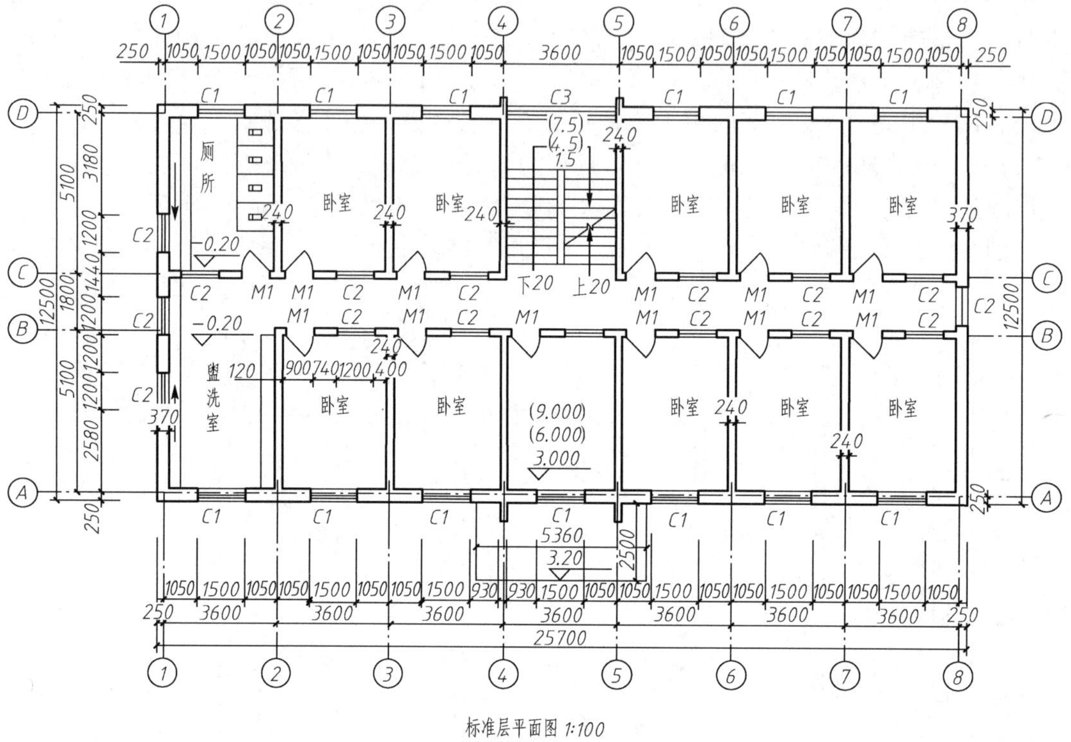

图 7.7　标准层平面图

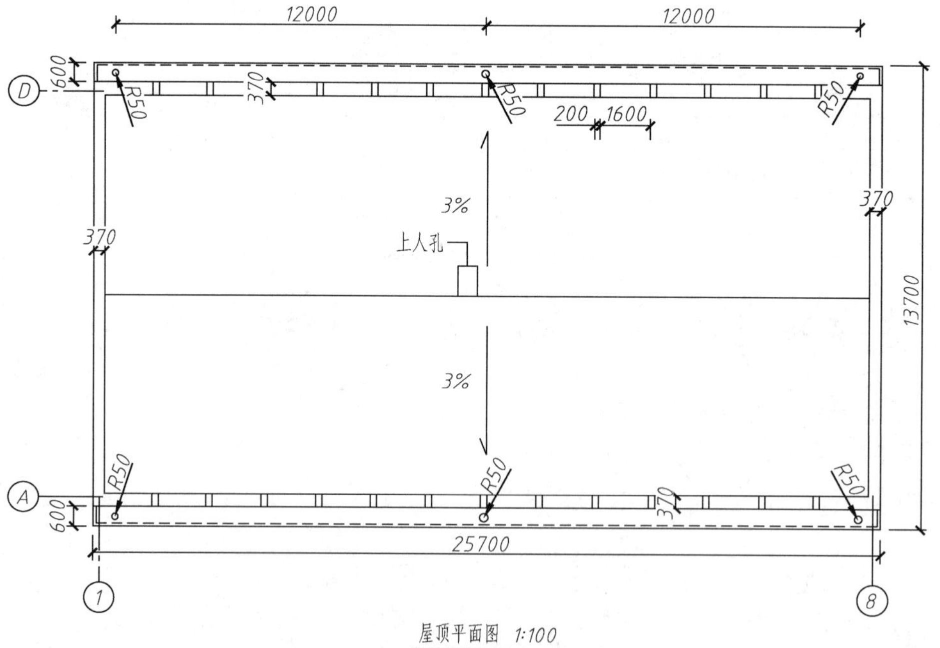

图 7.8　屋顶平面图

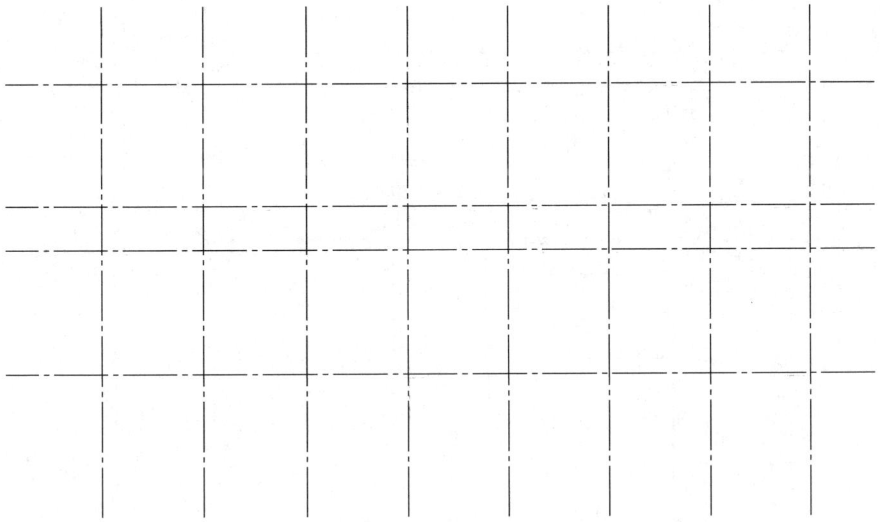

(a)

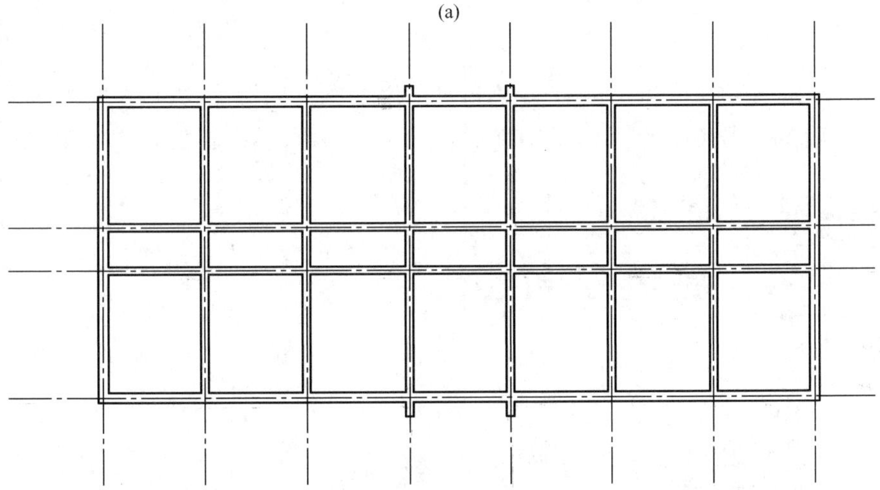

(b)

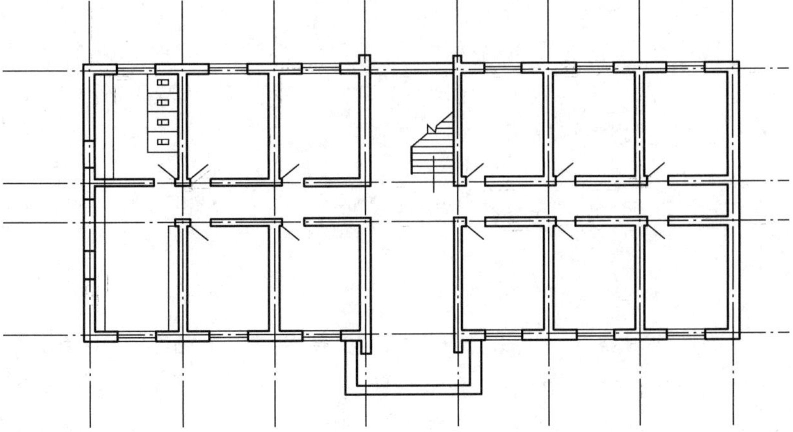

(c)

图 7.9 建筑平面图绘图步骤

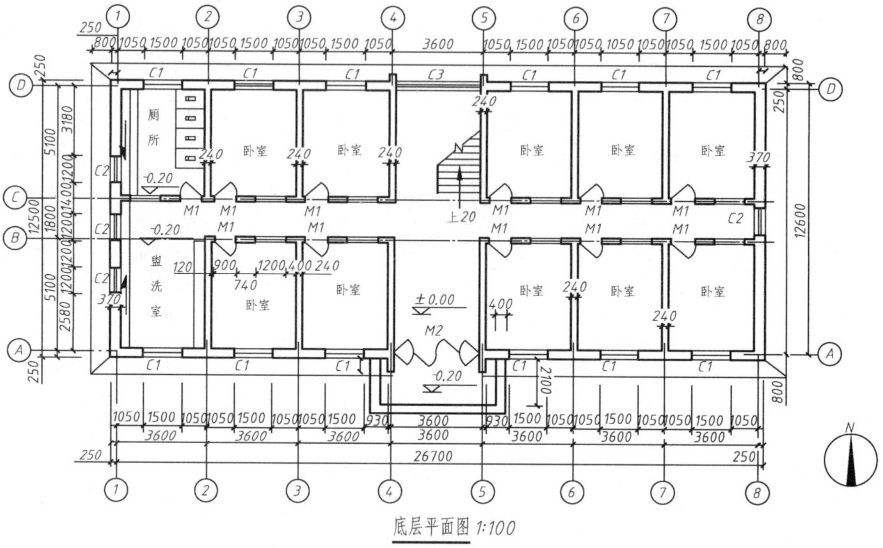

(d)

图 7.9　建筑平面图绘图步骤(续)

(6)图名、比例及其他文字内容。汉字写长仿宋字，图名字高一般为 7～10 号字，图内说明文字一般为 5 号字。尺寸数字字高通常用 3.5 号字。字形要工整、清晰、不潦草。

7.4　建筑立面图

建筑立面图的形成与作用

7.4.1　建筑立面图的形成与作用

建筑立面图，简称立面图，它是在与房屋立面平行的投影面上所作的房屋正投影图。它主要反映房屋的长度、高度、层数等外貌和外墙装修构造。它的主要作用是确定门、窗、檐口、雨篷、阳台等的形状和位置，指导房屋外部装修施工及计算有关预算工程量。

7.4.2　建筑立面图的图示方法及其命名

建筑立面图的图示方法及其命名

1. 建筑立面图的图示方法

为使建筑立面图主次分明、图面美观，通常将建筑物不同部位用不同粗细的线型来表示。最外轮廓线用粗实线(b)，室外地坪线用加粗实线($1.4b$)，所有突出部位如阳台、雨篷、线脚、门窗洞等用中实线($0.5b$)，其余部分用细实线($0.35b$)。

2. 建筑立面图的命名

建筑立面图的命名方式有以下 3 种。

(1) 用房屋的朝向命名，如南立面图、北立面图等。

(2) 根据主要出入口命名，如正立面图、背立面图、侧立面图。

(3) 用建筑立面图上首尾轴线命名，如①～⑧轴立面图和⑧～①轴立面图。

建筑立面图的比例一般与建筑平面图相同。

7.4.3 建筑立面图的图示内容

(1) 室外地坪线及房屋的勒脚、台阶、花池、门窗、雨篷、阳台、室外楼梯、墙、柱、檐口、屋顶、雨水管等内容。

(2) 尺寸标注。用标高标注出各主要部位的相对高度，如室外地坪、窗台、阳台、雨篷、女儿墙顶、屋顶水箱间及楼梯间屋顶等的标高。同时用尺寸标注的方法标注出立面图上的细部尺寸、层高及总高。

(3) 建筑物两端的定位轴线及其编号。

(4) 外墙面装修。有的用文字说明，有的用详图索引符号表示。

建筑立面图的图示内容

特别提示

本章引例(3)的解答：从建筑立面图的图示内容可知，房屋的长度、高度、层数等外貌和外墙装修构造是用建筑立面图表示的。每栋房屋立面图的数量与房屋外墙面设计状况有关。

建筑立面图的识读步骤

7.4.4 建筑立面图的识读举例

图 7.10 所示建筑立面图的图名为①～⑧立面图，比例为 1∶100，两端

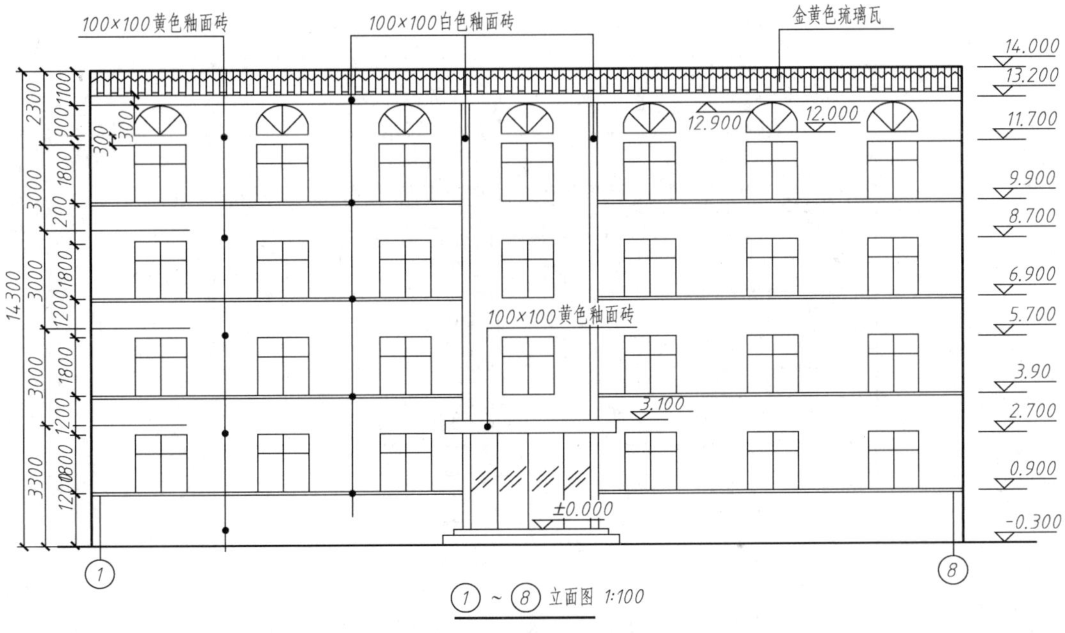

图 7.10 建筑立面图

的定位轴线编号分别为①、⑧；室内外高差为0.3m，层高3m，共有4层，窗台高0.9m；在建筑的主要出入口处设有一悬挑雨篷，有一个两级台阶，该立面外形规则，立面造型简单，外墙采用100mm×100mm黄色釉面砖饰面，窗台线条用100mm×100mm白色釉面砖点缀，金黄色琉璃瓦檐口；中间用墙垛形成竖向线条划分，使建筑有一种高耸感。

7.4.5 建筑立面图的绘制方法和步骤

如图7.11所示，建筑立面图的绘制方法和步骤如下。

建筑立面图的绘制方法和步骤

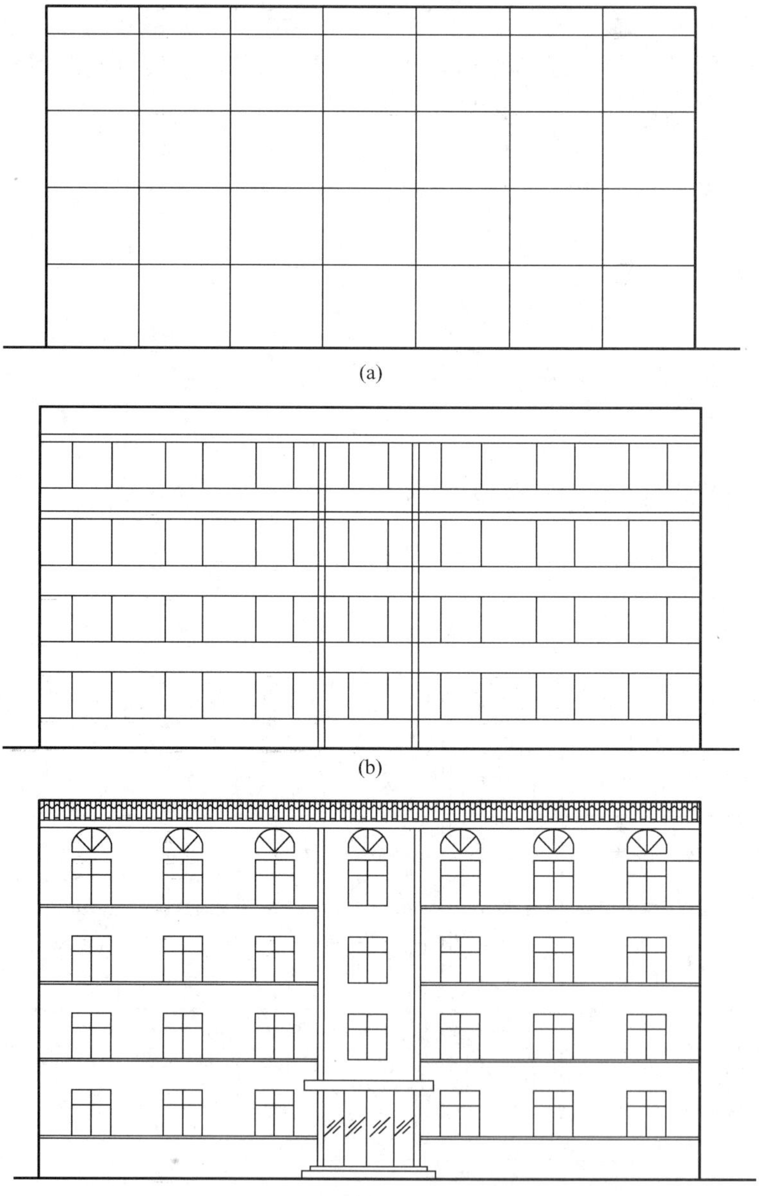

图7.11 建筑立面图的绘制方法和步骤

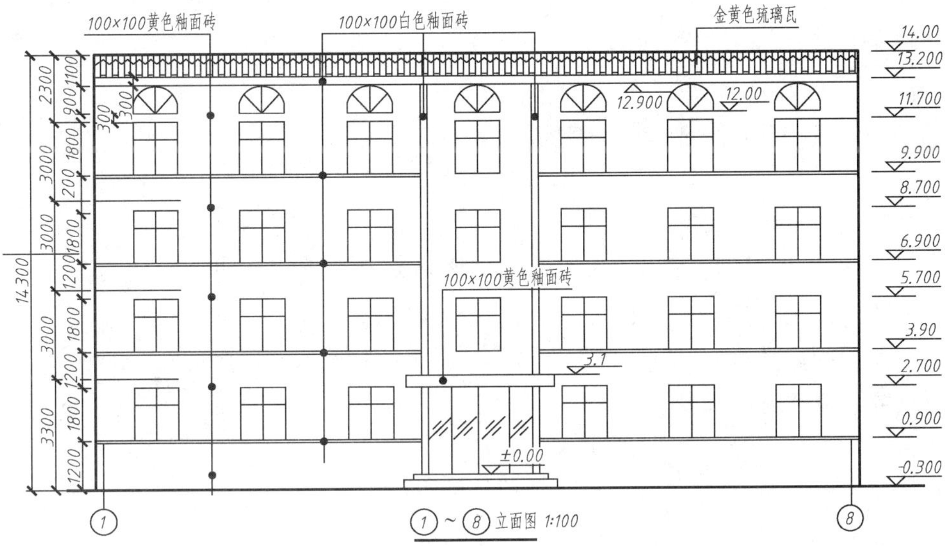

(d)

图 7.11 建筑立面图的绘制方法和步骤(续)

(1) 室外地坪线、定位轴线、各层楼面线、外墙边线和屋檐线，如图 7.11(a)所示。

(2) 画各种建筑构配件的可见轮廓，如门窗洞、楼梯间、墙身及暴露在外墙外的柱子，如图 7.11(b)所示。

(3) 画门窗、雨水管、外墙分割线等建筑物细部，如图 7.11(c)所示。

(4) 画尺寸界线、标高数字、索引符号和相关注释文字。

(5) 尺寸标注。

(6) 检查无误后，按建筑立面图所要求的图线加深、加粗，并标注标高、首尾轴线号、墙面装修说明文字、图名和比例，说明文字用 5 号字，如图 7.11(d)所示。

7.5 建筑剖面图

7.5.1 建筑剖面图的形成与作用

建筑剖面图，简称剖面图，它是假想用一个铅垂剖切平面将房屋剖切开后移去靠近观察者的部分，作出剩下部分的投影图。

建筑剖面图用以表示房屋内部的结构或构造方式，如屋面(楼、地面)形式、分层情况、材料、做法、高度尺寸及各部位的联系等。它与建筑平、立面图互相配合用于计算工程量，指导各层楼板和屋面施工、门窗安装和内部装修等。

建筑剖面图的数量是根据房屋的复杂情况和施工实际需要决定的；剖切平面的位置要

选择在房屋内部构造比较复杂、有代表性的部位，如门窗洞口和楼梯间等位置，并应通过门窗洞口。剖面图的图名符号应与底层平面图上的剖切符号相对应。

7.5.2 建筑剖面图的图示内容

(1) 必要的定位轴线及轴线编号。

(2) 剖切到的屋面、楼面、墙体、梁等的轮廓及材料做法。

(3) 建筑物内部分层情况，以及竖向、水平方向的分隔。

(4) 即使没被剖切到，但在剖视方向可以看到的建筑物构配件。

(5) 屋顶的形式及排水坡度。

(6) 标高及必须标注的局部尺寸。

(7) 必要的文字注释。

特别提示

本章引例(4)的解答：从建筑剖面图的图示内容可知，每栋房屋内部的结构或构造方式、材料做法、分层情况、高度尺寸及各部位的联系等内容是用建筑剖面图表示的。

7.5.3 建筑剖面图的识读方法

(1) 结合底层平面图阅读，对应建筑剖面图与建筑平面图的相互关系，建立起建筑内部的空间概念。

(2) 结合建筑设计说明或材料做法表，查阅地面、墙面、楼面、顶棚等的装修做法。

(3) 根据剖面图尺寸及标高，了解建筑层高、总高、层数及房屋室内外地面高差。如图 7.12 所示，建筑层高 3m，总高 14m，4 层，房屋室内外地面高差为 0.300m。

(4) 了解建筑构配件之间的搭接关系。

(5) 了解建筑屋面的构造及屋面坡度的形成。该建筑屋面为架空通风隔热、保温屋面，材料找坡，屋顶坡度为 2%，设有外伸 600mm 天沟，属有组织排水。

(6) 了解墙体、梁等承重构件的竖向定位关系，如轴线是否偏心。该建筑外墙厚 370mm，向内偏心 90mm；内墙厚 240mm，无偏心。

7.5.4 建筑剖面图的绘制方法和步骤

建筑剖面图的绘制方法和步骤如下。

(1) 画地坪线、定位轴线、各层的楼面线、楼面，如图 7.13(a)所示。

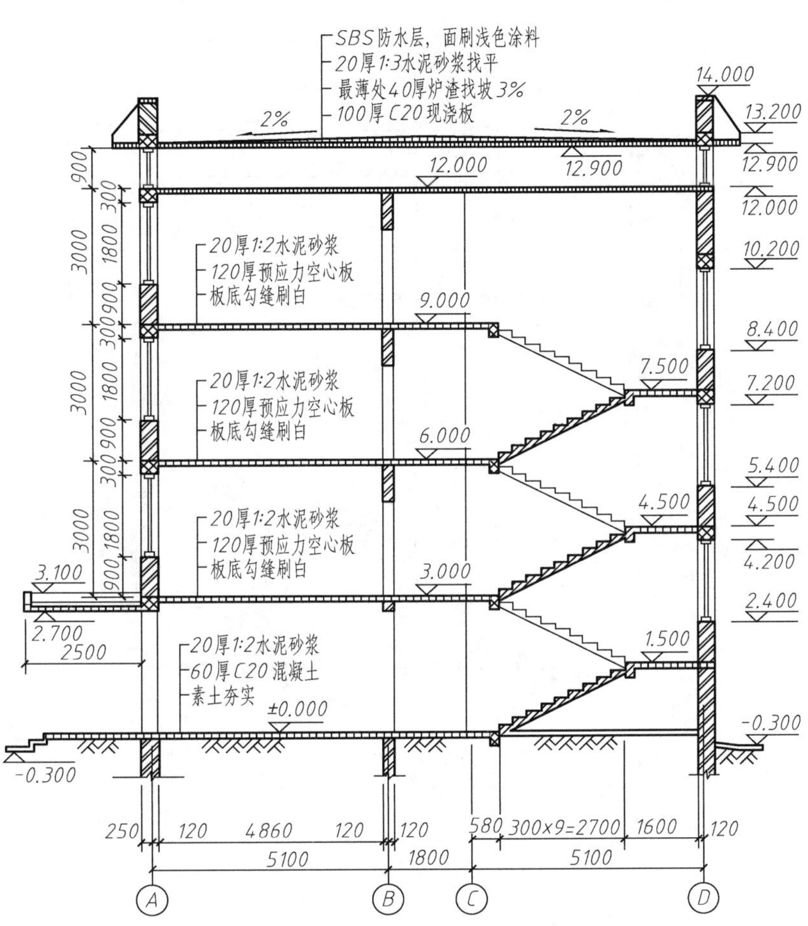

1—1剖面图 1:100

图 7.12　建筑剖面图

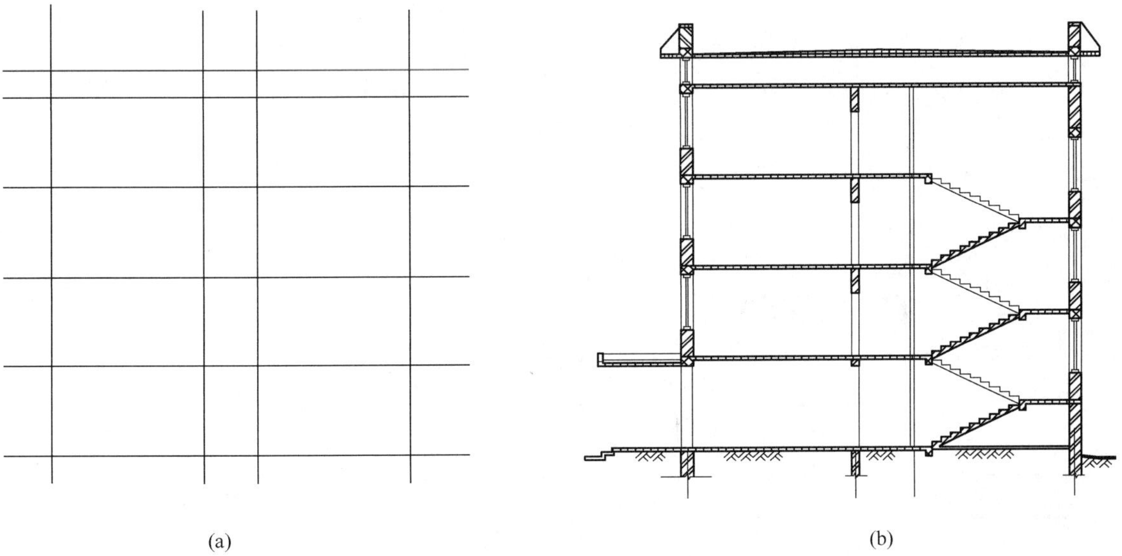

(a)　　　　(b)

图 7.13　建筑剖面图的绘制方法和步骤

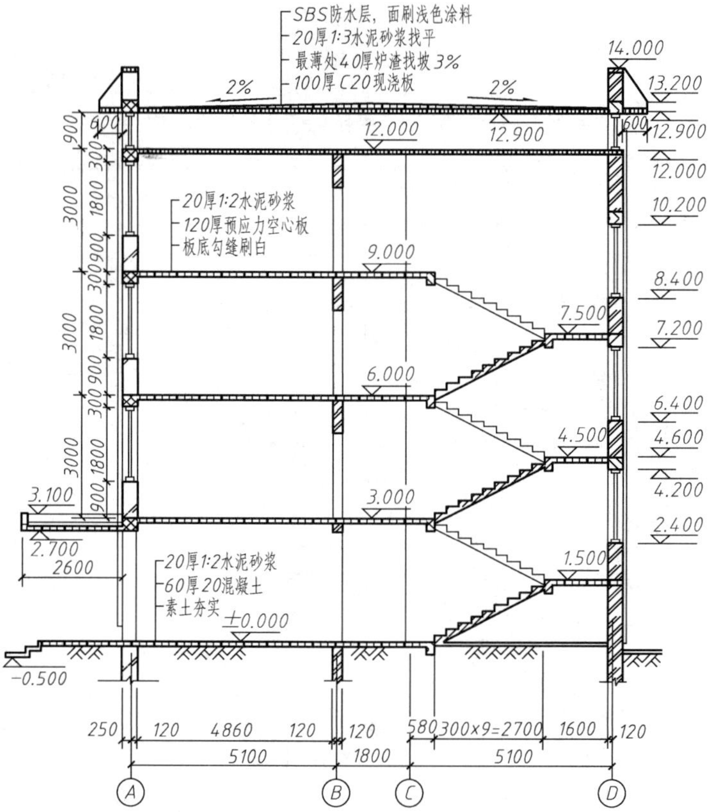

1—1剖面图 1:100

(c)

图 7.13　建筑剖面图的绘制方法和步骤（续）

（2）画建筑剖面图门窗洞口位置、楼梯平台、女儿墙、檐口及其他可见轮廓线，如图 7.13(b)所示。

（3）画各种梁的轮廓线及断面。

（4）画楼梯、台阶及其他可见的细节构件，并且绘出楼梯的材质。

（5）画尺寸界线、标高数字和相关注释文字。

（6）画索引符号及尺寸标注，如图 7.13(c)所示。

7.6　详图

7.6.1　墙身详图

墙身详图也称墙身大样图，实际上是建筑剖面图的有关部位的局部放大图。它主要表达墙身与地面、楼面、屋面的构造连接情况，以及檐口、门窗顶、窗台、勒脚、防潮层、散水、明沟的尺寸、材料、做法等构造情况，是砌墙、室内外装修、门窗安装、编制施工预算及材料估算等的重要依据。对房屋所有墙体而言，一般只需表达外墙身详图。墙身详图有时会在外墙身详图上引出分层构造，注明楼地面、屋顶等的构造情况，而在建筑剖面图中省略不标。

外墙剖面详图往往在门窗洞口断开，因此在门窗洞口处出现双折断线(该部位图形高度变小，但标注的窗洞竖向尺寸不变)，成为几个节点详图的组合。在多层房屋中，当各层的构造情况一样时，可只画墙脚、檐口和中间层(含门窗洞口)3 个节点，按上下位置整体排列。有时墙身详图不以整体形式布置，而将各个节点详图分别单独绘制，这时墙身详图也称墙身节点详图。

1. 墙身详图的图示内容

如图 7.14 所示，墙身详图的图示内容如下。

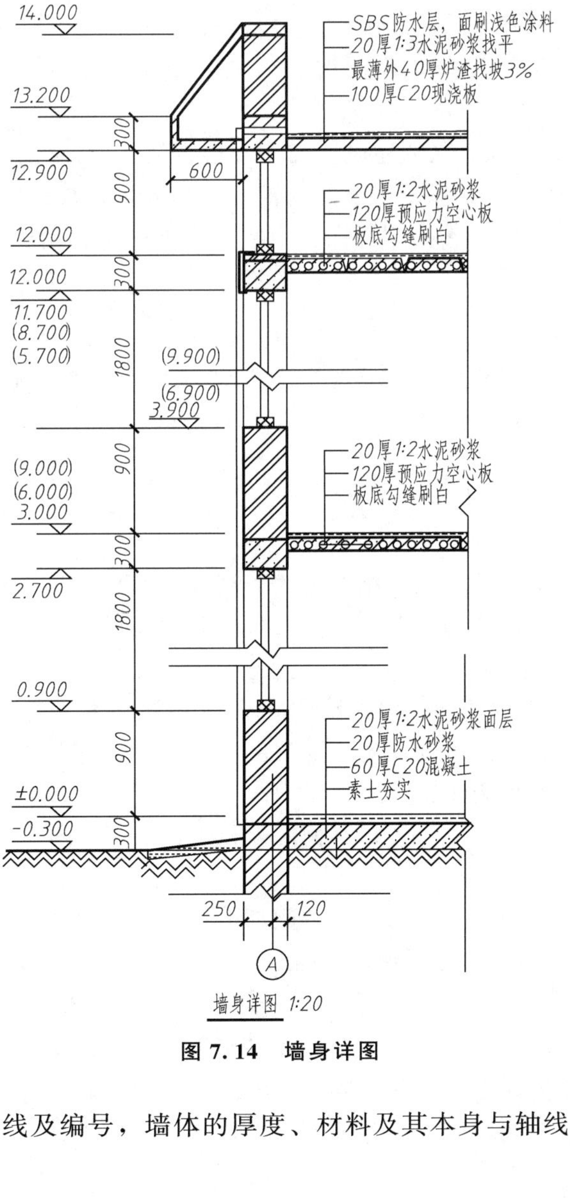

图 7.14　墙身详图

(1) 墙身的定位轴线及编号，墙体的厚度、材料及其本身与轴线的关系。

(2) 勒脚、散水节点构造。主要反映墙身防潮做法、首层地面构造、室内外高差、散水做法、一层窗台标高等。

(3) 标准层楼层节点构造。主要反映标准层梁、板等构件的位置及其与墙体的联系，构件表面抹灰、装饰等内容。

(4) 檐口部位节点构造。主要反映檐口部位包括封檐(如女儿墙或挑檐)、圈梁、过梁、屋顶泛水的构造，屋面保温、防水做法和屋面板等结构构件。

(5) 图中的详图索引符号等。

2. 墙身详图的阅读举例

(1) 如图 7.14 所示，该墙体为Ⓐ轴外墙、厚度为 365mm。

(2) 室内外高差为 0.300m，墙身防潮采用 20mm 厚防水砂浆，设置于首层地面垫层与面层交接处，一层窗台标高为 0.900m，首层地面做法从上至下依次为 20mm 厚 1∶2 水泥砂浆面层，20mm 厚防水砂浆，60mm 厚 C20 混凝土垫层，素土夯实。

(3) 标准层楼层构造为 20mm 厚 1∶2 水泥砂浆面层，120mm 厚预应力空心板，板底勾缝刷白；120mm 厚预应力空心板搁置于横墙上；标准层楼层标高分别为 3.000m、6.000m、9.000m。

(4) 屋顶采用架空 900mm 高的通风屋面，下层板为 120mm 厚预应力空心板，上层板为 100mm 厚 C20 现浇板；采用 SBS 防水层，面刷浅色涂料；檐口采用外天沟，挑出 600mm，为了使立面美观，外天沟用斜向板封闭，并外贴金黄色琉璃瓦。

特别提示

墙身详图详细表达了从地面到屋顶墙体各局部部位的详细做法，包括了墙身与地面、楼面、屋面等部位的构造连接做法。

7.6.2 楼梯详图

楼梯详图主要表示楼梯的类型和结构形式。楼梯是由楼梯段、休息平台、栏杆或栏板组成。楼梯详图主要表示楼梯的类型、结构形式、各部位的尺寸及装修做法等，是楼梯施工放样的主要依据。

楼梯详图一般分建筑详图与结构详图，应分别绘制并编入建筑施工图和结构施工图中。对于一些构造和装修较简单的现浇钢筋混凝土楼梯，其建筑详图与结构详图可合并绘制，编入建筑施工图或结构施工图。

楼梯详图一般有楼梯平面图、楼梯剖面图，以及踏步、栏杆和扶手等节点详图。

1. 楼梯平面图

楼梯平面图实际上是建筑平面图中楼梯间部分的局部放大图，如图 7.15 所示。

楼梯平面图通常要分别画出底层楼梯平面图、顶层楼梯平面图及中间各层的楼梯平面图。如果中间各层的楼梯位置、楼梯数量、踏步数、梯段长度都完全相同，则只画一个中间层楼梯平面图即可，这种相同的中间层的楼梯平面图称为标准层楼梯平面图。在标准层楼梯平面图中的楼层地面和休息平台上应标注出各层楼面及平台面相应的标高，其次序应由下而上逐一注写。

楼梯平面图主要表明梯段的长度和宽度、上行或下行的方向、踏步数和踏面宽度、楼

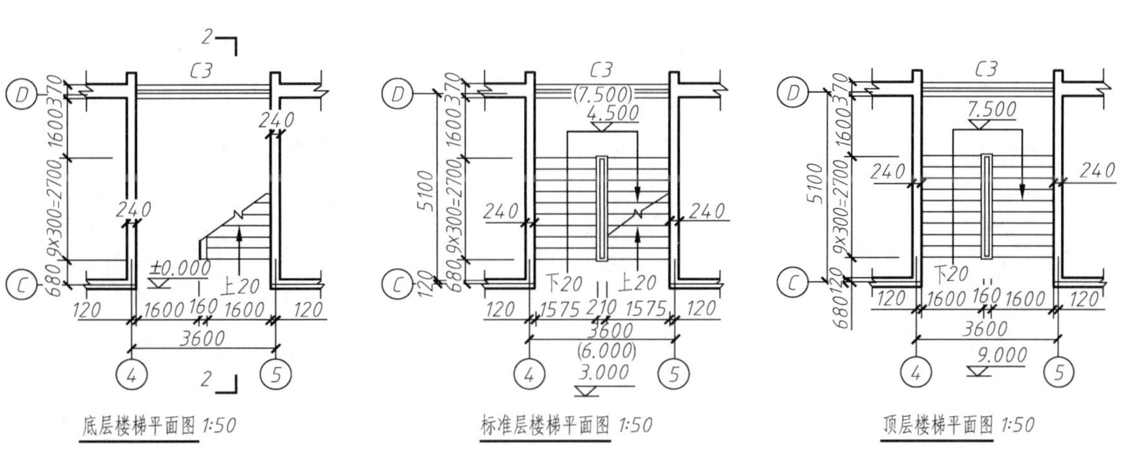

图 7.15 楼梯平面图

梯休息平台的宽度、栏杆扶手的位置及其他一些平面形状。

在楼梯平面图中，楼梯段被水平剖切后，其剖切线是水平线，而各级踏步也是水平线，为了避免混淆，剖切处规定画 45°折断符号，首层楼梯平面图中的 45°折断符号应以楼梯平台板与梯段的分界处为起始点画出，使第一梯段的长度保持完整。

在楼梯平面图中，梯段的上行或下行方向是以各层楼地面为基准标注的。向上者称为上行，向下者称为下行，并用长线箭头和文字在梯段上注明上行、下行的方向及踏步总数。

在楼梯平面图中，除注明楼梯间的开间和进深尺寸、楼地面和平台面的尺寸及标高外，还需标注出各细部的详细尺寸。通常用踏步数与踏步宽度的乘积来表示梯段的长度。通常 3 个平面图画在同一张图纸内，并互相对齐，这样既便于阅读，又可省略标注一些重复的尺寸。

(1) 楼梯平面图的读图方法。

① 了解楼梯或楼梯间在房屋中的平面位置。如图 7.15 所示，该楼梯间位于Ⓒ～Ⓓ轴与④～⑤之间。

② 熟悉楼梯段、楼梯井和休息平台的平面形式、位置，踏步的宽度和踏步的数量。如图 7.15 所示，该楼梯为等分双跑楼梯，楼梯井宽 160mm，梯段长 2700mm、宽 1600mm，平台宽 1600mm，每层 20 级踏步。

③ 了解楼梯间处的墙、柱、门窗平面位置及尺寸。如图 7.15 所示，该楼梯间处承重墙宽 240mm，外墙宽 370mm，外墙窗宽 3240mm。

④ 看清楼梯的走向及楼梯段起步的位置。楼梯的走向用箭头表示。

⑤ 了解各层平台的标高。如图 7.15 所示，该建筑一、二、三层平台的标高分别为 1.500m、4.500m、7.500m。

⑥ 在楼梯平面图中了解楼梯剖面图的剖切位置。

(2) 楼梯平面图的画法。

① 根据楼梯间的开间、进深尺寸，画楼梯间的定位轴线、墙身，以及楼梯段、楼梯平台的投影位置，如图 7.16(a)所示。

② 用平行线等分楼梯段，画出各踏面的投影，如图 7.16(b)所示。

③ 画出栏杆、楼梯折断线、门窗等细部内容，并画出定位轴线，标出尺寸、标高和楼梯剖切符号等。

④ 写出图名、比例、说明文字等，如图 7.16(c)所示。

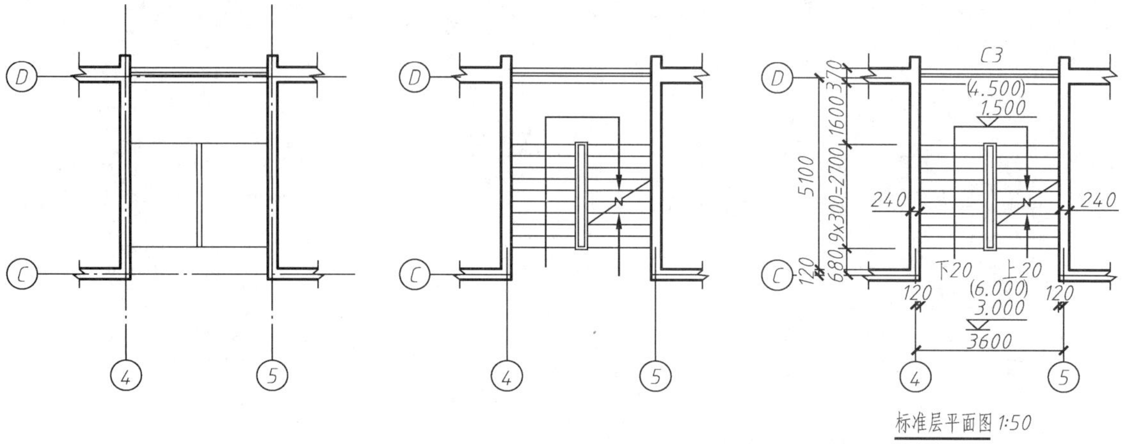

(a) (b) (c)

图 7.16　楼梯平面图的绘图步骤

2. 楼梯剖面图

楼梯剖面图实际上是建筑剖面图中楼梯间部分的局部放大图，如图 7.17 所示。

楼梯剖面图能清楚地注明各层楼地面的标高，楼梯段的高度，踏步的宽度、高度和级数，以及楼地面、楼梯平台、墙身、栏杆、栏板等的构造做法及其相对位置。

表示楼梯剖面图的剖切位置的剖切符号应在底层楼梯平面图中画出。剖切平面一般应通过第一跑，并位于能剖到的门窗洞口的位置上，剖切后向未剖到的梯段进行投影。

在多层建筑中，若中间层楼梯完全相同，则楼梯剖面图可只画出底层、中间层、顶层的楼梯剖面图，在中间层处用折断线符号分开，并在中间层的楼面和楼梯平台面上注写适用于其他中间层楼面的标高。若楼梯间的屋面构造做法没有特殊之处，一般则不再画出。

在楼梯剖面图中，应标注楼梯间的进深尺寸及轴线编号，各梯段和栏杆、栏板的高度尺寸，楼地面的标高及楼梯间外墙上门窗洞口的高度尺寸和标高。梯段的高度尺寸可用级数与踢面高度的乘积表示，应注意的是级数与踏面数相差为 1，即踏面数＝级数－1。

(1) 楼梯剖面图的读图方法。

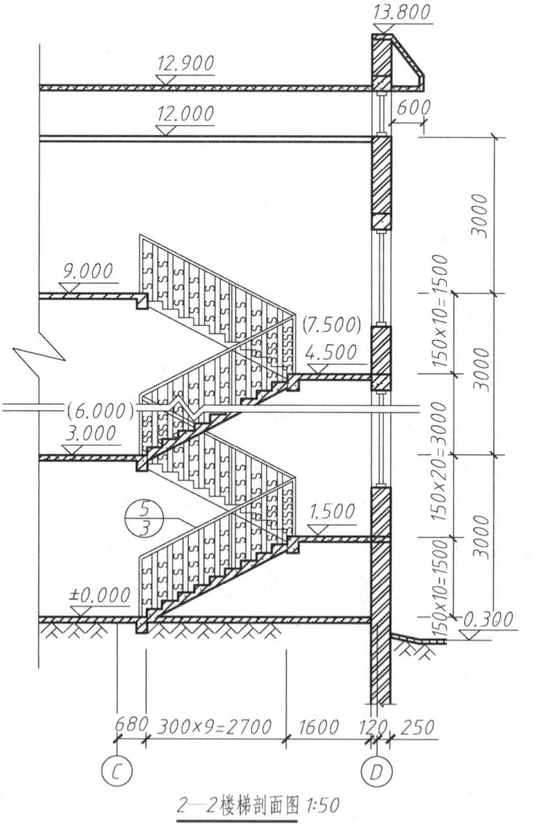

图 7.17　楼梯剖面图

① 了解楼梯的构造形式。如图 7.17 所示，该楼梯为双跑楼梯，采用现浇钢筋混凝土制作。

② 熟悉楼梯在竖向和进深方向的有关标高、尺寸和详图索引符号。该楼梯为双跑楼梯，楼梯平台标高分别为 1.500m、4.500m、7.500m。

③ 了解楼梯段、平台、栏杆、扶手等相互间的连接构造。

④ 明确踏步的宽度、高度及栏杆的高度。该楼梯踏步的踏面宽 300mm、踢面高 150mm，栏杆的高度为 1100mm。

(2) 楼梯剖面图的画法。

① 画定位轴线及各楼面、休息平台、墙身线，如图 7.18(a)所示。

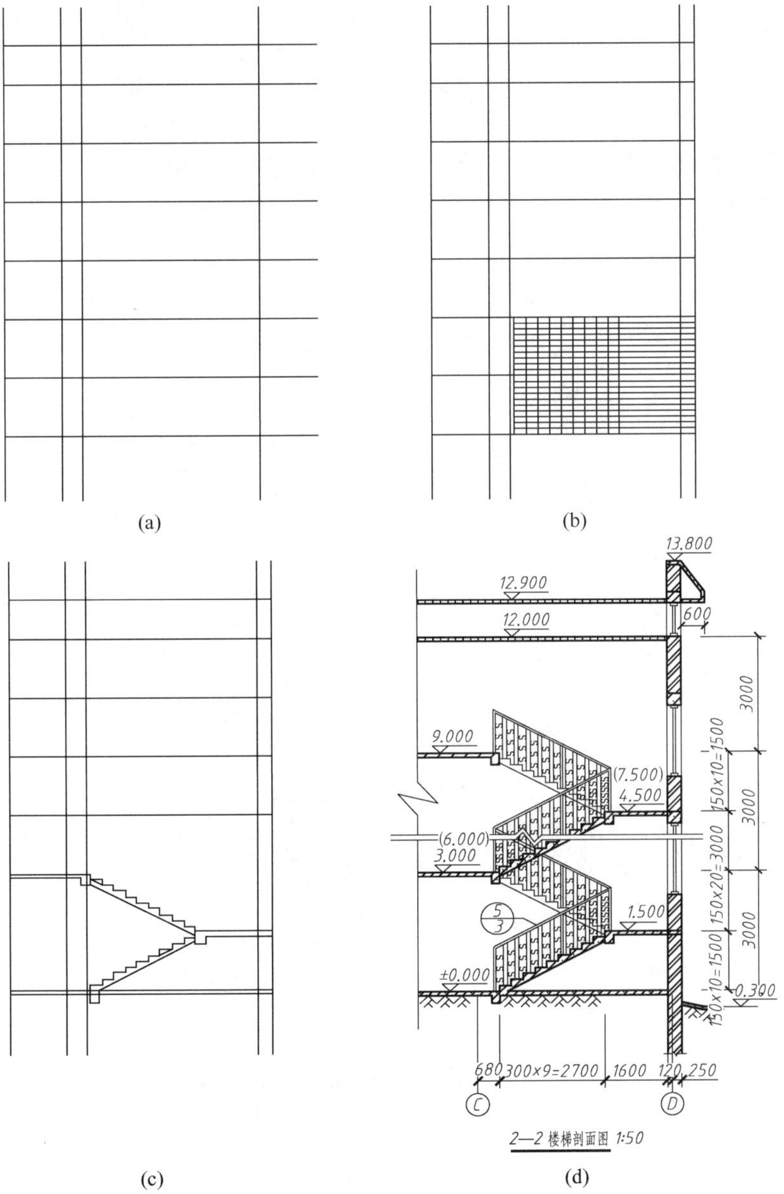

图 7.18 楼梯剖面图的绘图步骤

② 确定楼梯踏步的起点，用平行线等分的方法，画出楼梯剖面图上各踏步的投影，如图 7.18(b)所示。

③ 擦去多余线条，画楼地面、楼梯休息平台、踏步板的厚度，以及楼层梁、平台梁等其他细部内容，如图 7.18(c)所示。

④ 检查无误后，加深、加粗并画详图索引符号，最后标注尺寸、图名等，如图 7.18(d)所示。

3. 楼梯节点详图

楼梯节点详图主要是指踏步详图、栏杆详图及扶手详图。它们分别用索引符号与楼梯平面图或楼梯剖面图联系。

踏步详图表明踏步的截面尺寸、大小、材料及面层的做法。如图 7.19 所示，楼梯踏步的踏面宽 300mm，踢面高 150mm；现浇钢筋混凝土楼梯，面层为 1∶3 水泥砂浆找平。

栏杆与扶手详图主要表明栏杆及扶手的形式、大小、所用材料及其与踏步的连接等情况。图 7.19 所示楼梯扶手采用 ϕ50 无缝钢管，面刷黑色调和漆；栏杆用 ϕ18 圆钢制成，与踏步用预埋钢筋通过焊接连接。

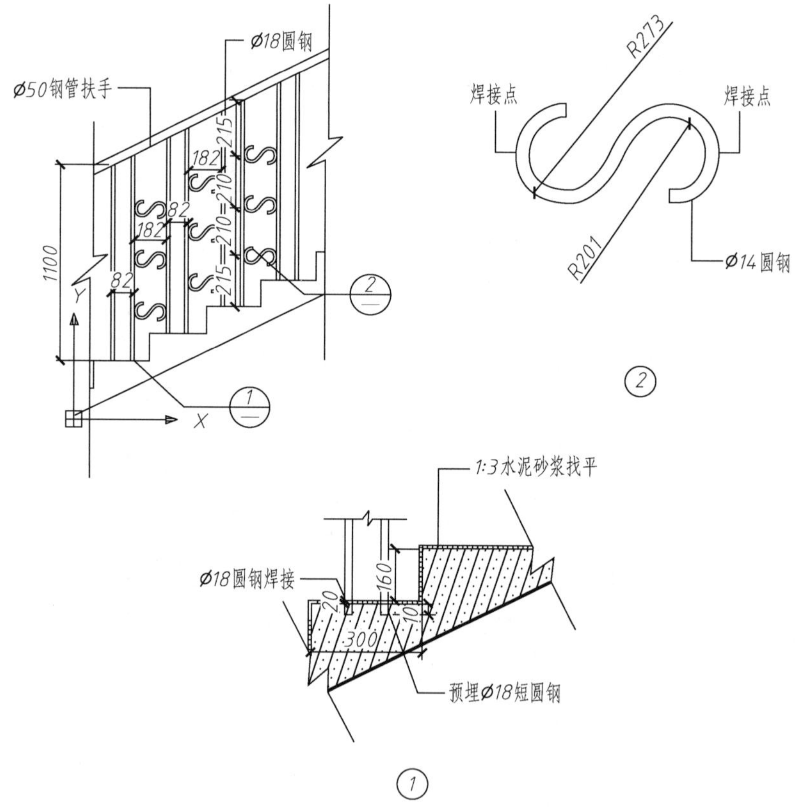

图 7.19　楼梯节点详图

特别提示

楼梯详图详细表达了楼梯各局部部位的详细做法，如楼梯的类型、结构形式、各部位的尺寸，以及踏步、栏杆、扶手等的详细做法。

4. 其他详图

在建筑、结构设计中，对大量重复出现的构配件，如门窗、台阶、面层做法等，通常采用标准设计，即由国家或地方编制的一般建筑常用的构配件详图，供设计人员选用，以减少不必要的重复劳动。在读图时要学会查阅这些标准图集。

特别提示

本章引例(5)的解答：详图分为建筑详图和结构详图，建筑详图是对建筑施工图中平面图、立面图和剖面图的补充，每栋房屋局部的详细构造、详细尺寸和施工做法是用建筑详图表示的。

7.7 工业厂房建筑施工图

工业建筑与民用建筑的显著区别是工业建筑必须满足工艺要求，此外一般还设置有吊车。多层工业厂房建筑施工图与民用建筑基本相同，本书主要介绍单层工业厂房建筑施工图。

7.7.1 单层工业厂房建筑平面图

1. 单层工业厂房建筑平面图图示内容

(1) 纵、横向定位轴线。

图 7.20 中①～⑥轴为横向定位轴线，⑦～⑩轴为纵向定位轴线，它们构成柱网，可以用来确定柱子的位置，横向定位轴线之间的距离确定厂房的柱距，纵向定位轴线之间的距离确定厂房的跨度。厂房的柱距决定屋架的间距和屋面板、吊车梁等构件的长度，车间跨度则决定屋架的跨度和吊车的轨距。本厂房的柱距为 6m，距度为 18m；由于平面为 L 形布置，⑥轴与⑦轴之间的距离应为墙厚＋变形缝尺寸＋600mm。厂房的柱距和跨度还应满足模数制的要求；纵、横向定位轴线是施工放线的重要依据。

(2) 墙体、门窗布置。

在平面图上需标明墙体，门窗的位置、型号和数量。门窗的表示方法和民用建筑相同，在表示门窗的图例旁边注写代号，门的代号是 M，窗的代号是 C，在代号后注写数字表示门窗的不同型号。单层工业厂房的墙体一般为自承重墙，主要起围护作用，一般沿四周布置。

(3) 吊车设置。

应标明吊车的起重量及吊车轮距，如图 7.20 所示。

(4) 辅助用房的布置。

辅助用房是为了实现单层工业厂房的功能而布置的，布置较简单，如本图中的⑦～⑧

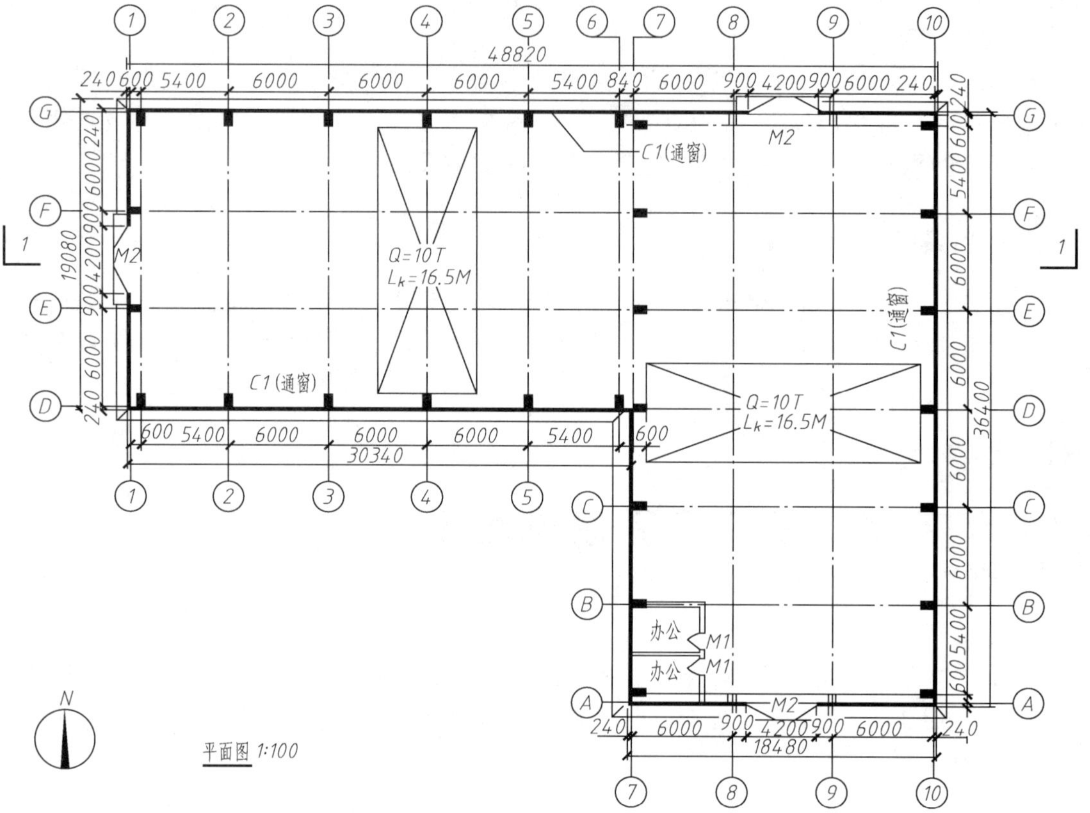

图 7.20 单层工业厂房建筑平面图

轴与Ⓐ～Ⓑ轴之间的两个办公室。

(5) 尺寸标注。

通常沿厂房长、宽两个方向分别标注 3 道尺寸：第一道尺寸是厂房的总长和总宽，第二道尺寸是定位轴线间的尺寸，第三道尺寸是门窗宽度及墙段尺寸。此外还有联系尺寸、变形缝尺寸等。

(6) 画出有关符号。

如指北针、剖切符号、索引符号，它们的用途与民用建筑相同。

2. 单层工业厂房建筑平面图阅读举例

(1) 了解厂房平面形状、朝向。如图 7.20 所示，根据工艺布置要求，本厂房采用 L 形平面布置，①～⑥轴车间坐北朝南。

(2) 了解厂房柱网布置，该厂房柱距为 6m，跨度为 18m。

(3) 了解厂房门窗位置、形状、开启方向。该厂房在南、北、西向分别设有一道大门，外墙上设有通窗。

(4) 了解墙体布置。墙体为自承重墙，沿外围布置，起围护作用。

(5) 了解吊车设置。本厂房吊车起重量为 10t，吊车轮距为 16.5m。

7.7.2 单层工业厂房建筑立面图

1. 单层工业厂房建筑立面图的图示内容

(1) 屋顶、门、窗、雨篷、台阶、雨水管等细部的形状和位置。

(2) 室外装修及材料做法等。

(3) 立面外貌及形状。

(4) 室内外地面、窗台、门窗顶、雨篷底面及屋顶等处的标高。

(5) 立面图两端的轴线编号、图名及比例。

2. 单层工业厂房建筑立面图阅读举例

(1) 如图 7.21 所示，本厂房为 L 形布置，在本立面设有一道大门，上方有一个雨篷，屋顶为两坡排水，设有外天沟，为有组织排水。

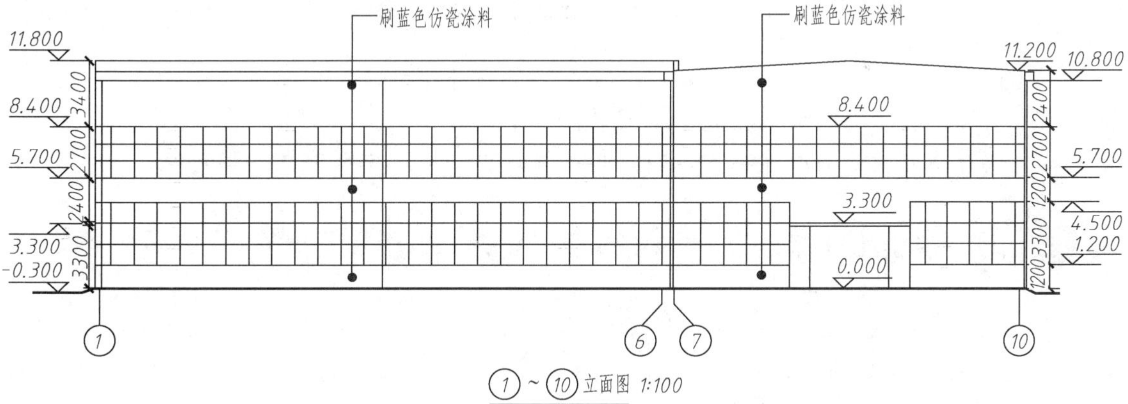

图 7.21 单层工业厂房建筑立面图

(2) 为了取得良好的采光通风效果，外墙上设有通窗。

(3) 本厂房室内外高差为 0.300m，下段窗台标高为 1.200m、窗顶标高为 4.500m，上段窗窗台标高为 5.700m、窗顶标高为 8.400m。

(4) 外墙装修为刷蓝色仿瓷涂料。

7.7.3 单层工业厂房建筑剖面图

1. 单层工业厂房建筑剖面图图示内容

(1) 标明厂房内部的柱、吊车梁断面，屋架、天窗架、屋面板，以及墙、门窗等构配件的相互关系。

(2) 各部位竖向尺寸和主要部位标高尺寸。

(3) 屋架下弦底面标高及吊车轨顶标高，它们是单层工业厂房的重要尺寸。

2. 单层工业厂房建筑剖面图阅读举例

(1) 如图 7.22 所示，本厂房采用钢筋混凝土排架结构，排架柱在 5.300m 标高处设有牛腿，牛腿上设有 T 形吊车梁，吊车梁梁顶标高为 5.700m，排架柱柱顶标高为 8.400m。

(2) 屋面采用屋架承重，屋面板直接支承在屋架上，为无檩体系。

(3) 厂房端部设有抗风柱，以协助山墙抵抗风荷载。

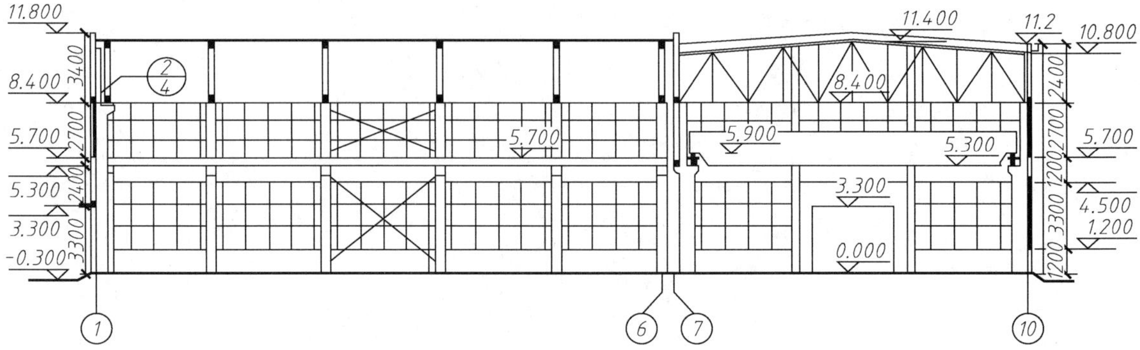

图 7.22 单层工业厂房建筑剖面图

(4) 在厂房中部设有柱间支撑，以增加厂房的整体刚度。

(5) 了解厂房屋顶做法，屋面排水设计。

(6) 在外墙上设有两道连系梁，以减少墙体计算高度，提高墙体的稳定性。

7.7.4 单层工业厂房建筑施工详图

为了清楚地反映厂房细部及构配件的形状、尺寸、材料做法等需要绘制详图。单层工业厂房建筑施工详图一般包括墙身剖面详图、屋面节点详图、柱节点详图。图 7.23 所示为单层工业厂房抗风柱与屋架连接详图。

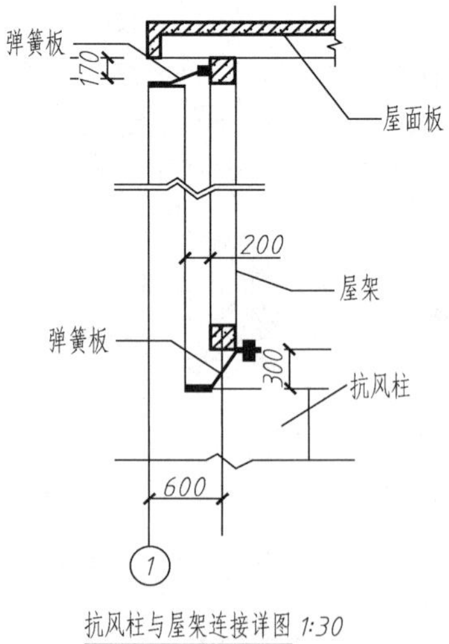

图 7.23 单层工业厂房抗风柱与屋架连接详图

特别提示

工业厂房有多层和单层之分，多层厂房一般是轻工业厂房，其图示内容和施工方法与民用建筑相似，单层工业厂房一般是重工业厂房，内部设有吊车，其图示内容和施工方法较为复杂，是学习的重点。

小　结

本章是重点章节，是前面章节知识的具体应用；本章知识应用性、实践性强，能否掌握本章知识，将关系到后续有关课程的学习。

本章主要介绍了以下内容。

(1) 施工图首页的作用、组成及各组成部分的作用。

(2) 建筑总平面图的形成、用途、图示内容、画法及识读方法。

(3) 建筑平面图的形成、用途、图示内容、画法及识读方法。

(4) 建筑立面图的形成、用途、图示内容、画法及识读方法。

(5) 建筑剖面图的形成、用途、图示内容、画法及识读方法。

(6) 墙身详图的形成、用途、图示内容及识读方法。

(7) 楼梯详图的形成、用途、图示内容及识读方法。

(8) 单层工业厂房的平、立、剖面图，以及详图的图示内容及识读方法。

学习本章除了要求掌握以上基本知识之外，关键在于以下能力的培养：培养自身的画图能力、识图能力，增强空间想象能力，使学生具备工程技术人员应有的最基本的制图、识图能力。

思考题

1. 建筑施工图由哪些部分组成？

2. 图纸目录的作用是什么？

3. 设计总说明的内容有哪些？

4. 工程做法表的作用是什么？

5. 建筑总平面图是如何形成的？有何作用？图示内容有哪些？

6. 建筑平面图是如何形成的？有何作用？图示内容有哪些？

7. 建筑立面图是如何形成的？有何作用？图示内容有哪些？

8. 建筑剖面图是如何形成的？有何作用？图示内容有哪些？

9. 墙身详图通常由哪些节点详图组成？图示内容有哪些？

10. 楼梯详图由哪些部分组成？楼梯平面图图示内容有哪些？楼梯剖面图图示内容有哪些？楼梯节点详图由哪些详图组成？

第8章 结构施工图

教学目标

通过学习结构施工图制图的有关规定，基础施工图的组成、图示内容及识读方法，结构平面布置图的形成、图示内容及识读方法，钢筋混凝土构件详图的组成、图示方法、图示内容及识读方法，建筑结构施工图平面整体表示法制图规则、柱和梁平面整体配筋图表示方法，单层工业厂房结构施工图等内容，熟练掌握基础平面图、基础详图、楼层结构平面布置图、钢筋混凝土构件详图的图示内容及识读方法，掌握平面整体表示法制图规则、柱和梁平面整体配筋图表示方法，熟悉结构施工图制图的有关规定，了解单层工业厂房结构施工图的图示内容和识读方法。

教学要求

能力目标	知识要点	权重
熟悉结构施工图制图的有关规定	结构制图的一般规定、钢筋的图样表示方法、钢筋的简化表示方法	10%
熟练掌握基础平面图、基础详图的图示内容及识读方法	基础平面图的形成和作用，基础平面图、基础详图的图示内容	20%
熟练掌握结构平面布置图的形成、图示内容及识读方法	楼层结构平面布置图、屋面结构平面布置图的图示内容和识读方法	25%
熟练掌握钢筋混凝土构件详图的图示内容及识读方法	梁的配筋图、板的配筋图、柱结构详图、楼梯结构详图	25%
掌握平面整体表示方法制图规则	柱、梁和板平面整体配筋图表示方法	15%
了解单层工业厂房结构施工图的图示内容和识读方法	单层工业厂房基础结构图、结构布置图、屋面配筋图的图示内容	5%

章节导读

结构施工图主要包括基础施工图、各层结构平面布置图和构件详图。结构施工图表明结构设计的各项内容和各工种对结构的要求，主要反映承重构件的布置情况、构件类型、尺寸大小及制作安装方法，是房屋施工的重要依据，也是编制工程预、决算的依据。

学习基础平面图、基础详图、楼层结构平面布置图、钢筋混凝土构件详图的图示内容及识读方法，学习平面整体表示法制图规则、柱和梁平面整体配筋图表示方法都是为了实现本章的学习目的，即正确识读结构施工图。学习民用建筑结构施工图的同时，了解单层工业厂房基础结构图、结构布置图、屋面配筋图的图示内容，可进一步提高识图能力。

引 例

请看以下两个图形。

(1) 图 8.0(a)所示为砖混结构房屋的构造组成，图 8.0(b)所示为框架结构房屋的构造

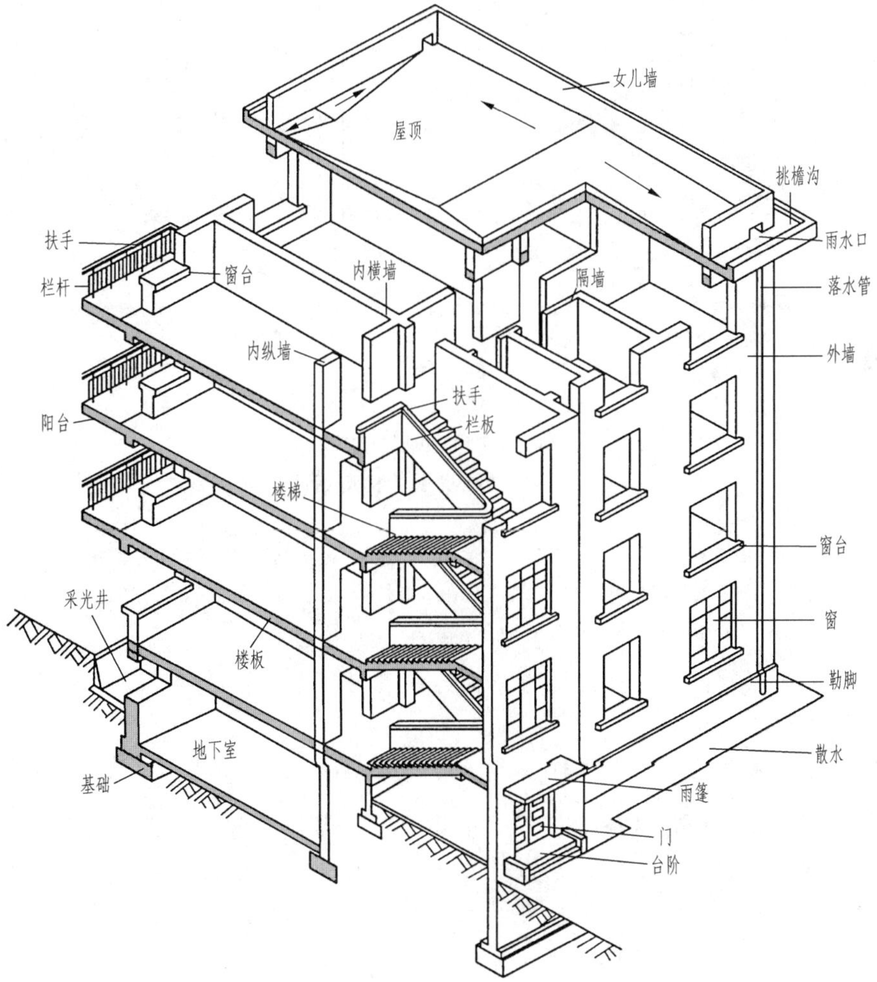

(a) 砖混结构房屋的构造组成

图 8.0 不同结构房屋的构造组成

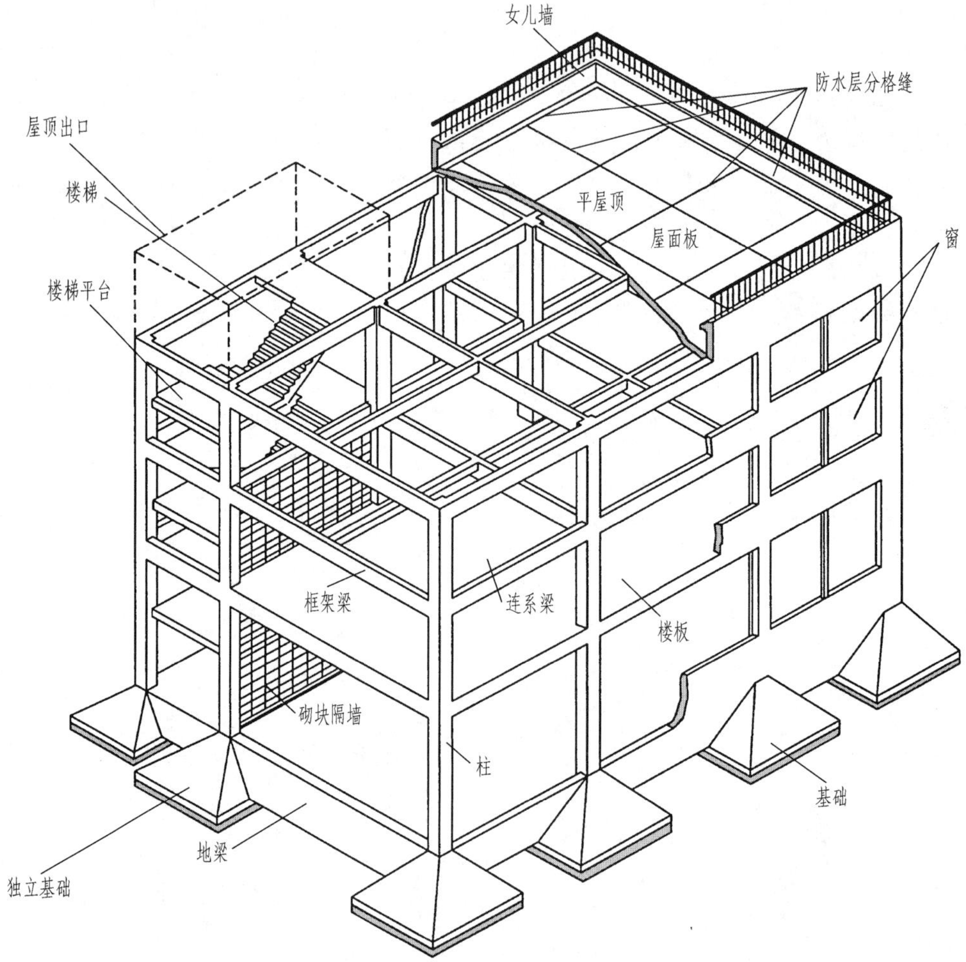

(b) 框架结构房屋的构造组成

图 8.0　不同结构房屋的构造组成（续）

组成，这两栋房屋的结构类型不同，它们的基础施工图表达的内容会相同吗？

(2) 这两栋房屋的竖向承重结构的材料相同吗？这两栋房屋的楼板类型相同吗？

(3) 这两栋房屋的水平承重结构的布置用什么图样表示？

(4) 每栋房屋的梁、板、柱、楼梯等构件的形状、大小、材料强度等级和制作安装用什么图样表示？

(5) 这两栋房屋的竖向承重结构的布置用什么图样表示？

建筑结构设计是房屋建筑设计过程中重要的组成部分，它是将建筑施工图所表达的空间关系转化为实体的过渡环节。结构设计考虑的是房屋的安全、骨架承载等，它以最经济的方法保障房屋建筑的安全性、适用性及耐久性，是建筑设计的保证，为建筑设计描绘的功能提供安全和经济的足够保证。

与建筑施工图一样，结构施工图作为工程施工的具体指导文件，也必须具备完整、翔实、清晰的图纸和文字说明。所以，结构施工图应包含从地下(地基处理、基础设计)到地上

(主体结构板、梁、柱等)的所有结构和构件的布置图和详图，在成套图纸中其具体内容和排列顺序是：结构设计说明、基础施工图、各层结构平面布置图、结构详图、其他结构详图。

结构设计说明是结构施工图的总体概述，主要内容有工程概况(结构部分)、结构设计依据、材料、基本结构构造和有关注意事项。结构设计说明通常单独编制，作为结构施工图的首页。如果内容不多，也可并入基础施工图，但必须放在首页。

基础施工图一般放在第二页，主要内容为基础平面布置图、基础详图及说明。对于地基需要处理的情况(如地基土的承载力不足、地基土的土质不均匀)，需增加地基处理图纸。

各层结构平面布置图、结构详图是表达建筑物地面以上部分主体结构平面布置、构件组成及详细构造的图纸，可按楼层顺序依次编号放在基础施工图的后面。

8.1 结构施工图有关规定

结构施工图的绘制既要满足《房屋建筑制图统一标准》(GB/T 50001—2017)的规定，还应遵照《建筑结构制图标准》(GB/T 50105—2010)的相关要求。

《建筑结构制图标准》(GB/T 50105—2010) 是针对建筑结构设计的具体专业制图标准，包含5个章节的内容，分别是总则、一般规定、混凝土结构、钢结构和木结构。

为了正确识读和绘制结构施工图，现对《房屋建筑制图统一标准》(GB/T 50001—2017) 和《建筑结构制图标准》(GB/T 50105—2010) 中的一般规定和混凝土结构部分的内容做详细的介绍。

8.1.1 结构施工图的一般规定

绘制结构施工图必须遵循一定的规则，否则不同的设计师绘制的图纸表达方法差异很大，会影响施工人员的读图。为了将最基本的图纸表达方式统一起来，就必须制定一系列规定。这些规定一般为强制性规定，即国家制图标准，需遵照执行。

1. 图线

结构施工图中所用图线的线型和线宽见表8-1。

表8-1 图线

名称		线型	线宽	一般用途
实线	粗	————	b	螺栓线、钢筋线，结构平面图中的单线结构构件线，钢木支撑及系杆线，图名下的横线、剖切线
	中粗	————	$0.7b$	结构平面图及详图中剖到或可见的墙身轮廓线，基础轮廓线，钢、木结构轮廓线，钢筋线
	中	————	$0.5b$	结构平面图及详图中剖到或可见的墙身轮廓线、基础轮廓线，可见的钢筋混凝土构件轮廓线、钢筋线
	细	————	$0.25b$	标注引出线、标高符号线、索引符号线、尺寸线

续表

名称		线型	线宽	一般用途
虚线	粗		b	不可见的钢筋线、螺栓线，结构平面图中不可见的单线结构构件线及钢、木支撑线
	中粗		$0.7b$	结构平面图中的不可见构件、墙身轮廓线，不可见的钢、木结构构件线，不可见的钢筋线
	中		$0.5b$	结构平面图中的不可见构件、墙身轮廓线，不可见的钢、木结构构件线，不可见的钢筋线
	细		$0.25b$	基础平面图中的管沟轮廓线、不可见的钢筋混凝土构件轮廓线
单点长画线	粗		b	柱间支撑、垂直支撑、设备基础轴线图中的中心线
	细		$0.25b$	定位轴线、对称线、中心线、重心线
双点长画线	粗		b	预应力钢筋线
	细		$0.25b$	原有结构轮廓线
折断线			$0.25b$	断开界线
波浪线			$0.25b$	断开界线

2. 比例

结构施工图中应根据绘制部分的用途及其复杂程度选用结构制图比例(表8－2)，特殊情况下也可选用可用比例。

表8－2　结构制图比例

图名	常用比例	可用比例
结构平面图、基础平面图	1∶50、1∶100、1∶150	1∶60、1∶200
圈梁平面图、总图中管沟、地下设施等	1∶200、1∶500	1∶300
结构详图	1∶10、1∶20、1∶50	1∶5、1∶25、1∶30

当构件的纵横向断面尺寸相差悬殊时，纵横向可采用不同的比例绘制，轴线尺寸和构件尺寸也可选用不同的比例绘制。

目前在很多结构设计师中流行的绘图习惯是，绘图时根据绘图习惯选择绘图比例，但在图纸中并不标明比例的大小，只是所有的尺寸严格按实体标注。由此可以看出结构施工图主要是通过尺寸标注表达空间关系的，对比例要求没有建筑施工图那么高。

3. 图样画法

(1) 结构施工图应采用正投影法绘制，特殊情况下也可采用仰视投影绘制。

(2) 结构平面布置图中，构件采用轮廓线表示，能单线表示清楚的可用单线表示；定位轴线应与建筑平面图或建筑总平面图一致，不同平面高度处需要标注结构标高。

(3) 当结构平面布置图中若干部分相同时，可只绘制其中的一部分，其余部分用分类符号表示或用构件代号表示。分类符号用直径 8mm 或 10mm 的细实线圆圈，里面标注大写拉丁字母。例如，绘制某一层楼板的钢筋图时，这一层楼的板可以分为若干块，当其中几块板的配筋相同时，可以只对其中一块板详细绘制钢筋配置，其他板块采用与这块板同样的板号即可。

(4) 构件的名称采用代号表示，代号后面采用阿拉伯数字标注构件的型号或编号，也可为顺序号，顺序号为不带角标的连续数字，如 L1、L2 等，而不是 L_1、L_2 等。常用的构件代号见表 8-3。

表 8-3 常用的构件代号

序号	名称	代号	序号	名称	代号	序号	名称	代号
1	板	B	19	圈梁	QL	37	承台	CT
2	屋面板	WB	20	过梁	GL	38	设备基础	SJ
3	空心板	KB	21	连系梁	LL	39	桩	ZH
4	槽形板	CB	22	基础梁	JL	40	挡土墙	DQ
5	折板	ZB	23	楼梯梁	TL	41	地沟	DG
6	密肋板	MB	24	框架梁	KL	42	柱间支撑	ZC
7	楼梯板	TB	25	框支梁	KZL	43	垂直支撑	CC
8	盖板或沟盖板	GB	26	屋面框架梁	WKL	44	水平支撑	SC
9	挡雨板或檐口板	YB	27	檩条	LT	45	梯	T
10	吊车安全走道板	DB	28	屋架	WJ	46	雨篷	YP
11	墙板	QB	29	托架	TJ	47	阳台	YT
12	天沟板	TGB	30	天窗架	CJ	48	梁垫	LD
13	梁	L	31	框架	KJ	49	预埋件	M
14	屋面梁	WL	32	刚架	GJ	50	天窗端壁	TD
15	吊车梁	DL	33	支架	ZJ	51	钢筋网	W
16	单轨吊车梁	DDL	34	柱	Z	52	钢筋骨架	G
17	轨道连接	DGL	35	框架柱	KZ	53	基础	J
18	车挡	CD	36	构造柱	GZ	54	暗柱	AZ

(5) 桁架式结构的几何尺寸图可采用单线图表示。杆件的轴线长度尺寸应标注在杆件的上方。

当杆件的布置和受力对称时，可在单线图的左半部分标注杆件的几何轴线尺寸，右半部分标注杆件的内力值或反力值(根据个人的绘图习惯)；非对称结构中，可在单线图中水平杆件的上方标注杆件的几何轴线尺寸，杆件的下方标注杆件的内力值或反力值；竖杆则在左侧标注几何轴线尺寸，右侧标注内力值或反力值。

(6) 结构平面图中的剖面图、断面详图的编号顺序宜按下列顺序编排。

① 外墙按顺时针方向从左下角开始编号。

② 内横墙从左至右、从上至下编号。

③ 内纵墙从上至下、从左至右编号。

特别提示

结构施工图中的图形要求、常用比例和投影方法与建筑施工图类似，但结构施工图中承重构件较多，构件的名称采用代号表示，不同平面处的标高一般标注的是结构标高。

(7) 构件详图中，当纵向较长(或纵、横向都较长)、重复较多时，可用折断线断开，绘制保留部分，适当省去重复部分以使图纸简化。

8.1.2 混凝土结构制图的有关规定

1. 钢筋的图样表示方法

(1) 钢筋的图样表示方法应符合表 8－4～表 8－7 的规定。

表 8－4 普通钢筋图样表示方法

序号	图名	图例	序号	图名	图例
1	带半圆弯钩的钢筋搭接		6	钢筋横断面	
2	带半圆弯钩的钢筋端部		7	花篮螺栓钢筋接头	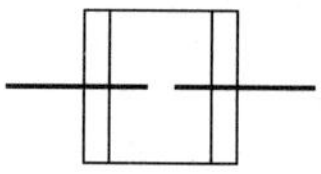
3	带丝扣的钢筋端部		8	机械连接的钢筋接头	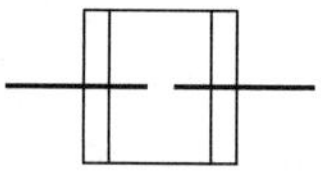
4	带直钩的钢筋搭接		9	无弯钩的钢筋接头	
5	带直钩的钢筋端部		10	无弯钩的钢筋端部	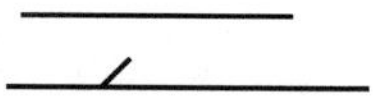

表 8－5 预应力钢筋图样表示方法

序号	图名	图例	序号	图名	图例
1	固定端锚具		5	锚具的端视图	
2	固定连接件	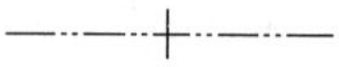	6	可动连接件	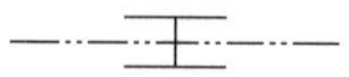
3	后张法预应力钢筋断面		7	预应力钢筋或钢绞线	
4	单根预应力钢筋断面		8	张拉端锚具	

表 8－6　钢筋网片图样表示方法

序号	图名	图例	序号	图名	图例
1	一片钢筋网平面图	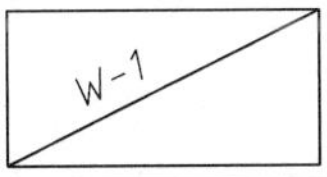	2	一行相同的钢筋网平面图	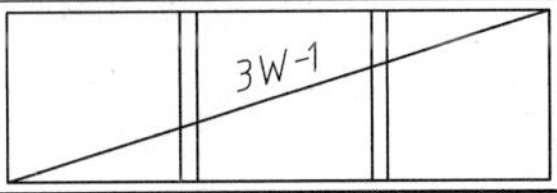

表 8－7　钢筋的焊接接头图样表示

序号	名称	接头形式	标注方法
1	单面焊接的钢筋接头	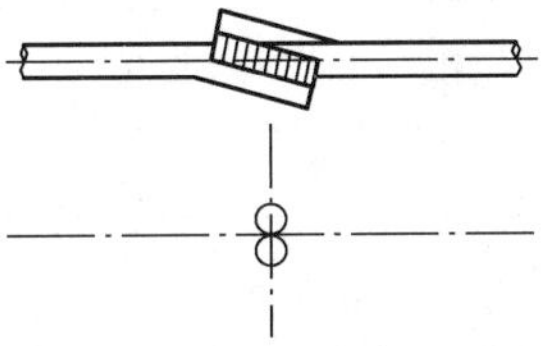	
2	双面焊接的钢筋接头	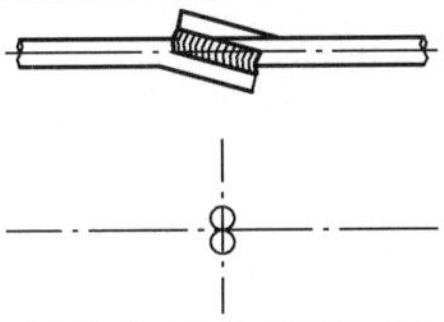	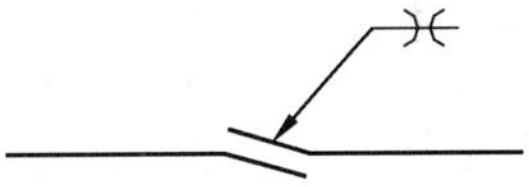
3	用帮条单面焊接的钢筋接头	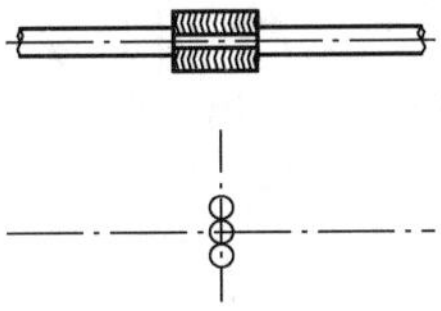	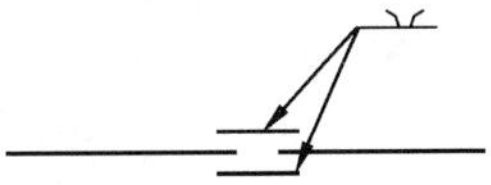
4	用帮条双面焊接的钢筋接头	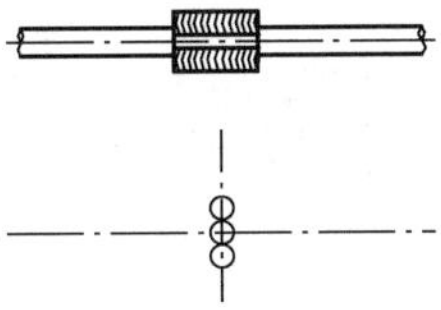	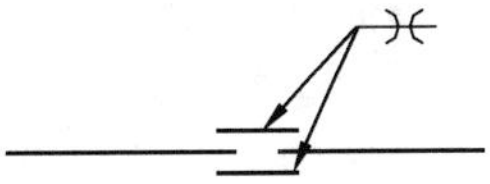
5	接触对焊的钢筋接头		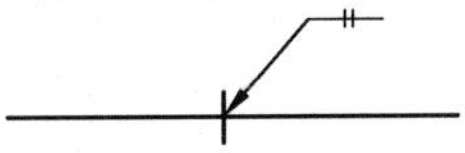
6	坡口平焊的钢筋接头	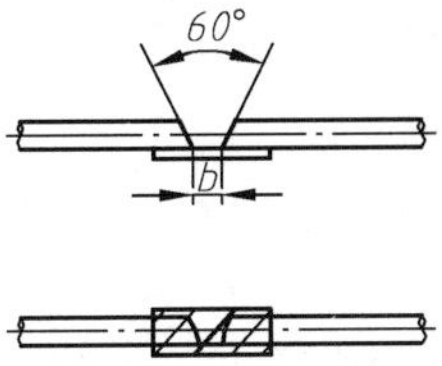	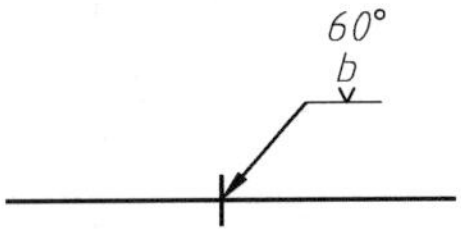
7	坡口立焊的钢筋接头	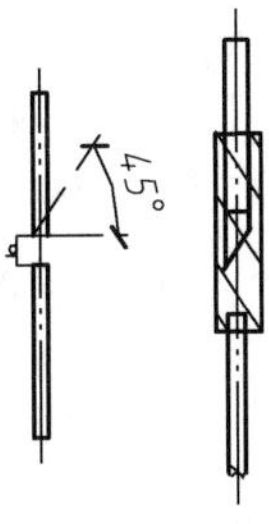	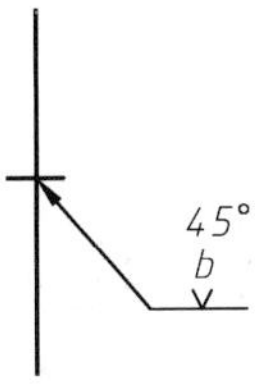

续表

序号	名称	接头形式	标注方法
8	用角钢或扁钢做连接板焊接的钢筋接头	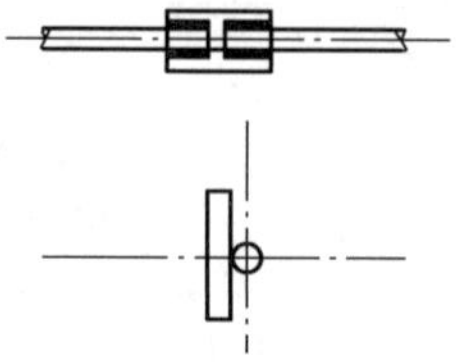	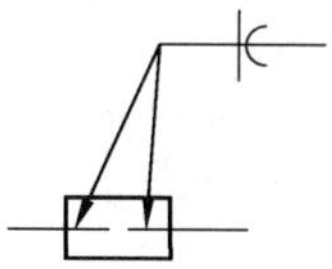
9	钢筋或螺(锚)栓与钢板穿孔塞焊的接头	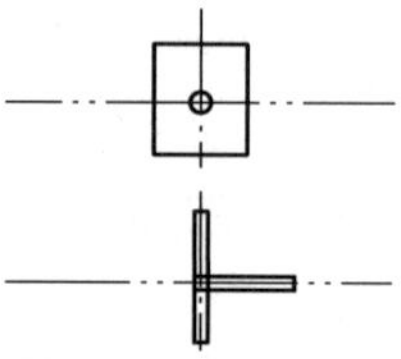	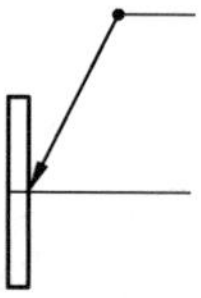

(2) 钢筋的构造画法应符合表 8-8 的规定。

表 8-8 钢筋的构造画法

序号	说明	图例
1	在结构平面图中配置双层钢筋时，底层钢筋的弯钩应向上或向左，顶层钢筋的弯钩应向下或向右	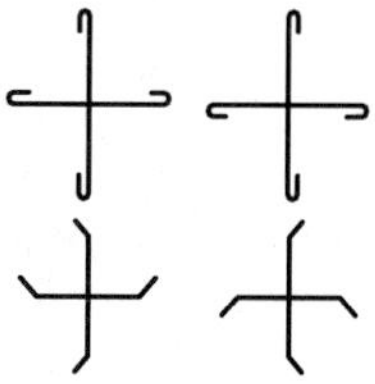
2	钢筋混凝土配双层钢筋时，在钢筋立面图中，远面钢筋的弯钩应向上或向左，近面钢筋的弯钩应向上或向右(JM表示近面，YM表示远面)	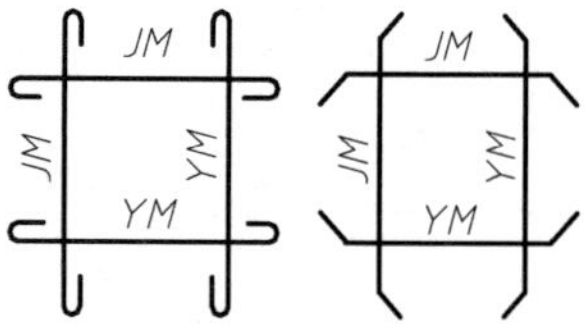
3	若在断面图中不能表达清楚的钢筋布置，应在断面图外增加钢筋大样图(如钢筋混凝土墙、楼梯等)	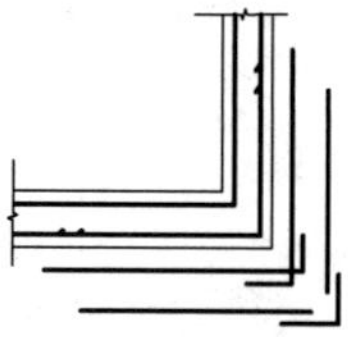
4	图中所表示的钢筋、环筋等若布置复杂时，可加画钢筋大样图及说明	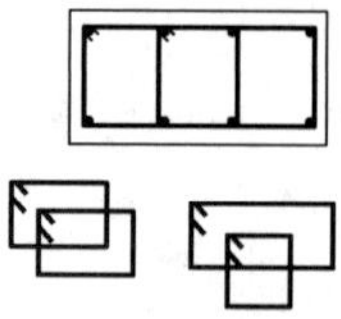
5	每组相同的钢筋、箍筋或环筋，可用一根粗实线表示，同时用一两端带斜短画线的横穿细线，表示其余钢筋及起止范围	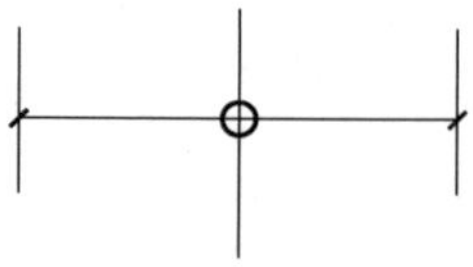

(3) 钢筋的标注：钢筋在平、立、剖面图中的表示方法如图 8.1～图 8.3 所示。

(4) 箍筋的标注方法如图 8.4 所示。

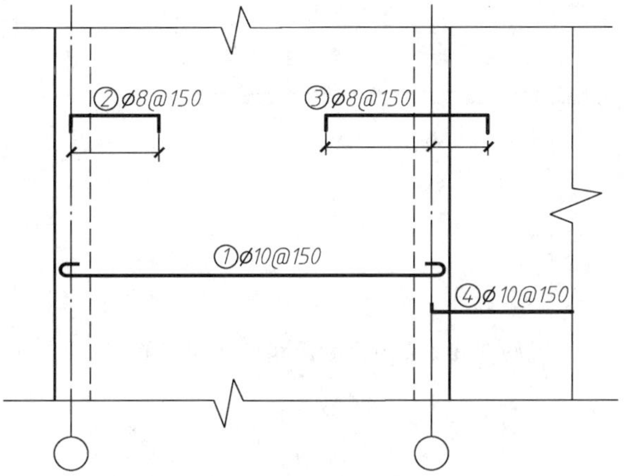

图 8.1 钢筋在平面图中的表示方法

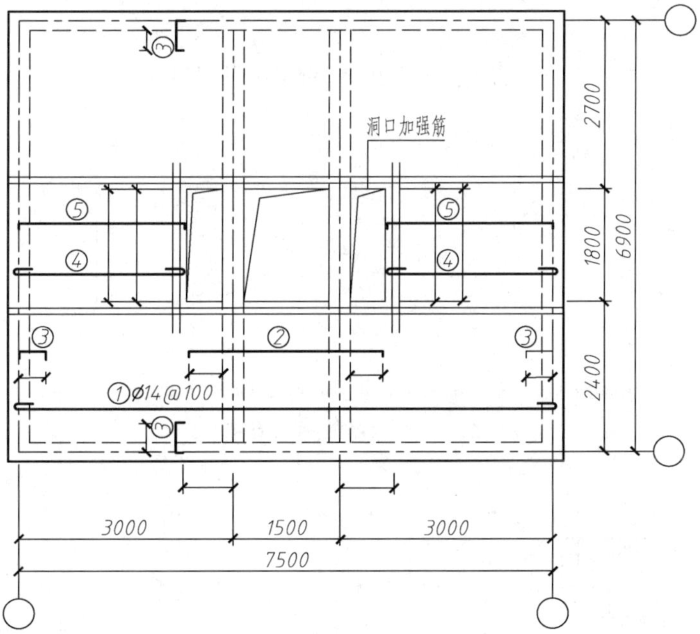

图 8.2 复杂平面内的配筋图

2. 钢筋的简化表示方法

(1) 当构件对称时，钢筋网片可用 1/2 或 1/4 表示，如图 8.5 所示。

(2) 配筋简单的钢筋混凝土结构可按下列规定绘制配筋平面图。独立基础宜在平面模板图的左下角绘制样条曲线，只画出曲线以外部分的钢筋，标注钢筋的直径和间距，如图 8.6(a) 所示；其他构件则宜在某一部分画出钢筋，标注钢筋的直径和间距，如图 8.6(b)所示。

(3) 对称的钢筋混凝土构件，可在同一图样中一半绘制模板图，另一半绘制配筋图，如图 8.7 所示。

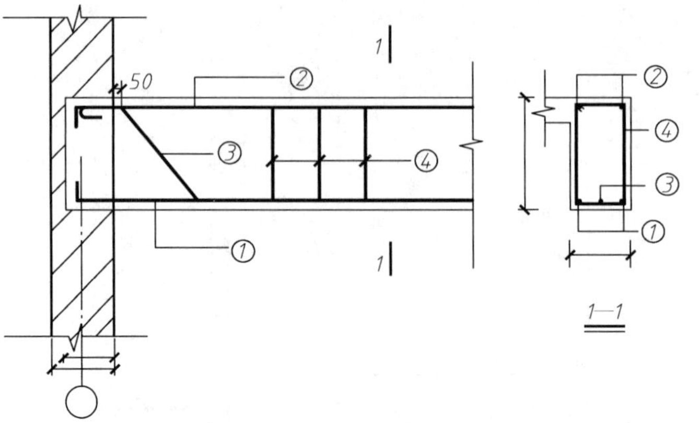

图 8.3　梁的纵断面和横断面配筋图

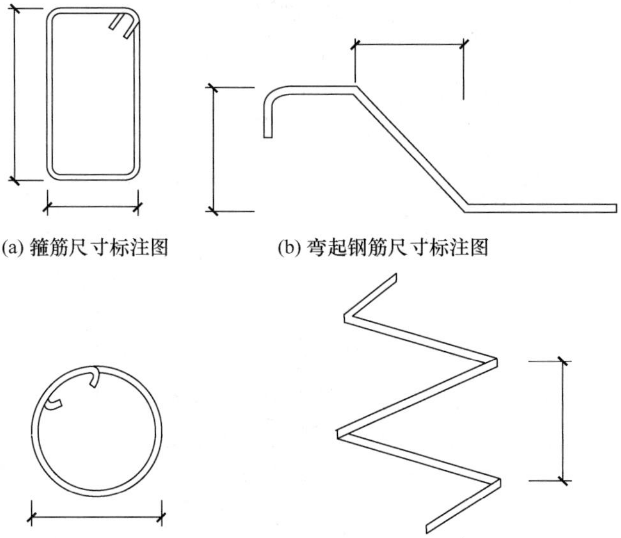

(a) 箍筋尺寸标注图　　(b) 弯起钢筋尺寸标注图

(c) 环形钢筋尺寸标注图　　(d) 螺旋钢筋尺寸标注图

图 8.4　箍筋的标注方法

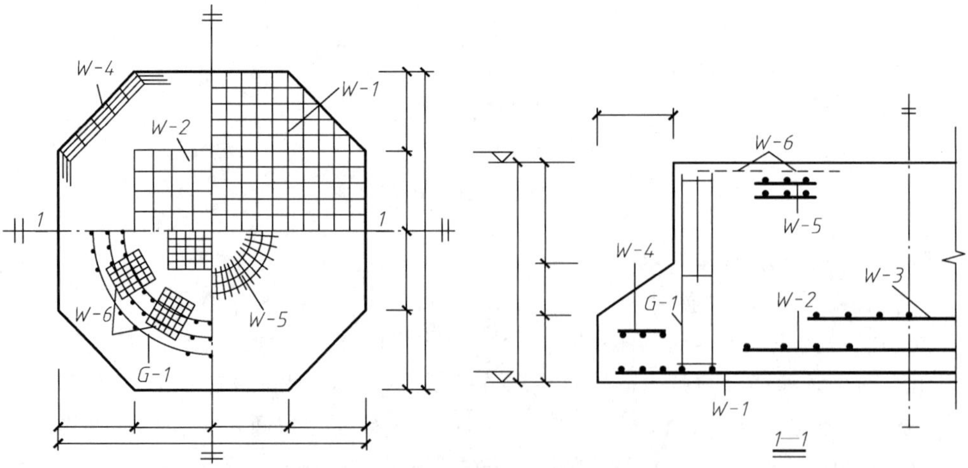

图 8.5　对称构件的配筋简化表示方法

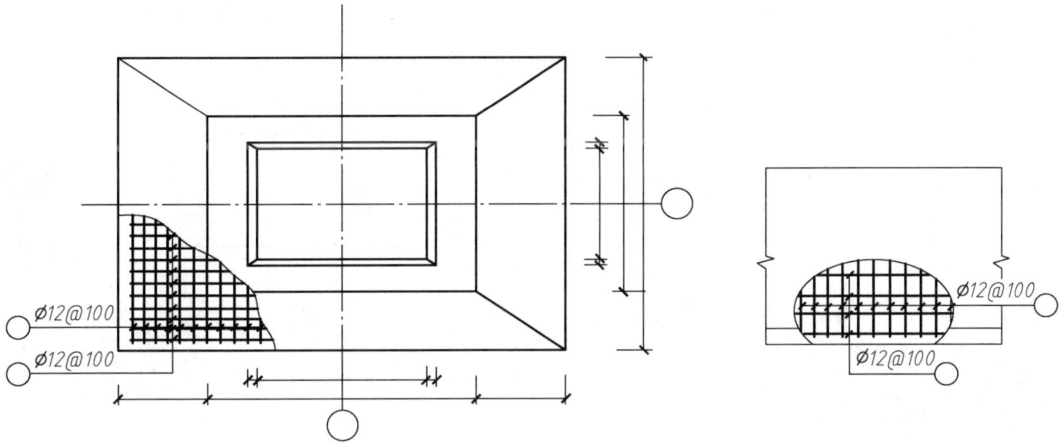

(a) 独立基础　　(b) 其他构件

图 8.6　配筋简单的钢筋混凝土结构配筋简化表示方法

3. 预埋件、预留孔洞的表示方法

(1) 当混凝土构件上单面设有预埋件时，可在平面图或立面图上表示，用引出线指向预埋件，并标注预埋件的代号，如图 8.8 所示。

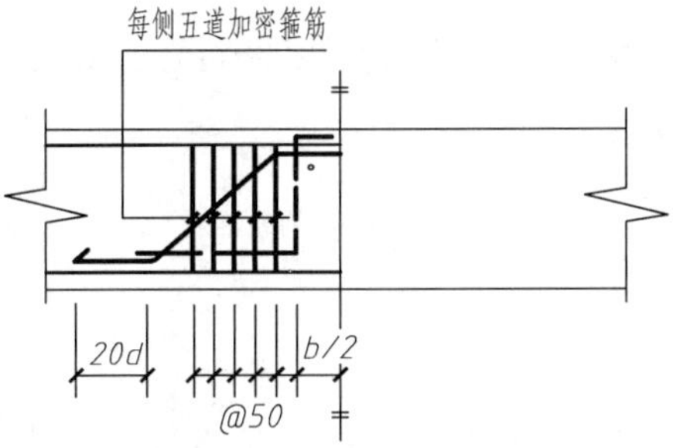

图 8.7　对称的钢筋混凝土构件的配筋简化表示方法

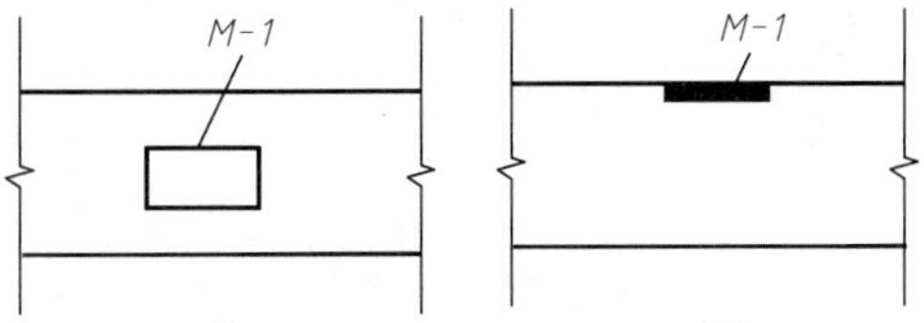

(a)　　(b)

图 8.8　单面设有预埋件的表示方法

(2) 当混凝土构件的正反两面在同一位置均设有预埋件时，引出线为一条实线和一条虚线，同时指向预埋件。预埋件相同时，引出横线上标注正面和反面预埋件代号，如图 8.9(a)所示；预埋件不同时，引出横线上方标注正面预埋件代号，引出横线下方标注反面预埋件代号，如图 8.9(b)所示。

(3) 当构件上设有预留孔、洞或预埋套管时，可在平面图或断面图中表示。用引出线指向预留(埋)位置，引出横线上方标注预留孔、洞的尺寸或预埋套管的外径，引出横线下方标注预留孔、洞及预埋套管的中心标高和底标高，如图 8.10 所示。

特别提示

识读结构施工图前，应熟悉各种钢筋的表达方式，特别是钢筋的构造表达方法、钢筋的标注方法、预埋件和预留孔洞的表达方法。

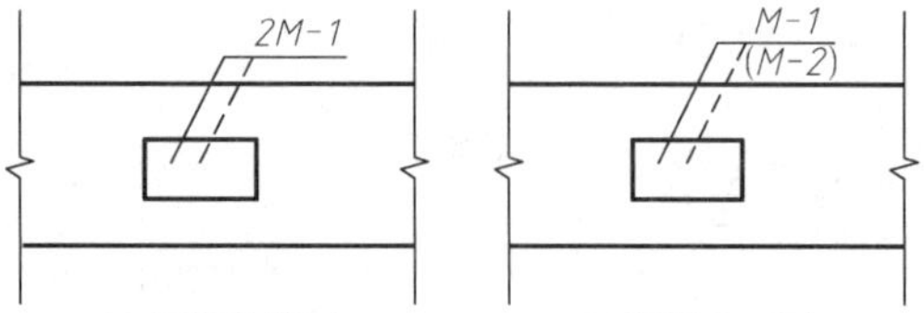

(a) 预埋件相同　(b) 预埋件不同

图 8.9　同一位置正反两面设有预埋件的表示方法

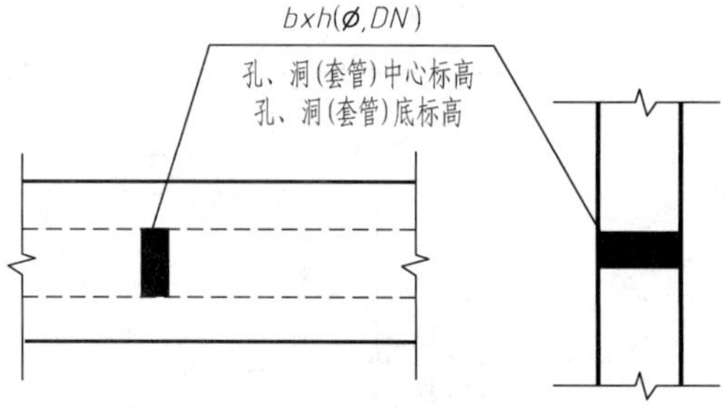

图 8.10　预留孔、洞及预埋套管的表示方法

8.2　基础施工图

8.2.1　基础施工图的组成

基础施工图一般包括基础平面图、基础详图和文字说明 3 部分，尽量将这 3 部分内容编排在同一张图纸上，以便看图。

8.2.2　基础平面图

1. 基础平面图的形成和作用

基础平面图是用一个假想的水平面在室内地面以下的位置将房屋全部切开，并将房屋的上部移去，对该平面以下的建筑结构部分向下作正投影而形成的水平剖面图。在结构施工图中只绘制承重构件，因此投影时将回填土看成是透明体，忽略不画。被剖切到的柱子涂黑，基础的全部轮廓为可见线，应用中实线表示。垫层省略不画，在文字中说明，基础的外围轮廓线是基础宽度的边线，不是垫层的边线。

基础平面图主要表示基础和基础梁的平面尺寸、编号、布置、配筋(平法)情况，也反映了基础和基础梁与墙(柱)和定位轴线的位置关系。基础平面图是基础施工放线和配筋的主要依据。

2. 基础平面图的图示内容

图 8.11 所示为某建筑的条形基础平面图，图 8.12 所示为某建筑的独立基础平面图，从图中可以看出，基础平面图包括以下内容。

(1) 图名和比例。图上用标注尺寸表示建筑物结构的实际尺寸，省略了比例。

(2) 定位轴线及编号。应与建筑平面图一致。

(3) 尺寸和标高。基础平面图中的尺寸标注比较简单，在基础平面图的外围，通常只标注轴线间的尺寸；在基础平面图的内部，应详细标注基础的长度、宽度(或圆形基础的直径)及定位尺寸，尤其是异形基础和局部不同的基础。如果基础规整而简单，则基础的尺

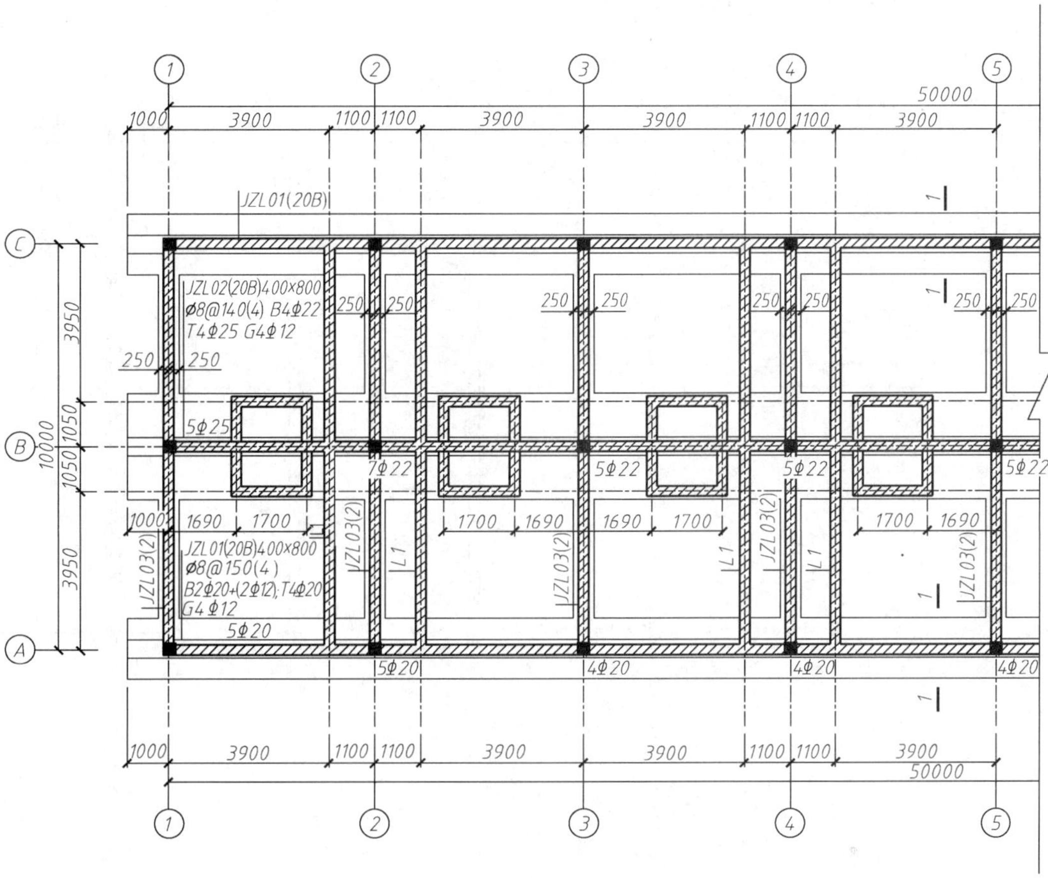

图 8.11 某建筑的条形基础平面图

说明：结构基础梁预留排水管孔洞做法详见大样，定位详见给排水施工图。

寸可直接根据断面编号在详图中查找。基础平面图各部分的标高详见基础设计说明或基础详图。

(4) 柱、构造柱、基础的水平投影及相应编号。柱、构造柱必须与底层平面图一致，因为这些主要竖向承重结构不能悬在空中或仅在基础中设置。基础平面图中柱、构造柱一般涂深色，且按照一定的顺序统一编号(如有单独的柱网布置图，在基础平面图中则可以省略柱及构造柱的编号)。构造柱不单独承重，主要起提高墙体整体性的作用。如果是砌体结构，墙体起承重作用，则在结构施工图中需要绘制，如图 8.11 所示；如果是框架结构，墙体主要起围护作用，则在结构施工图中一般不必绘制，如图 8.12 所示。基础的投影通常只画出基础底面的轮廓线、基础侧面的交线，其他的细部轮廓线如基础大放脚的台阶边线可以不画。

(5) 基础构件配筋。

(6) 基础详图(断面)的剖切符号及编号，如图 8.11 中的 1—1 断面及图 8.12 中的 1—1 断面和 2—2 断面。

(7) 预留孔洞、预埋件等。某些地下管道(如排污管)可能需要穿过基础墙体，则应在基础平面图中用虚线表示，并标明预留孔洞的位置和标高；某些地下设施(如电施图中的避雷网或接地保护)可能与基础中的钢筋相连或穿越基础，则应在基础平面图中详细标明其位置和标高。

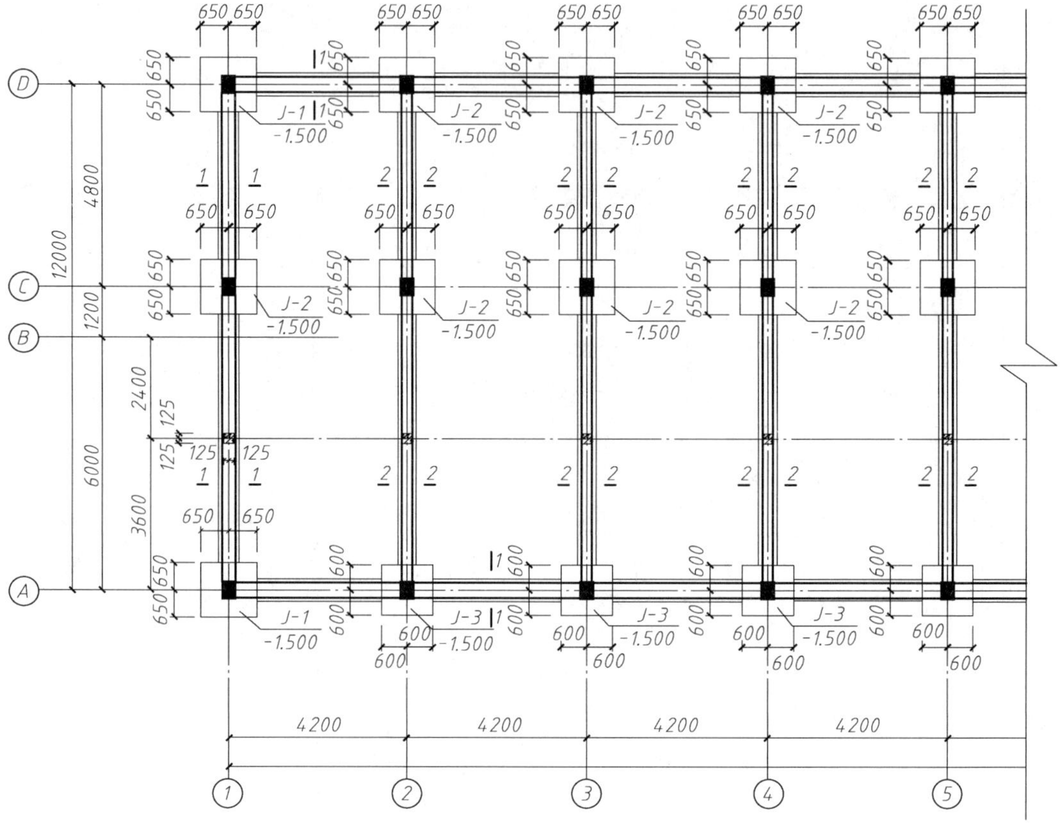

图 8.12　某建筑的独立基础平面图

(8) 有关说明。有关说明是将图形无法表达的部分用文字表达。规模较小的工程的结构施工说明通常放在基础平面图上，某些施工总说明中没有的内容，也可放在基础平面图上单独说明；规模较大的工程的结构施工说明则需单独编制。

特别提示

本章引例(1)的解答：图 8.0(a)是砖混结构房屋，采用了条形基础；图 8.0(b)是框架结构房屋，采用了独立基础，条形基础和独立基础的基础平面图形成过程相同，但表达的内容不同。

8.2.3 基础详图

基础平面图只表示了建筑物基础的整体布局、构件搭设关系和整体配筋，要想弄清楚基础的细部构造和具体尺寸，还须进一步阅读基础详图。

对于墙下条形基础，基础详图是对基础平面图中剖切到的基础断面，按顺序逐一绘出的详图，结构相同的只需画一个，结构不同的应分别编号绘制。对于柱下条形基础，也可采用只画一个的简略画法。在这个通用的基础断面上，各部分的标注，如尺寸、配筋等用通用符号表示，旁边列表说明各断面的具体标注。如果断面少(2～3 个)，也可在不同部分的标注中用括号加以区别，并在相应的图名中标注同样的括号。对于柱下独立基础，把各编号基础从基础平面图中移出，放大画出其基础平面图和基础详图，详细标注其各部分尺寸和配筋。

基础详图的主要图示内容如下。

(1) 图名和比例。结构图中也可以省略比例，按实际尺寸标注。

(2) 定位轴线及编号。

(3) 基础的断面形状、尺寸、材料图例、配筋等。

(4) 尺寸和标高。

(5) 防潮层的位置、做法。这些内容一般可在建筑施工图中表达。

(6) 施工说明。

图 8.13(a)所示为图 8.11 中所示基础的 1—1 断面图，其具体的剖切位置可以在图 8.11 中找到。从图中可以看到，基础底面标高为－1.250m，减去室内外高差即为基础埋深；基础底面设有 50mm 厚的 C10 素混凝土垫层；基础梁的高度及配筋在图 8.11 中已用平法标注

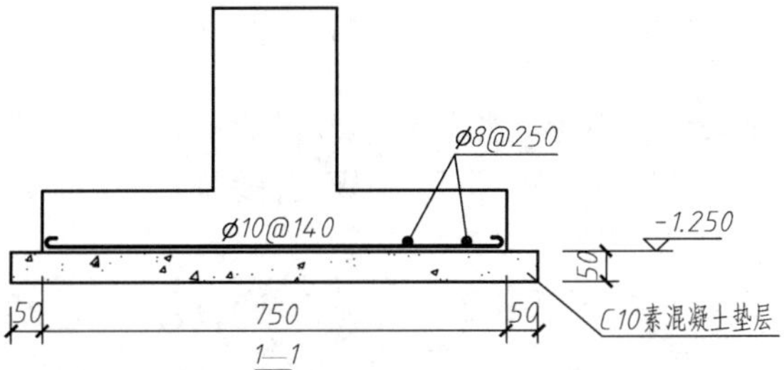

(a) 某建筑基础断面详图

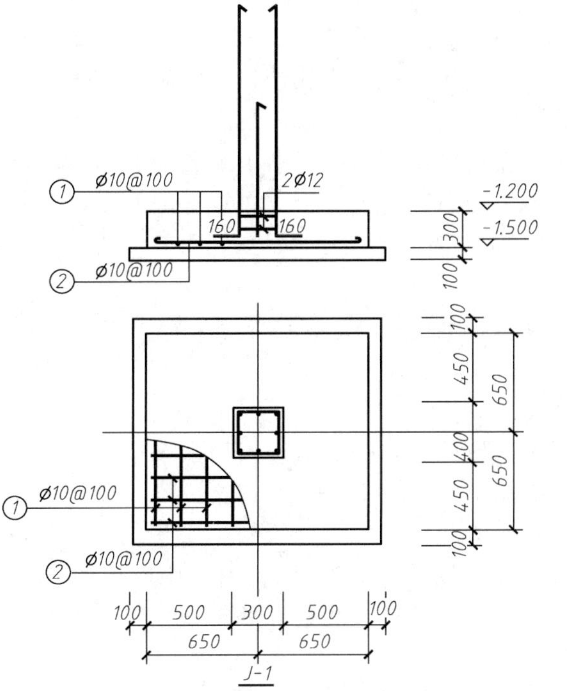

(b) 某建筑独立基础详图

图 8.13 基础详图

了；基础底板高度在基础说明中指出是 100mm；基础底板受力筋采用的是 ϕ10@140，分布筋采用的是 ϕ8@250；1—1 断面的基础宽度是 750mm。

图 8.13(b)所示的是图 8.12 中 J-1 基础的平面详图和断面详图，其位置和数量可在图 8.12 中找到。从图中可以看到，基础底面标高为 -1.500m，基础垫层厚度为 100mm，基础底板双向配筋均为 ϕ10@100，基础底面尺寸为 1500mm×1500mm。

特别提示

条形基础和独立基础的基础详图的表达内容也不相同。条形基础是以画断面图的形式表达基础详图，而独立基础详图不但要画基础平面详图，还要画基础断面详图。

8.3 结构平面布置图

结构平面布置图是表示建筑各层承重结构布置的图样，由结构平面布置图、节点详图、构件统计表和必要的文字说明等组成。节点详图应尽可能绘制在结构平面布置图的周围，以便读图者阅读，如果数量较多，也可单独布置。

多层民用建筑的结构平面布置图分为楼层结构平面布置图和屋顶结构平面布置图。当各楼层的结构构件或其布置相同时，绘图时只需绘制一层（该层称为标准层），其他楼层与此相同；当各楼层的结构构件或其布置不同时，应分楼层绘制。钢筋混凝土楼板按照不同的施工方法有装配式、现浇式和装配整体式 3 种。其中，装配式楼板虽然施工速度快，但整体性和抗震性能较差，应用较少；现浇式楼板虽然施工速度慢，但整体性好，也更节省材料，应用较多；装配整体式楼板的整体性、抗震性介于装配式楼板和现浇式楼板两者之间。装配式楼板和现浇式楼板在绘制的施工图中钢筋的表示方法不同。屋顶有平屋顶和坡屋顶之分，其中平屋顶的结构布置与楼层板的布置方法相同，只不过在建筑中更多考虑保温和防水。现以前述的建筑为例介绍结构平面布置图的阅读。

8.3.1 楼层结构平面布置图及节点详图

1. 楼层结构平面布置图

楼层结构平面布置图是假想用剖切平面沿楼板面水平切开所得的水平剖面图，它用直接正投影法绘制，表示该层的梁、板及下一层的门窗过梁、圈梁等构件的布置情况。在绘制结构施工图时，通常将楼层梁和楼层板分开绘制。

图 8.14 所示为某建筑标准层梁平面布置图，由于中间楼层(除架空层和屋面层)除了标高和楼梯间外墙处的结构布置不同外，其余部分完全相同，因此中间层的结构布置可以用此标准层描述。

楼层梁平面布置图的图示内容如下。

(1) 图名和比例。图名应为“××层梁平面布置图”，然后用小一号字标注比例，比例

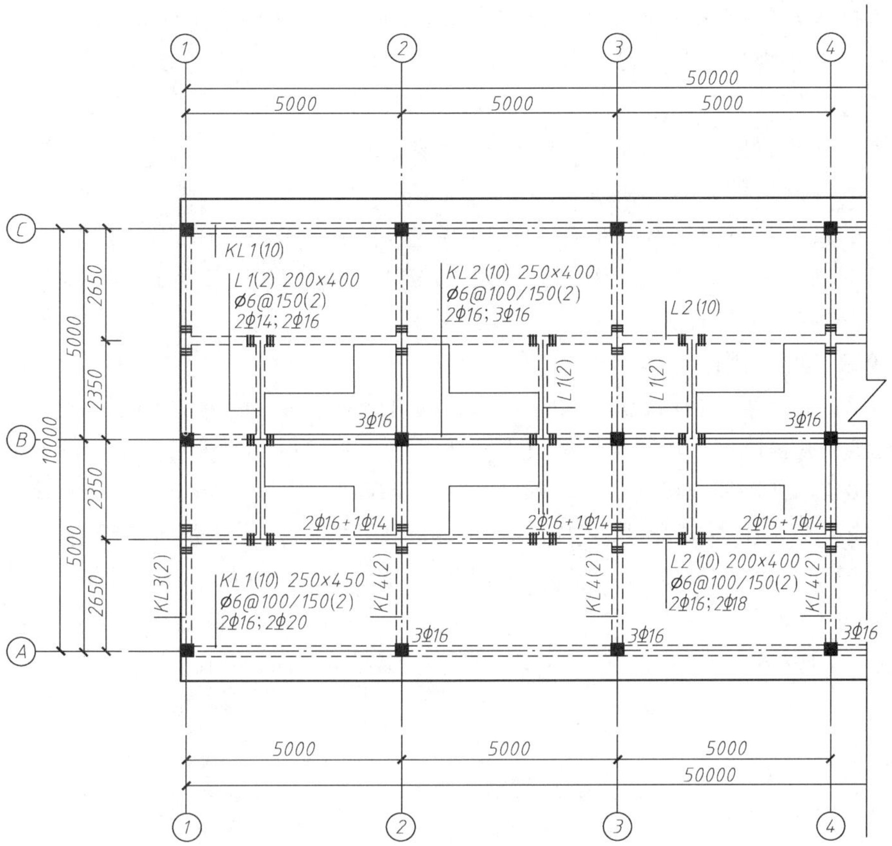

图 8.14　某建筑标准层梁平面布置图

说明：梁面标高未注明的均为 2.970m。

一般与建筑平面图相同。如果结构布置特别简单，且房间又较大，可采用 1∶200 的比例。本结构平面布置图中略去比例，用尺寸表示实体空间关系。

（2）定位轴线和尺寸标注。为了确定梁等构件的安装位置，应画出与建筑平面图完全一致的定位轴线，并标注轴线编号和轴线间距的尺寸，在结构平面布置图的左侧和下方标注总尺寸(两端轴线间的尺寸)。根据轴线间距，各房间的大小一目了然。

（3）承重墙和柱子(包括构造柱)。在结构平面布置图中，为了反映承重墙、柱、梁、板等构件的关系，仍应画出承重墙、柱的平面轮廓线，其中未被梁构件挡住的部分用中实线画出，而被楼面构件挡住的部分用中虚线画出。所有的混凝土柱子(包括构造柱)一般涂黑表示。

（4）梁的定位、截面尺寸及配筋。梁的定位采用梁的外轮廓线向下正投影的方法。梁的截面尺寸和配筋可以采用平法标注。次梁搭接在主梁上，在主梁支点的两侧需要增加箍筋配置，这些平法标注未包括的钢筋可以在平面图原位画出。

（5）节点详图索引。楼层结构平面布置图中还应标明节点详图索引符号。

（6）垫梁。当梁搁置在砖墙或砖柱上时，为了避免砌体被局部压坏，往往在梁搁置点的下面设置梁垫(素混凝土或钢筋混凝土)，以缓解局部压力。在结构平面布置图中，应示意性地画出梁垫平面轮廓线，并标上代号 LD。

（7）门窗过梁。过梁是位于门窗洞口上方的支撑洞口上部墙重的构件，它将门窗洞口上部墙体的自重及传至该处的梁、板荷载转移到洞口两侧的墙上。过梁可以是预制钢筋混凝土梁，也可以是现浇钢筋混凝土梁。过梁具体的截面尺寸和构造及配筋应根据实际荷载的大小，通过计算来确定。

在结构平面布置图中，通常用粗单点长画线表示下一楼层的门窗过梁，单点长画线的位置和长度应与洞口的位置和宽度一致；也可以用梁的轮廓线表示，即在洞口的边缘用虚线画出洞口的投影。过梁的标注方法是在门窗洞口的一侧标注过梁代号及编号，其编号与预制板类似，如 GL15240，其中“GL”是过梁代号；“15”表示过梁的跨度为 1.5m；“24”表示过梁的截面宽度为 240mm，与墙厚相同；“0”为荷载等级，0 级荷载为过梁自重加 1/3 净跨高度范围的墙体自重。

(8) 圈梁。砌体承重结构的房屋由于承重墙是由分散的砖块或砌块砌成的，整体刚度较差，为了提高建筑的整体刚度，增强整体的抗震性能，通常在楼板部位的平面上，沿全部或部分墙体设置封闭圈梁，在墙体交接处适当设置上下贯通至基础的钢筋混凝土构造柱，圈梁和构造柱的具体设置应符合《砌体结构设计规范》(GB 50003—2011)及《建筑抗震设计规范(2016 年版)》(GB 50011—2010)的有关规定。绘制圈梁时，首先在平面布置图中用圈梁的外轮廓线向下投影确定圈梁的平面位置，并用文字标明是圈梁；然后绘制圈梁的剖面详图以确定圈梁的形状、尺寸、配筋和梁底标高。图 8.15 所示为某建筑架空层圈梁平面布置图。

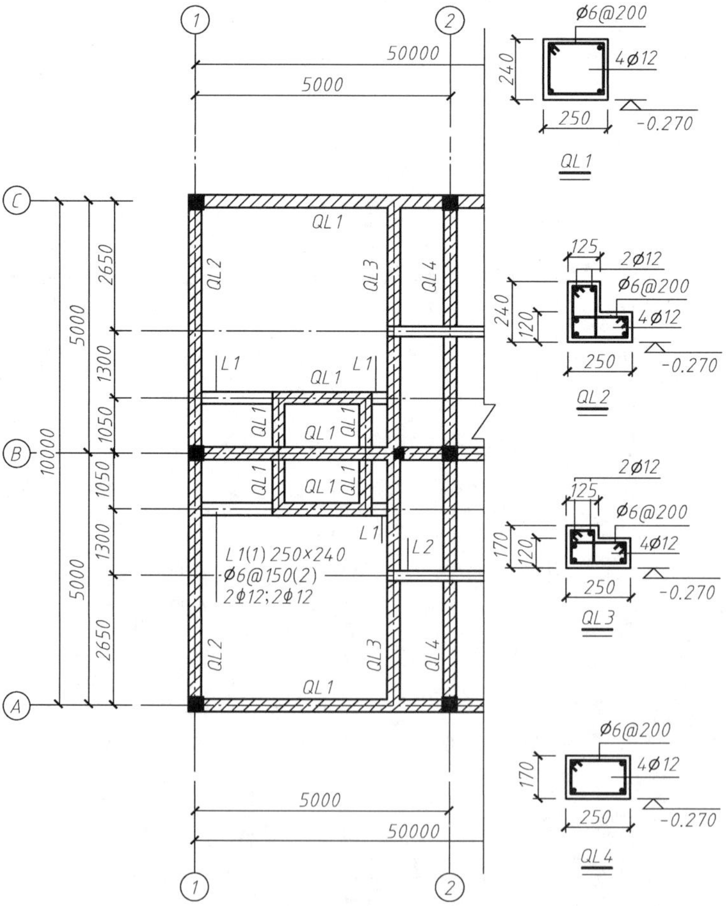

图 8.15 某建筑架空层圈梁平面布置图

(9) 详图索引。图 8.16 所示为某建筑标准层板平面布置图，由于中间楼层(除架空层和屋面层)除了标高不同外，其余部分完全相同，因此中间层的结构布置可以用标准层描述。

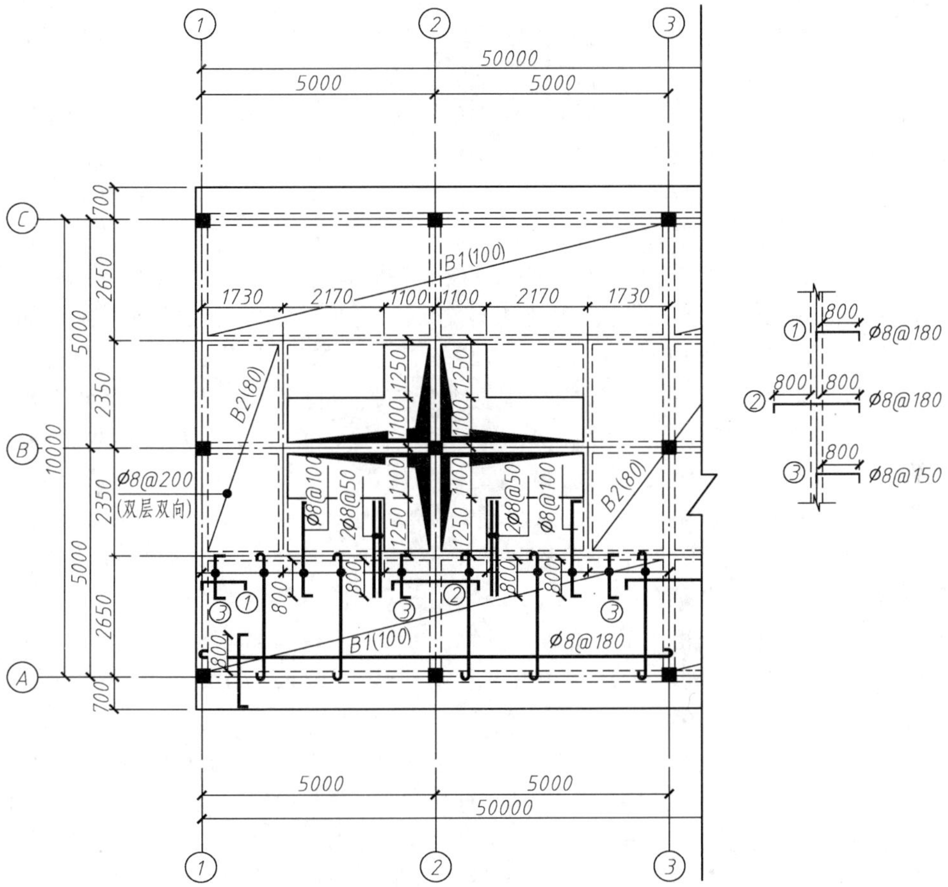

图 8.16 某建筑标准层板平面布置图

说明：① 图中梁定位尺寸未注明的均沿轴线对中或平柱边布置。

② 图中未注明的钢筋均为 ϕ8@150，未表示的分布钢筋均为 ϕ6@200。

③ 板面标高未注明的均为 2.970m。

④ 结构板预留水落管孔尺寸及位置详见建施、水施，钢筋绕过洞口。

楼层板平面布置图的图示内容如下。

(1) 图名和比例。图名应为“××层板平面布置图”，后面用小一号字标注比例，比例一般与建筑平面图相同。如果结构布置特别简单，且房间又较大，可采用 1∶200 的比例。本结构平面布置图中略去比例，用尺寸表示实体空间关系。

(2) 定位轴线和尺寸标注。为了便于确定板等构件的安装位置，应画出与建筑平面图完全一致的定位轴线，并标注轴线编号和轴线间距的尺寸，在结构平面布置图的左侧和下方标注总尺寸(两端轴线间的尺寸)。根据轴线间距，各房间的大小一目了然。

(3) 承重墙、柱子(包括构造柱)和梁。在结构平面布置图中，为了反映承重墙、柱、梁与板等构件的关系，仍应画出承重墙、柱和梁的平面轮廓线，其中未被楼面板挡住的部分用中实线画出，而被楼面板挡住的部分用中虚线画出。所有的混凝土柱子(包括构造柱)一般涂黑表示。

(4) 现浇板。某些房间如厨房、卫生间等，由于管道较多，在预制板上开洞不便，又可能凿断板中钢筋，影响板的强度，采用现浇板不仅可以避免上述问题，容易留设孔洞，还能有效解决管道与楼板交接处的渗漏问题。

现浇板在结构平面布置图中的表示方法有两种：第一种方法是在板格内画对角线，注写板的编号（如 B1、B2…），其具体尺寸和配筋另用详图或表格表示；第二种方法是在结构平面布置图中现浇板的投影上直接画出板中的钢筋并加以标注，这种方法就是通常所说的平法，相同尺寸、厚度、配筋的板只标注一次，如图 8.16 所示。

(5) 楼梯洞口。建筑施工图中的楼梯另有详图，结构施工图中的楼梯也有详图，用以详细表示楼梯的钢筋配置，但在板面上楼梯开洞处应以对角线或阴影表示。

(6) 预制板。预制板有平板、槽板和空心板 3 种，应根据不同的情况分别选用。平板的上下表面平整，适用于荷载不大、跨度较小(如走道、楼梯平台等处)的地方；槽板的板、肋分开，受力合理，自重较轻，板面开洞较自由，但不能形成平整的顶棚，使用很少；空心板不仅上下板面平整，而且构件刚度大，应用范围最为广泛。预制板又分为预应力板和非预应力板两种，预应力板挠度小，抗裂性能好，而非预应力板很少使用。目前，我国大部分省、市都编有平板和空心板的通用构件图集，图集中对构件代号和编号的规定各有不同，但所代表的内容基本相同，如构件的跨度、宽度及所承受的荷载级别等。如图 8.17 所示，采用预制板布置的图示方法是用细实线和半箭头表示要标注的板，然后在引出线上写明板的数量、代号和型号。当板铺的距离较长时，每个区域可以只画一个，标出数量即可。对于铺板完全相同的房间，选择其中一个注写所铺板的数量和型号，再写上代号(如 A、B…)，其余相同的房间直接注写代号。

2. 节点详图

节点详图是对楼层结构平面布置图的补充，在楼层结构平面布置图中不能表达细致的地方可用节点详图单独表示，对于楼层结构平面布置图已表达清楚的地方则无须绘制节点详图。

例如，在钢筋混凝土装配式楼层中，预制板搁置在梁或墙上时，只要保证有一定的搁置长度并通过灌缝或坐浆就能满足要求了，一般不需另画构件的安装节点大样图，采用文字说明或参看相应的标准图集即可；但当房屋处于地基条件较差地区或地震区时，为了增强房屋的整体刚度，应在板与板、板与墙(梁)连接处设置锚固钢筋，在楼层结构平面布置图中无法表示时，应画出安装节点大样图。

3. 构件统计表

在楼层结构平面布置图中，应将各层所用构件进行统计，对不同类型、规格的构件统计其数量，并注明构件所在的图号或通用标准图集的代号及页码。

特别提示

本章引例(2)的解答：这两栋房屋竖向承重结构的材料不同，图 8.0(a)所示的房屋是墙体承重，图 8.0(b)所示的房屋是柱子承重，这两栋房屋的楼板类型一般也不同，图 8.0(a)所示的房屋一般采用预制板，图 8.0(b)所示的房屋一般采用现浇板。

8.3.2 屋顶结构平面布置图

屋顶结构平面布置图与楼层结构平面布置图大体相同，其图示方法完全相同，但实际

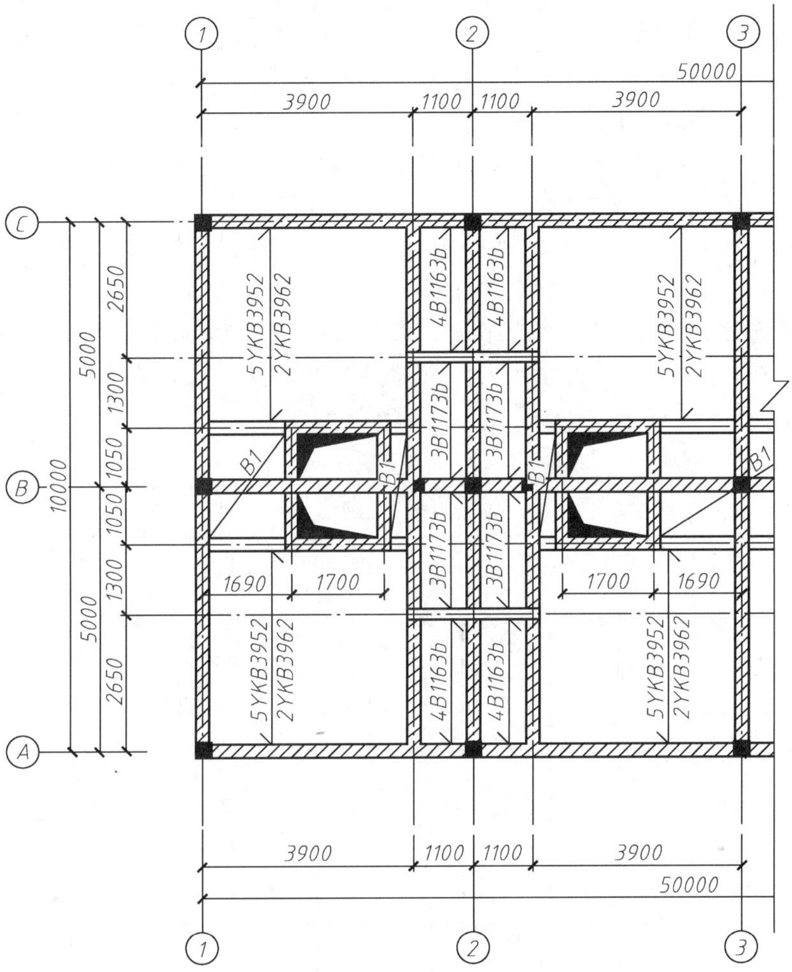

图 8.17　某建筑架空层预制板平面布置图

说明：① 图中梁定位尺寸未注明的均沿轴线对中或平墙边布置。

② B1 为 80mm 厚，配筋均为 $\phi 8@200$(双层双向)。

③ 板面标高未注明的均为－0.030m。

④ 梯柱编号未注明的均为 TZ2，定位未注明的梯柱中或边均沿轴线对中。

结构构件的形式、布置、配筋通常不同，所以屋顶结构平面布置图应单独绘制。

1. 屋顶结构平面布置图与楼层结构平面布置图的主要区别

(1) 楼板的形式和位置。过去对于大部分平屋顶建筑来说，屋顶通常全部采用预制板，而楼层通常采用预制板和现浇板相结合；对于坡屋顶建筑来说，屋顶和楼层显然不同，坡屋顶结构通常采用屋架、屋面梁或各种现浇钢筋混凝土构架。现在，不管是平屋顶还是坡屋顶，屋面板一般都采用现浇板。

(2) 梁的布置和截面高度。如果楼层的墙体在顶层缺省，即顶层的房间为几个小房间合并成的大房间，则屋顶在楼层墙体处必须加设梁，而屋顶荷载与楼层荷载通常不同，因而与楼层梁相同位置的屋面梁，其截面和配筋并不相同；屋顶圈梁与楼层圈梁通常也不一样，通常情况下，屋顶圈梁的数量、截面尺寸(主要是高度)和配筋比楼层圈梁要大；屋顶圈梁通常有外挑的天沟板或雨篷板，而楼层圈梁显然没有；屋顶上有时有水箱、葡萄架等高出屋面的结构，需要专门的梁或框架来支承，或者直接支承在一般屋面梁上，但其截面和配筋显然要有所增加。

(3) 构件。楼面没有而屋顶有的构件主要有天沟板、雨篷板、水箱、葡萄架等。

(4) 标高、图名等。屋顶的标高显然与楼层不同，图名也有所不同。

2. 屋顶结构平面布置图实例

图 8.18 所示为某建筑屋面板平面布置图，对照图 8.16 可以发现，屋面板由于要考虑昼夜温差问题，为防止混凝土热胀冷缩拉裂，故需要配置通长钢筋。女儿墙是连续墙体，如果光用砖砌筑整体性会很差，故通常在女儿墙中要设置构造柱，构造柱的详图可以布置在本张图中。在屋面板上有时需要开洞上人，在洞口周围应设置加密钢筋。

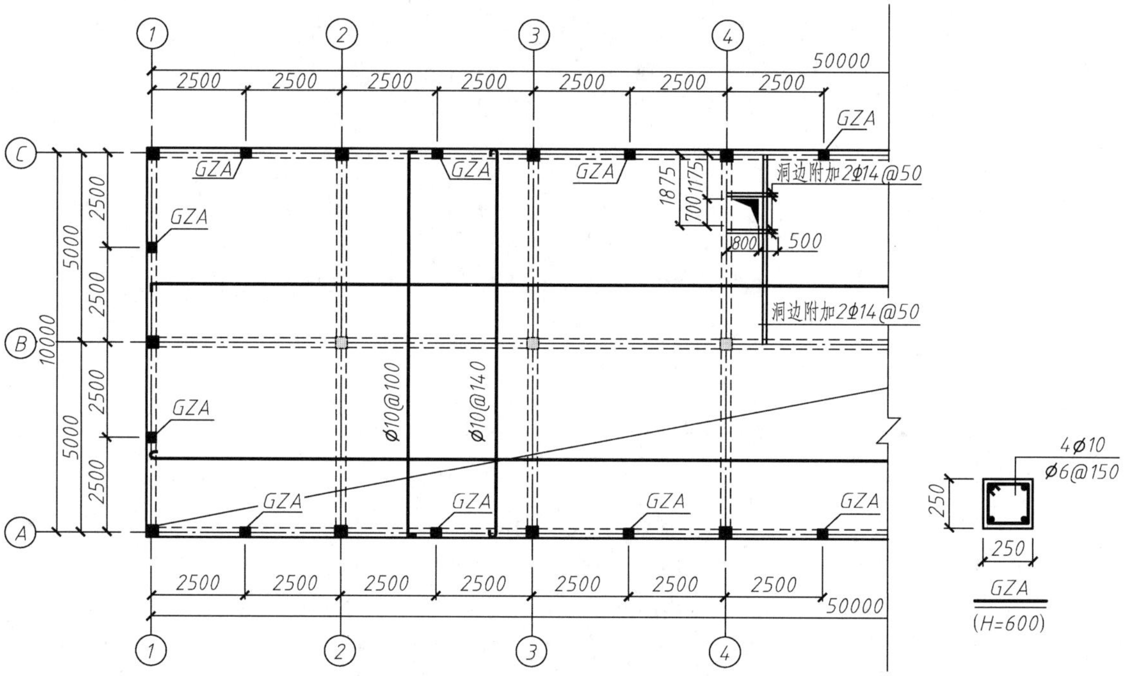

图 8.18　某建筑屋面板平面布置图

说明：① 板面标高为 5.800m。

② 图中梁定位尺寸未注明的均沿轴线对中或平柱中布置。

③ 结构板预留水落管孔尺寸及位置详见建施、水施，钢筋绕过洞口。

④ 广告牌施工前应与设计单位配合。

特别提示

本章引例(3)的解答：这两栋房屋的水平承重结构的布置都用楼层结构平面布置图表示，不过框架结构房屋还要增加楼层梁的平面布置图。

8.4 结构构件详图

本节以钢筋混凝土构件为例，详细讲述结构构件详图的识读。钢结构构件在此省略。

8.4.1 钢筋混凝土构件详图

钢筋混凝土构件详图由模板图(外轮廓线的投影图)、配筋图、钢筋明细表和预埋件详图等组成，它是钢筋加工、构件制作、用料统计的重要依据。

1. 模板图

模板图实际上就是构件的外轮廓线投影图，主要用来表示构件的形状、外形尺寸、预埋件和预留孔洞的位置和尺寸。当构件的外形比较简单时，模板图可以省略不画，一般情况只要在配筋图中标注出有关尺寸即可。但对于比较复杂的构件，为了便于施工中模板的制作安装，必须单独画出模板图。模板图通常用中粗实线或细实线绘制。

2. 配筋图

配筋图也称钢筋的布置图，主要表示构件内部各种钢筋的强度等级、直径、根数、弯截形状、尺寸及其排放布置。对于各种钢筋混凝土构件，应直接将构件剖切开来，并假定混凝土是透明的，将所有钢筋绘出并加以标注。

对于所有纵筋必须标注出钢筋的根数、强度等级、直径和钢筋的编号，箍筋和板中的钢筋网必须标注出钢筋的强度等级、直径、间距(钢筋中心到钢筋中心的距离)和钢筋的编号。有时钢筋编号可以省略。

图 8.19 所示为某建筑柱网平面布置图，通过读图可以了解它是如何表达每根柱的配筋的。

3. 钢筋明细表

有时为了方便钢筋的加工安装和编制工程预算，通常在构件配筋图旁边列出钢筋明细表。钢筋明细表的内容有构件代号、钢筋编号、简图、规格、长度、数量、总长、总重等。这里需要说明的是，在钢筋明细表中，钢筋简图上标注的钢筋长度并不包含钢筋弯钩的长度，而在“长度”一栏内的数字则已加上了弯钩的长度，是钢筋加工时的实际下料长度。

4. 预埋件详图

在某些钢筋混凝土构件的制作中，有时为了安装、运输的需要，在构件中设有各种预埋件，如吊环、钢板等，应在模板图附近画出预埋件详图。

特别提示

结构构件详图是对楼层结构平面布置图和屋顶结构平面布置图的补充，工业厂房的结构施工图中一般会有预埋件详图。

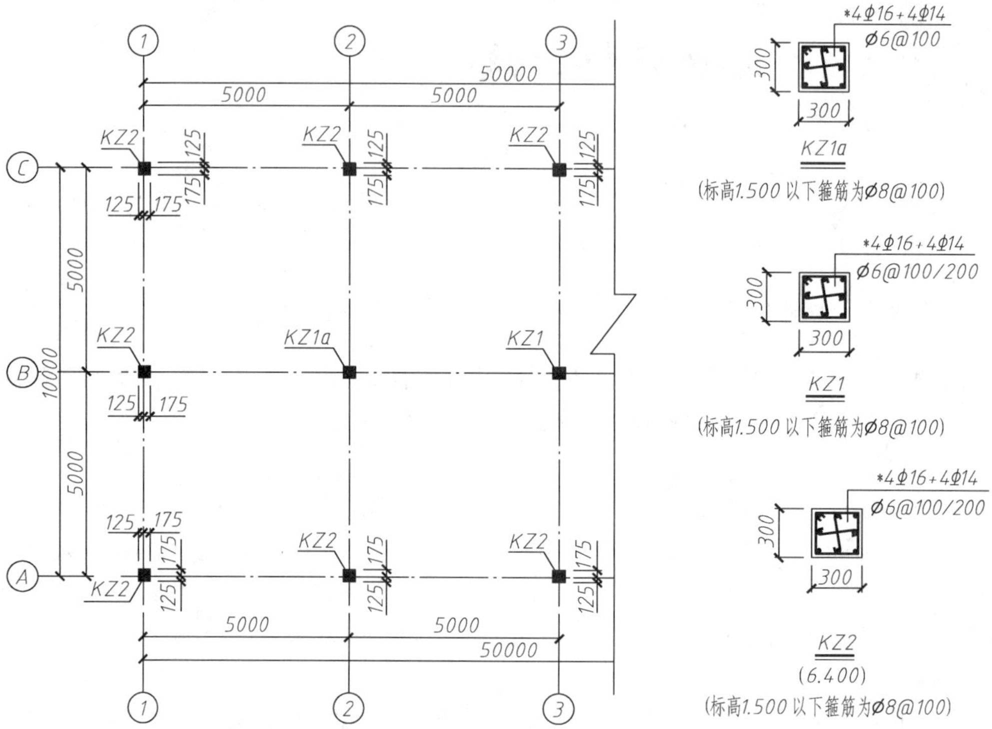

图 8.19　某建筑柱网平面布置图

说明：① 柱定位未注明的均逢轴线中；()内为柱顶标高，未注明的柱顶为屋面板标高。

② 柱在基础中的插筋构造详见平法图集。

③ 柱配筋大样中 * 号表示柱角筋。

8.4.2 梁的配筋图

梁的配筋图分为纵断面图和若干横断面图。纵断面图表示钢筋的弯截情况，横断面图表示钢筋的强度等级、直径、根数。梁的配筋图一般采用 1∶50 的比例，有时也采用 1∶30 或 1∶40 的比例。当梁的跨度较大时，长度方向和高度方向可以采用不同的比例，也可以用折断线剖断分段绘制梁。梁的横断面图一般采用 1∶20 或 1∶25 的比例，横断面图的数量应根据构件及配筋的变化程度确定，并依次编号。纵、横断面图上的钢筋标注必须一致。

图 8.20 所示为某建筑楼梯梁的纵断面配筋图。

梯梁的跨度可以在楼梯的平面图中表示，梯梁两端支承在梯柱上，支承采用现浇。梁的纵、横断面图均采用 1∶25 的比例绘制。梁中钢筋共有 9 种编号，具体配筋方法见图 8.20 中的梯梁表。在梯梁转折处，上梁段和下梁段的钢筋都需要伸入对方梁段以便锚固，锚固长度见梁的纵断面配筋图标注。梁上部钢筋和下部钢筋采用箍筋绑扎成骨架，箍筋同时起到抗剪切的作用。

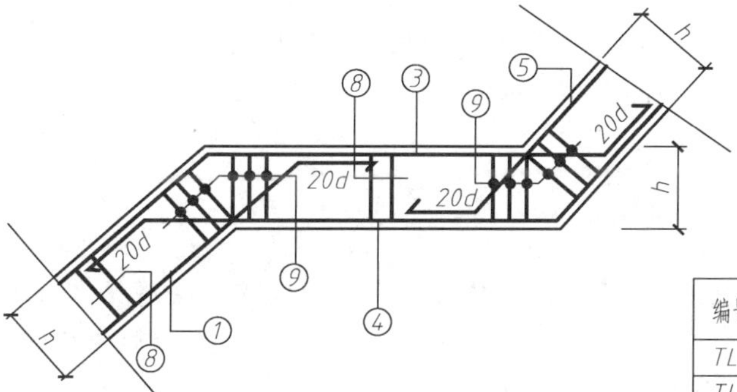

梯梁表

编号	类型	梁高/mm	钢筋	
			①③④⑤	②⑥⑦⑧⑨
TL1	X	200	4ϕ16	ϕ10@120
TL2	Y	100	4ϕ16	ϕ10@120

图 8.20 某建筑楼梯梁的纵断面配筋图

8.4.3 板的配筋图

钢筋混凝土现浇板的结构详图通常采用配筋图表示，有时也可补充断面图。当房屋每层的楼板均为钢筋混凝土现浇板时，楼层配筋平面图一般采用与该层建筑平面图相同的比例。

板中钢筋的布置与板的周边支承情况及板的长短边长度之比有关。如果四边形板有两个对边自由或板的长短边长度之比大于 2，则可以把板看作是两对边支承，按单向板计算配筋，板的下部受力筋只在一个方向配置，即为弯曲方向；否则应按双向板考虑，在两个方向配置受力钢筋。当板的周边支承在墙体上或与钢筋混凝土梁(包括圈梁、边梁等构造梁)整体现浇或在连续梁中时，板应看作是连续板，上部应配置负筋承担相应的负弯矩。任何部位、任何方向的钢筋均应加设分布筋，以形成钢筋网片，确保受力筋的间距。

在板的配筋图上，除了钢筋用粗实线表示外，其余图线均采用细线，以将钢筋突显出来，不可见轮廓线用细虚线绘制，轴线、中心线用细单点长画线绘制。每种规格的钢筋只需画一根并标出其强度等级、直径、间距、钢筋编号。板的配筋有分离式和弯起式两种，如果板的上下钢筋分别单独配置，这种配筋方式称为分离式(现在的设计中通常采用分离式)配筋；如果支座附近的上部钢筋是由下部钢筋弯起得到的，这种配筋方式就称为弯起式配筋。图 8.21 所示钢筋即为分离式配筋。

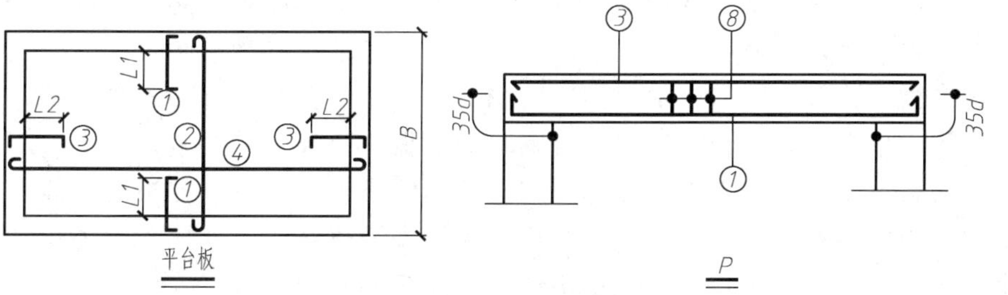

图 8.21 平台板配筋图

从图 8.21 中可以看到，平台板四边支承，属于双向板，所以在板的下部配置了双向受力钢筋。在实际施工图的梯板表中可知其详细配筋如下。

短向的受力钢筋②号为 ϕ10@150，长向的受力钢筋④号为 ϕ8@150，支座负筋①号为 ϕ10@200，支座负筋③号为 ϕ8@200，从支座内缘伸出的长度 $L1$ 和 $L2$ 分别为 600mm 和 900mm。板的厚度和结构标高可在楼梯平面布置图中查到。

8.4.4 柱结构详图

钢筋混凝土柱结构详图主要包括立面图和断面图，立面图表示钢筋的弯截情况，断面图表示钢筋的强度等级、直径、根数。如果柱的外形变化复杂或有预埋件，则还应增画模板图。

图 8.22 所示为某现浇钢筋混凝土柱结构详图。该柱从标高−0.030m 起直通顶层标高为 6.400m 处。柱的断面为正方形，边长为 300mm，柱内分布有 8 根纵向受力筋，其角筋直径为 16mm，中部钢筋直径为 14mm，均为二级钢筋；箍筋为 ϕ6@100/200，表示柱加密区箍筋为直径 6mm 的一级钢筋，间距为 100mm，非加密区箍筋为直径 6mm 的一级钢筋，间距为 200mm；1.500m 以下柱箍筋为 8mm 的一级钢筋，间距为 100mm。

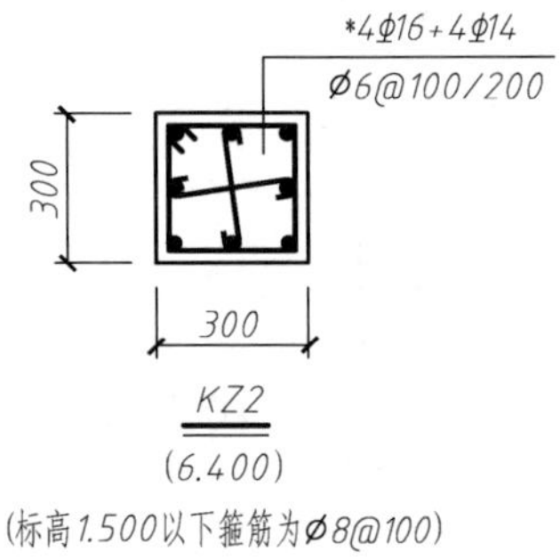

图 8.22 某现浇钢筋混凝土柱结构详图

如图 8.23 所示，某二层工业厂房预制钢筋混凝土柱配筋详图，左边为纵断面配筋图，右边为 6 个横断面配筋图。对照纵、横断面图可以看出，Z1 的配筋是分段布置的，纵向钢筋可以通过焊接或绑扎进行连接，每段的配筋量可查看右边的横断面配筋图，箍筋的间距详见纵断面配筋图中的标注。

牛腿处由于集中力较大，需单独增设纵筋，同时加密箍筋。在牛腿处钢筋需要截断的，必须满足搭接长度和构造要求。

柱地下埋深为 1.500m，柱的模板图可参看其纵断面配筋图，如果无法表示清楚时可单独绘制模板图。

8.4.5 楼梯结构详图

楼梯的结构比较复杂，是结构图绘制中最考验基本功的部分，必须单独绘制。如果楼梯比较简单，也可将建筑详图和结构详图合并绘制，通常省略建筑详图。

楼梯的结构形式很多，但最常用的是钢筋混凝土双跑楼梯，且多为现浇板式楼梯。板式楼梯由梯板、平台板和平台梁组成。带踏步的梯板，两端支承在平台梁上，平台板的一端支承在平台梁上，另一端支承在楼梯间周围的墙体或梁上，所以梯板属于简支板，梯梁属于简支梁。板式楼梯受力明确，结构合理，采用现浇整体式，其抗震性能更加优越。梁式楼梯由梯板、梯梁、平台板、平台梁组成，在此暂不介绍。

楼梯结构详图由楼梯结构平面图、楼梯结构剖面图、梯段详图、平台梁详图和梯梁详图组成。

1. 楼梯结构平面图

楼梯结构平面图主要反映梯段、梯梁及平台等构件的平面位置，要在图中标出楼梯间四

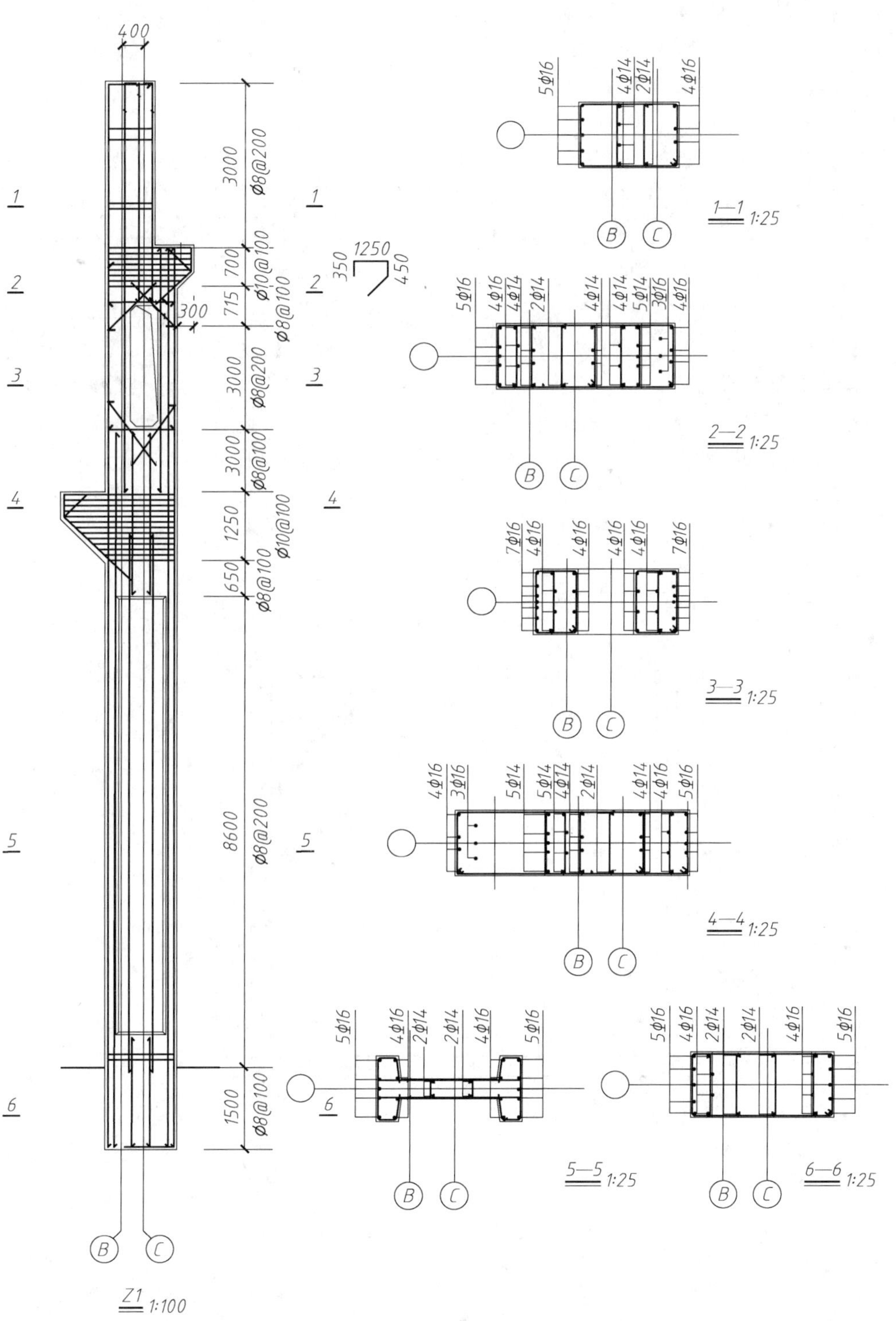

图 8.23　某二层工业厂房预制钢筋混凝土柱配筋详图

周的定位轴线及其编号，以确定构件位置、楼梯间的开间和进深、梯段的长度和跨度、平台板的长度和宽度、楼梯井的宽度等主要尺寸，同时在楼梯结构平面图上直接标注各构件的代号。

楼梯结构平面图的数量应根据具体结构情况确定，对于多层建筑通常为 3 个，即底层、标准层和顶层楼梯结构平面图。但当底层休息平台下的净空高度无法满足通行要求时，应将休息平台提高若干级台阶，这就需要补充一个平面图来反映梯段、平台等构件位置和尺寸的变化。

图 8.24 所示为某建筑一层楼梯结构平面图。该建筑一层楼梯结构平面图的剖切位置在一层和二层楼面之间，从转折后的第二跑楼梯剖切，投影范围为该剖切位置至一层楼面相同位置。图中画出了该范围内的两个楼梯段、一个平台及两个平台梁的投影(其中一个是框梯梁)，标注了相应的构件代号、尺寸及平台顶面的结构标高，画出了周围墙体、柱和梯柱投影。第一个楼梯段的长度为 5×230mm＝1150mm，宽度为 1100mm。两个梯段板的代号分别是 TB1 和 TB2。第一个平台的尺寸为 1100mm×1100mm，其配筋和板厚直接见相应的详图和平台板表。由于该平台只有两条对边支承在平台梁上，另外两条边是自由边(对 TB1 没有设置平台梁)，属于单向板，因此只在短方向配置了受力筋和分布筋，为 ϕ6@200，板面负筋同样为 ϕ6@200，从梁边伸出的长度为 250mm。

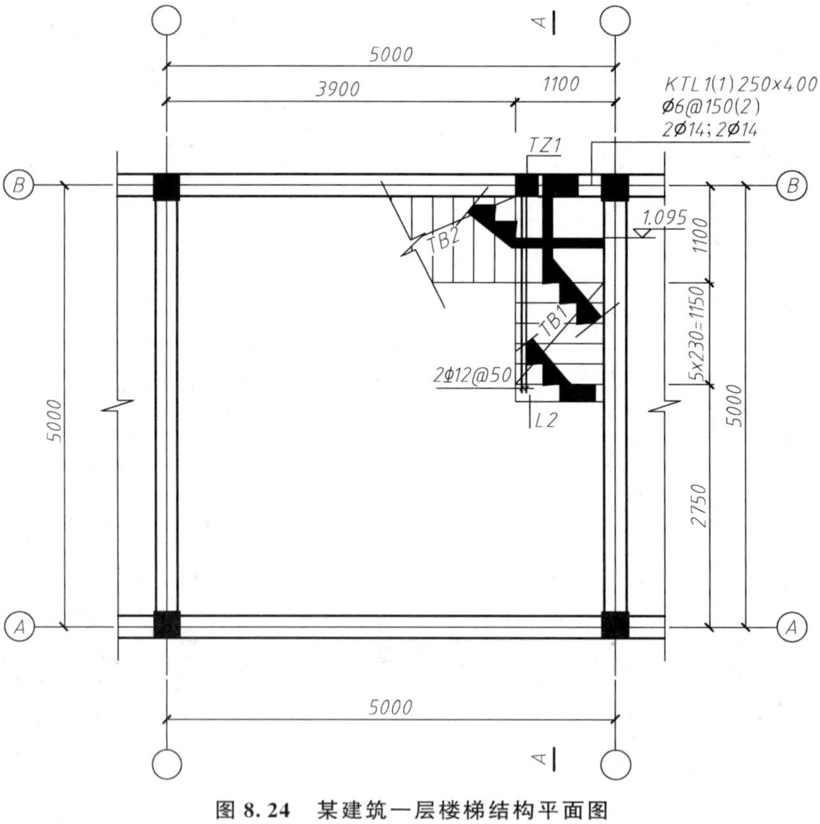

图 8.24　某建筑一层楼梯结构平面图

图 8.25 所示为某建筑二层楼梯结构平面图，与一层楼梯结构平面图基本相同，其剖切位置在二层楼面之上。从图中可以看出第二段梯段的长度为 9×230mm＝2070mm。

2. 楼梯结构剖面图

图 8.26 所示为某建筑一层楼梯结构 A—A 剖面图。从一层楼梯结构平面图（图 8.24）的标注可以看出，剖面图的剖切位置在第一个上行梯段上，从该处将楼梯间全部切开，向

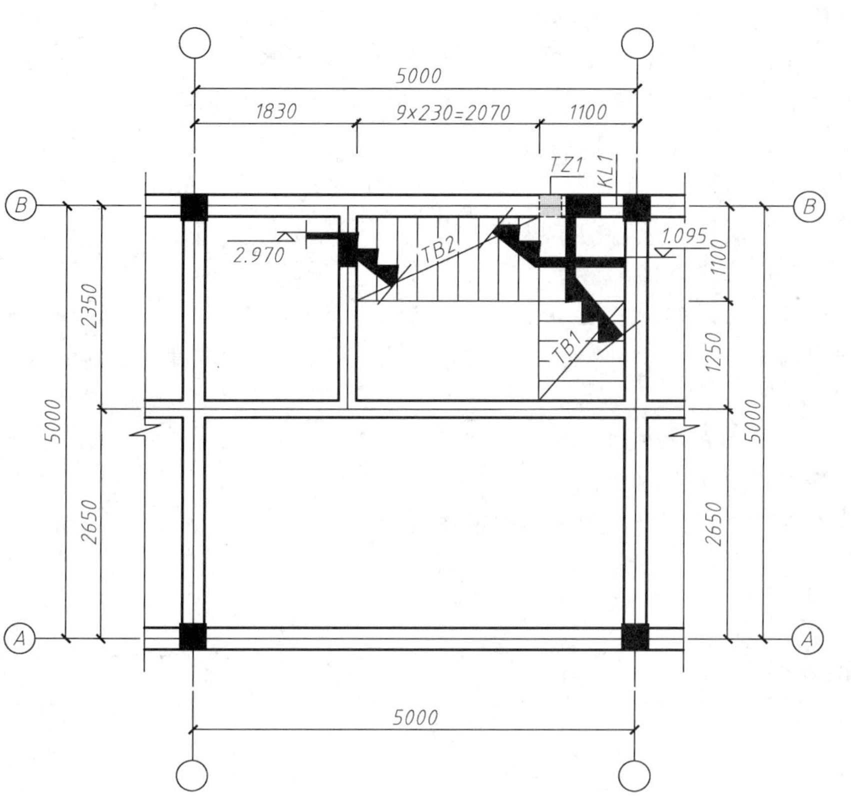

图 8.25　某建筑二层楼梯结构平面图

另一梯段方向投影。楼梯结构剖面图只用来反映楼梯结构的垂直分布，楼梯以外部分用折断线断开，顶层平台以上的部分也用折断线断开。

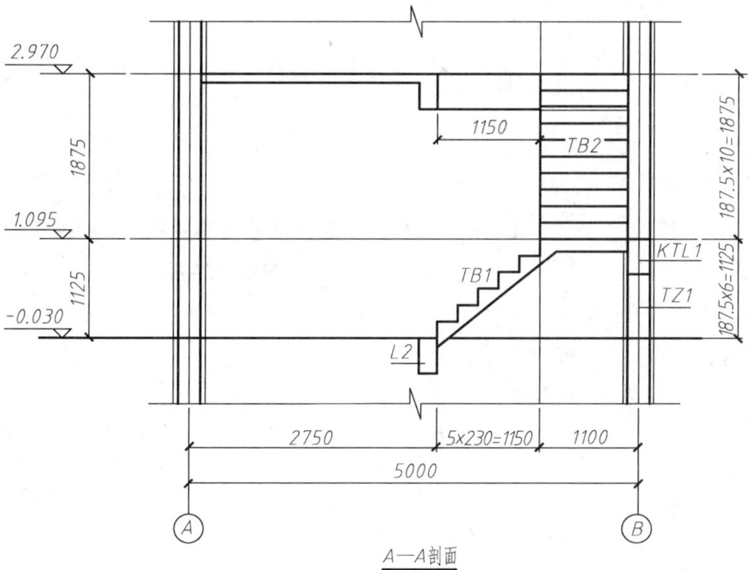

图 8.26　某建筑一层楼梯结构 A—A 剖面图

楼梯结构剖面图画出了所有梯段板、平台板、平台梁，以及楼梯间两侧墙体及墙体上的梁和门窗的投影，并且进行了标注。阅读楼梯结构平面图时，应该与剖面图反复对照，以确认各构件的具体位置(水平方向和垂直方向)。在楼梯结构剖面图的一侧，应将每个梯段的高度和标高加以标注，梯段高度的标注方法与平面图相同，如第一个梯段 TB1 的标注为“187.5×6=1125”，这里的“1125”指 TB1 的高度为 1125mm，而“187.5”是每个踏步的近似高度，是用“1125”除以 6 得到的，是近似值。楼梯结构剖面图和楼梯结构平面图上的标高全部为结构标高，需用建筑标高减去抹灰层厚度。

此外，楼梯结构剖面图上还画出了最外面的两条定位轴线及其编号，并标注了两条定位轴线间的距离。

3. 梯段详图

梯段详图主要用来反映梯段配筋的具体情况，如图 8.27 所示。由于梯段板是倾斜的，且板较薄，配筋较密集，因而梯段详图多采用较大比例，一般为 1∶30～1∶20。对楼梯结构平面图或剖面图上标注出的所有不同编号的梯段板，均应单独绘制配筋详图。

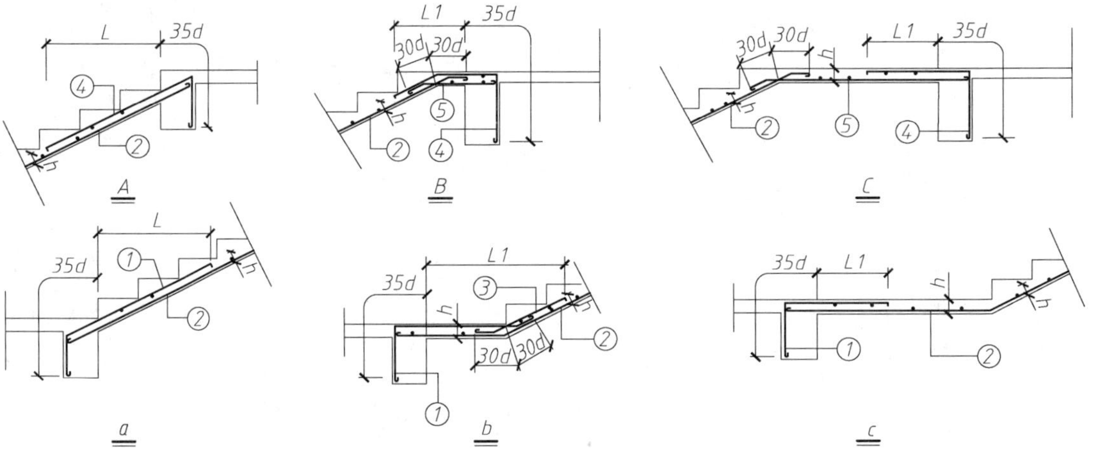

图 8.27　某建筑梯段详图

4. 平台梁详图

楼梯平台梁详图与普通梁详图基本相同。图 8.28 所示为某建筑平台梁详图。

5. 梯梁详图

对于某些承载较大的楼梯，采用板式楼梯时板的厚度较大，这时可以采用梁式楼梯。梯梁详图主要用来反映梁式楼梯的配筋情况。

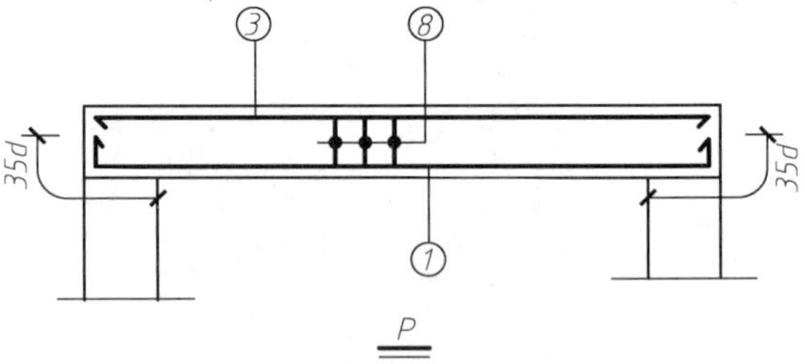

图 8.28　某建筑平台梁详图

特别提示

本章引例(4)的解答：每栋房屋的梁、板、柱、楼梯等构件的形状、大小、材料强度等级和制作安装，分别可用相应的结构详图表示。

8.5 平法施工图

8.5.1 平面整体表示方法

将结构构件的尺寸和配筋等，按照平面整体表示方法制图规则，整体直接表达在各类构件的结构平面布置图上，再与标准构造详图相配合，构成一套新型完整的结构施工图，这种方法称为建筑结构施工图平面整体设计方法，简称平法或平面表示法。它改变了传统的将构件从结构平面布置图中索引出来，再逐一绘制配筋详图的烦琐方法。平法的推广应用是我国结构施工图表示方法的一次重大改革。平法制图的规则如下。

(1) 平法施工图由构件平面整体配筋图和标准构造详图两大部分构成。对于复杂的工业和民用建筑，需另补充模板图、洞口详图或预埋件详图。平法制图规则适用于各种现浇钢筋混凝土结构的基础、柱、剪力墙、梁、板、楼梯等构件的结构施工图设计。

(2) 平面整体配筋图是安装各类构件的依据，在结构平面布置图上直接表示各构件的尺寸、配筋和所选用的标准构件详图的代号。

(3) 在平法施工图上表示各构件尺寸和配筋的方式，分平面注写方式、列表注写方式和截面注写方式 3 种，可根据具体情况选择使用。

(4) 按平法设计绘制平面整体配筋图时，应将图中所有构件进行编号，编号中含有类型代号和序号等，类型代号的主要作用是指明所选用的标准构造详图；在标准构造详图上，应按其所属构件类型注有代号，明确该详图与平面整体配筋图中相同构件的互补关系，两者合并构成完整的施工图。

(5) 混凝土保护层厚度、钢筋搭接和锚固长度，除在结构施工图中注明者外，均须按平法图集标准构造详图中的有关构造规定执行。

8.5.2 柱平面整体配筋图的表示方法

柱平面整体配筋图采用的表示方法有列表注写方式和截面注写方式两种。

1. 列表注写方式

列表注写方式是在柱平面布置图上(一般只需采用适当比例绘制一张柱平面布置图，包括框架柱、框支柱、梁上柱和剪力墙柱)，分别在同一编号的柱中各选择一个(有时需要选择几个)截面标注几何参数代号，在柱表中注写柱编号、柱段起止标高、几何尺寸(含柱截面对轴线的偏心情况)与配筋的具体数值，并配以各种柱截面形状及其箍筋类型图的方式，来表达柱平法施工图。

如图 8.29 所示，柱平面列表注写内容包括以下 6 项。

(1) 柱编号。由类型代号和序号组成，应符合表 8－9 的规定。如编号为“KZ5”的柱，即序号为 5 号的框架柱。

层号	标高/m	层高/m
屋面2	65.670	
塔层2	62.370	3.30
屋面1(塔层1)	59.070	3.30
16	55.470	3.60
15	51.870	3.60
14	48.270	3.60
13	44.670	3.60
12	41.070	3.60
11	37.470	3.60
10	33.870	3.60
9	30.270	3.60
8	26.670	3.60
7	23.070	3.60
6	19.470	3.60
5	15.870	3.60
4	12.270	3.60
3	8.670	3.60
2	4.470	4.20
1	-0.030	4.50
-1	-4.530	4.50
-2	-9.030	4.50

结构层楼面标高
结构层高

上部结构嵌固部位:-4.530

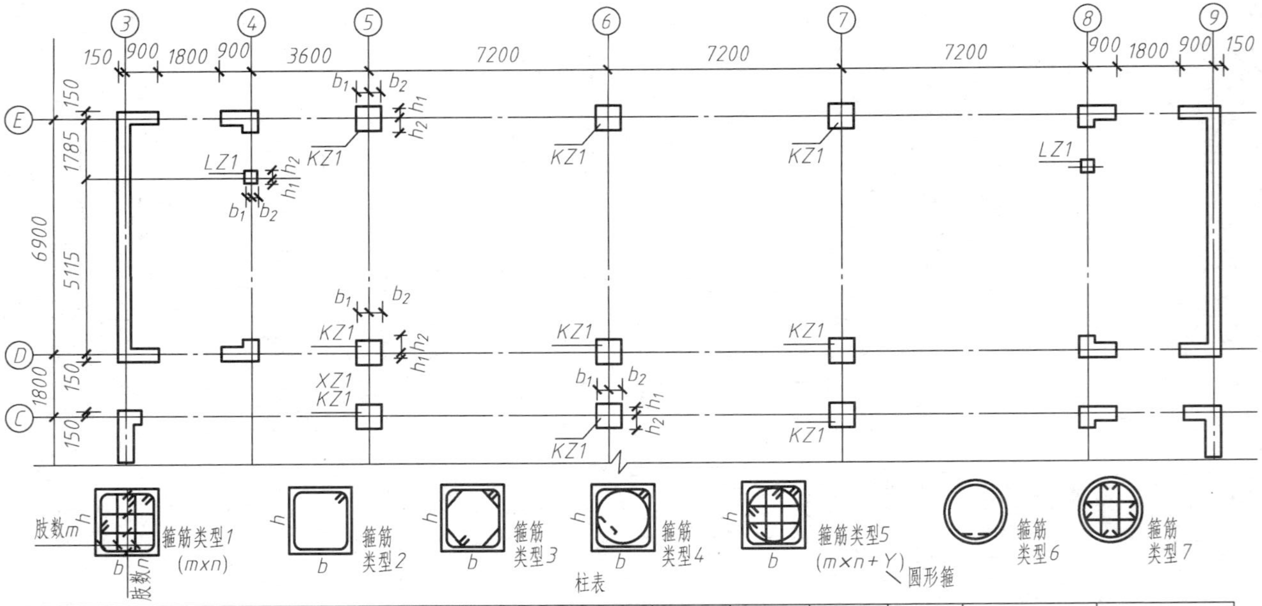

柱编号	标高	b×h(圆柱直径d)	b_1	b_2	h_1	h_2	全部纵筋	角筋	b边一侧中部筋	h边一侧中部筋	箍筋类型号	箍筋	备注
KZ1	-4.530~-0.030	750×700	375	375	150	550	28⌀25				1(6×6)	⌀10@100/200	—
	-0.030~19.470	750×700	375	375	150	550	24⌀25				1(5×4)	⌀10@100/200	
	19.470~37.470	650×600	325	325	150	450		4⌀22	5⌀22	4⌀20	1(4×4)	⌀10@100/200	
	37.470~59.070	550×500	275	275	150	350		4⌀22	5⌀22	4⌀20	1(4×4)	⌀8@100/200	
XZ1	-4.530~8.670						8⌀25				按标准构造详图	⌀10@100	③×Ⓑ轴KZ1中设置

-4.530~59.070柱平法施工图(局部)

注:
1.如采用非对称配筋，筋在柱表中增加相应栏目分别表示各边的中部筋。
2.箍筋对纵筋至少隔一拉一。
3.类型1、5的箍筋肢数可有多种组合，右图为5×4的组合，其余类型为固定形式，在表中只注类型号即可。
4.地下一层(-1层)、首层(1层)柱端箍筋加密区长度范围及纵筋连接位置均按嵌固部位要求设置。

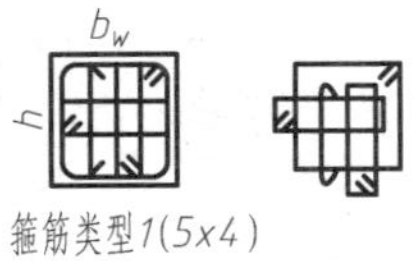

箍筋类型1(5×4)

图 8.29 柱平法列表注写方式

表 8-9 柱编号表

柱类型	代 号	序 号
框架柱	KZ	××
转换柱	ZHZ	××
芯柱	XZ	××
梁上柱	LZ	××
剪力墙上柱	QZ	××

注：编写时，当柱的总高、分段截面尺寸和配筋均对应相同，仅截面与轴线的关系不同时，仍可将其编为统一柱号，但应在图中注明截面与轴线的关系。

(2) 各段柱的起止标高。自柱根部往上以变截面位置或截面未变但配筋改变处为界分段注写。注意：框架柱和转换柱的根部标高指基础顶面标高；芯柱的根部标高指根据结构实际需要而定的起始位置标高；梁上柱的根部标高指梁顶面标高；剪力墙上柱的根部标高指墙顶面标高。

(3) 对于矩形柱，注写柱截面尺寸 $b \times h$ 及与轴线关系的几何参数代号 b_1、b_2 和 h_1、h_2 的具体数值，须对应于各段柱分别注写。其中 $b=b_1+b_2$，$h=h_1+h_2$。当截面的某一边收缩变化至与轴线重合或偏到轴线另一侧时，b_1、b_2、h_1、h_2 中的某项为 0 或是负值。

如图 8.29 所示，柱表中的“b_1”，KZ1 柱不同标高段分别为“375”“325”“275”。

对于圆柱，柱表中“$b \times h$”一栏改用在圆柱直径数字前加 d 表示。为表达简单，圆柱截面与轴线的关系也用 b_1、b_2 和 h_1、h_2 表示，并使 $d=b_1+b_2=h_1+h_2$。

对于芯柱，根据结构需要，可以在某些框架柱的一定高度范围内，在其内部的中心位置设置(分别引注其柱编号)。芯柱中心应与柱中心重合，并标注其截面尺寸，按本图集标准构造详图施工；当设计者采用与本构造详图不同的做法时，应另行注明。芯柱定位随框架柱，不需要注写其与轴线的几何关系。

(4) 柱纵筋。当柱纵筋直径相同，各边根数也相同时（包括矩形柱、圆柱和芯柱），将纵筋注写在“全部纵筋”一栏中；除此之外，柱纵筋分角筋、b 边一侧中部筋和 h 边一侧中部筋三项分别注写（对于采用对称配筋的矩形截面柱，可仅注写一侧中部筋，对称边省略不注；对于采用非对称配筋的矩形截面柱，必须每侧均注写中部筋）。

(5) 箍筋类型号。具体工程所设计的各种箍筋类型图及箍筋复合的具体方式，需画在表的上部或图中的合适位置，编上类型号，并标注与表中相对应的 b、h 边。

如图 8.29 所示，在柱表的上部画有该工程的搁置箍筋类型图，柱表中“箍筋类型号”一栏，标明该柱的箍筋类型采用的是类型 1，小括号中表示的是箍筋肢数组合分别为 6×6、5×4 和 4×4。

注意，确定箍筋肢数时要满足对柱纵筋“隔一拉一”及箍筋肢距的要求。

(6) 箍筋。包括钢筋级别、直径与间距。用斜线“/”区分柱端箍筋加密区与柱身非加密区长度范围内箍筋的不同间距。施工人员需根据标准构造详图的规定，在规定的几种长度值中取其最大者作为加密区长度。当框架节点核心区内箍筋与柱端箍筋设置不同时，应在括号中注明核心区箍筋直径及间距。当箍筋沿柱高全为一种间距时，则不使用“/”线。当圆柱采用螺旋箍筋时，需在箍筋前加“L”。

如图 8.29 所示，柱表中 KZ1 柱的最下段箍筋为“ϕ10@100/200”，表示箍筋为 HPB300 级钢筋，直径 10mm，加密区间距为 100mm，非加密区间距为 200mm；柱表中 XZ1 柱的箍筋为“ϕ10@100”，表示沿柱全高范围内箍筋均为 HPB300 级钢筋，直径 10mm，间距为 100mm。

如果柱箍筋用“ϕ10@100/200（ϕ12@100）”表示，则表示柱中箍筋为 HPB300 级钢筋，直径 10mm，加密区间距为 100mm，非加密区间距为 200mm，框架节点核心区箍筋为 HPB300 级钢筋，直径 12mm，间距为 100mm。

2. 截面注写方式

（1）截面注写方式，是在柱平面布置图的柱截面上，分别在同一编号的柱中选择一个截面，注写截面尺寸和配筋具体数值，来表达柱平面整体配筋图，如图 8.30 所示。

（2）除芯柱外，对所有柱截面按规定进行编号，从相同标号的柱中选择一个截面，按另一种比例原位放大绘制柱截面配筋图，并在各配筋图上继其编号后再注写截面尺寸 $b\times h$、角筋或全部纵筋（当纵筋采用一种直径且能够图示清楚时）、箍筋的具体数值，以及在柱截面配筋图上标注截面与轴线关系 b_1、h_1、b_2、h_2 的具体数值。

当纵筋采用两种直径时，需再注写截面各边中部筋的具体数值（对于采用对称配筋的矩形截面柱，可仅在一侧注写中部筋，对称边省略不注）。

当在某些框架柱的一定高度范围内，在其内部的中心位置设置芯柱时，首先按照规定进行编号，继其编号之后注写芯柱的起止标高、全部纵筋及箍筋的具体数值，芯柱截面尺寸按构造确定，并按标准构造详图施工，设计不注；当设计者采用与本构造详图不同的做法时，应另行注明。芯柱定位随框架柱，不需要注写其与轴线的几何关系。

（3）在截面注写方式中，如柱的分段截面尺寸和配筋均相同，仅截面与轴线的关系不同时，可将其编号为同一柱号。但此时应在未画配筋的柱截面上注写该柱截面与轴线关系的具体尺寸。

特别提示

本章引例(5)的解答：图 8.0(a)所示的墙体承重的砖混结构房屋的竖向承重结构的布置在楼层结构平面布置图中已表达清楚，图 8.0(b)所示的框架结构的房屋竖向承重结构的布置用柱网平面布置图表示。

8.5.3 梁平面整体配筋图的表示方法

梁平面整体配筋图采用的表示方法有平面注写方式和截面注写方式两种。

1. 平面注写方式

平面注写方式，是在梁平面布置图上，分别在不同编号的梁中各选择一根梁，在其上直接注写梁的截面几何尺寸和配筋具体数值来表达梁平法施工图。

阅读梁平面整体配筋图平面注写方式时须注意以下规则。

（1）梁编号由梁类型、代号、序号、跨数及是否带有悬挑几项组成，具体见表 8－10 的规定。

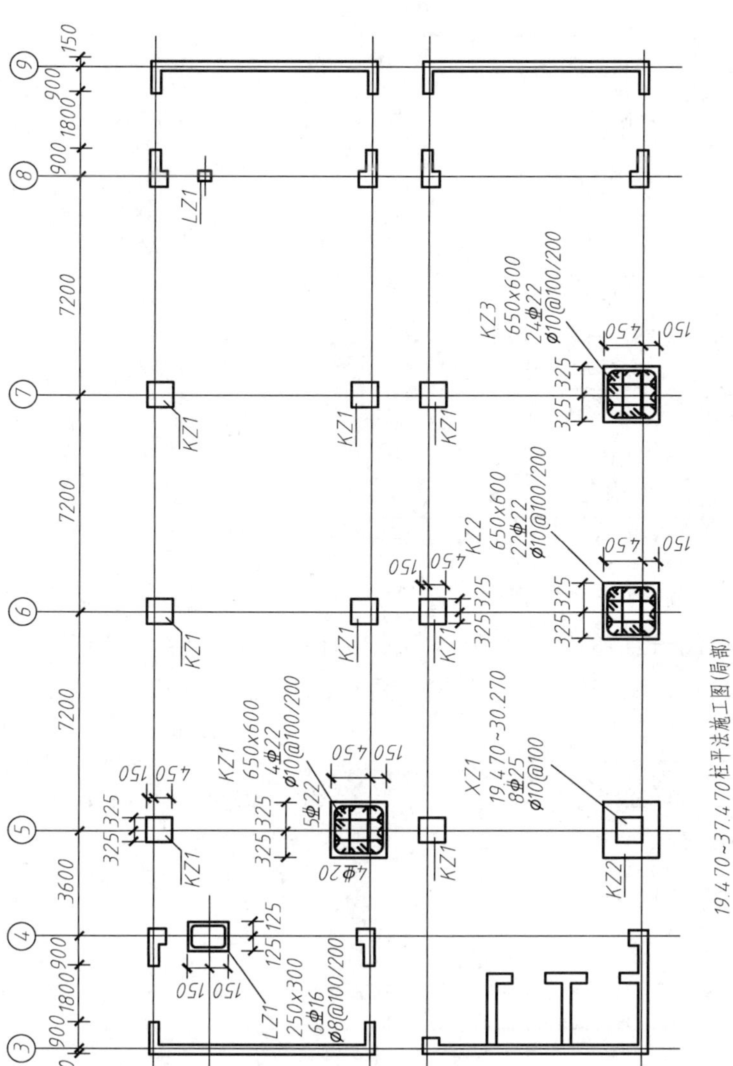

层号	标高/m	层高/m
屋面2	65.670	
塔层2	62.370	3.30
屋面1 (塔层1)	59.070	3.30
16	55.470	3.60
15	51.870	3.60
14	48.270	3.60
13	44.670	3.60
12	41.070	3.60
11	37.470	3.60
10	33.870	3.60
9	30.270	3.60
8	26.670	3.60
7	23.070	3.60
6	19.470	3.60
5	15.870	3.60
4	12.270	3.60
3	8.670	3.60
2	4.470	4.20
1	-0.030	4.50
-1	-4.530	4.50
-2	-9.030	4.50

结构层楼面标高

结构层高

上部结构嵌固部位:-4.530

图 8.30 柱平法截面注写方式

表 8-10 梁编号

梁类型	代 号	序 号	跨数及是否带有悬挑
楼层框架梁	KL	××	(××)、(××A)或(××B)
楼层框架扁梁	KBL	××	(××)、(××A)或(××B)
屋面框架梁	WKL	××	(××)、(××A)或(××B)
框支梁	KZL	××	(××)、(××A)或(××B)
非框支梁	L	××	(××)、(××A)或(××B)
悬挑梁	XL	××	(××)、(××A)或(××B)
井字梁	JZL	××	(××)、(××A)或(××B)

注：(××A)为一端有悬挑；(××B)为两端有悬挑，悬挑不计入跨数。

(2) 平面注写包括集中标注与原位标注。集中标注表达梁的通用数值(可从梁的任意一跨引出)，原位标注表达梁的特殊数值；当集中标注中的某项数值不适用于梁的某部位时，则将该项数值原位标注；施工时，原位标注取值优先，如图 8.31 所示。

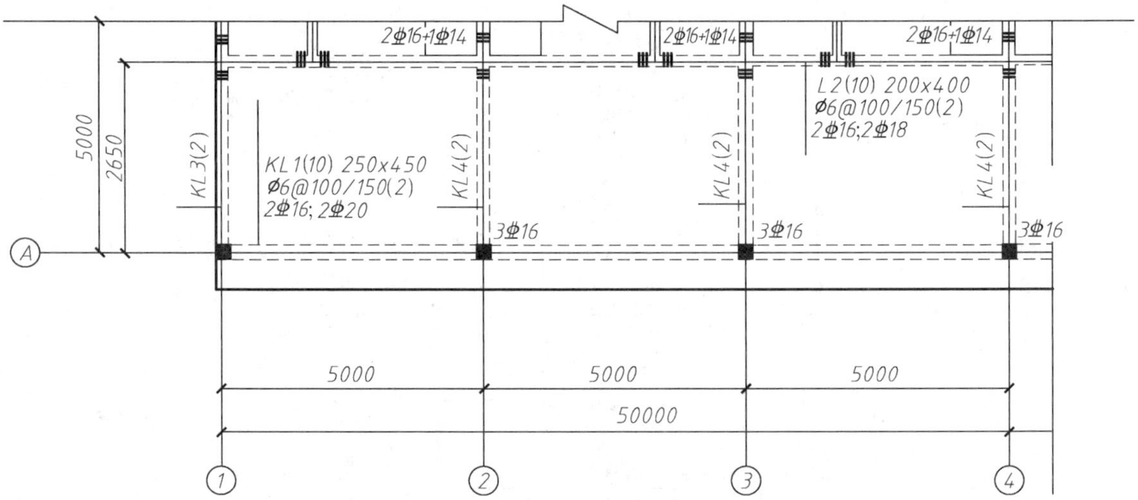

图 8.31 梁平法施工图平面注写方式

(3) 梁集中标注的内容，有 5 项必注值及 1 项选注值，必注值有梁编号、梁截面尺寸、梁箍筋、梁上部通长筋或架立筋、梁侧面纵向构造钢筋或受扭钢筋配置，选注值是梁顶面标高高差。

① 梁编号见表 8-10，该项为必注项。

② 梁截面尺寸，该项为必注值。当为等截面梁时，用 $b \times h$ 表示；当为加腋梁时，用 $b \times h$ $\mathrm{Y}c_1 \times c_2$ 表示，c_1 表示腋长、c_2 表示腋高；当有悬挑梁且根部和端部的高度不同时，用斜线分割根部和端部的高度值，即为 $b \times h_1/h_2$。

③ 梁箍筋，包括钢筋级别、直径、加密区与非加密区间距及肢数，该项为必注项。箍筋加密区与非加密区的不同间距及肢数需用斜线分隔；当梁箍筋为同一种间距和肢数时，则不需用斜线；当加密区和非加密区的箍筋肢数相同时，则将肢数注写一次；箍筋肢数应写在括号内。加密区范围见相应抗震等级的标准构造详图。例如，ϕ10@100/200（4），表示箍筋为 HPB300 级钢筋，直径为 10mm，加密区间距为 100mm，非加密区间距为 200mm，均为四肢箍。ϕ8@100（4）/150(2)，表示箍筋为 HPB300 级钢筋，直径为 8mm，加密区间距为 100mm，四肢箍，非加密区间距为 150mm，两肢箍。

④ 梁上部通长筋或架立筋配置，该项为必注值。所注规格与根数应根据结构受力要求及箍筋肢数等构造要求而定。当同排纵筋中既有通长筋又有架立筋时，应用加号“＋”将通长筋和架立筋相连。注写时需将角部纵筋写在加号的前面，架立筋写在加号后面的括号内，以示不同直径及与通长筋的区别。当全部采用架立筋时，则将其写入括号内。当梁的上部纵筋和下部纵筋为全跨相同，且多数跨配筋相同时，此项可加注下部纵筋的配筋值，用分号“；”将上部纵筋与下部纵筋的配筋值分隔开来。

例如，“3Φ22；3Φ20”表示梁的上部配置 3 根直径为 22mm 的通长筋，梁的下部配置 3 根直径为 20mm 的通长筋。

⑤ 梁侧面纵向构造钢筋或纵向受扭钢筋配置，该项为必注项。当梁的腹板高度大于或等于 450mm 时，需配置纵向构造钢筋，所注规格与根数应符合规范规定。此项注写值以大写字母 G 打头，G 后注写配置在梁两个侧面的总配筋值，且对称配筋。当梁的侧面需要配置纵向受扭钢筋时，此项注写值以大写字母 N 打头，字母 N 后注写配置在梁两个侧面的总配筋值，且对称配置。纵向受扭钢筋应满足梁侧面纵向构造钢筋的间距要求，且不再重复配置纵向构造钢筋。

例如，“G4Φ12”表示梁的两个侧面共配置 4 根直径为 12mm 的纵向构造钢筋，每边各配置 2 根；“N4Φ12”表示梁的两个侧面共配置 4 根直径为 12mm 的纵向受扭钢筋，每边各配置 2 根。

⑥ 梁顶面标高高差，该项为选注值。

梁顶面标高高差，是指相对于结构层楼面标高的高差值，对于位于结构夹层的梁，则指相对于结构夹层楼面标高的高差。有高差时，需将其写入括号内，无高差时不注。

(4) 梁原位标注的内容包括梁支座上部纵筋、梁下部纵筋、附加箍筋或吊筋。当梁在某处的配筋在集中标注中已经标注时，原位可以不必再标注；当梁在某处的配筋与集中标注不同时，则原位需要标注，且原位标注值优先。如图 8.31 所示，集中标注表示了沿Ⓐ轴梁的上部纵筋为 2 根直径为 16mm 的二级钢筋，但在连续梁支座端却原位标注了 3 根直径为 16mm 的二级钢筋，表明在连续梁的上部配置了 2 根直径为 16mm 的二级通长筋，在支座处增设 1 根钢筋以增大梁端承受负弯矩的能力。梁原位标注的详细要求和表达方式可参见图 8.32。

在集中标注和原位标注时需注意，梁的上部纵筋主要是承受支座处的负弯矩，故通常在连续梁中配置通长筋，钢筋长度不够时可采用焊接等方法；梁的下部纵筋主要承受跨中的正弯矩，故通常只需将钢筋伸入支座达到一定的锚固长度即可。

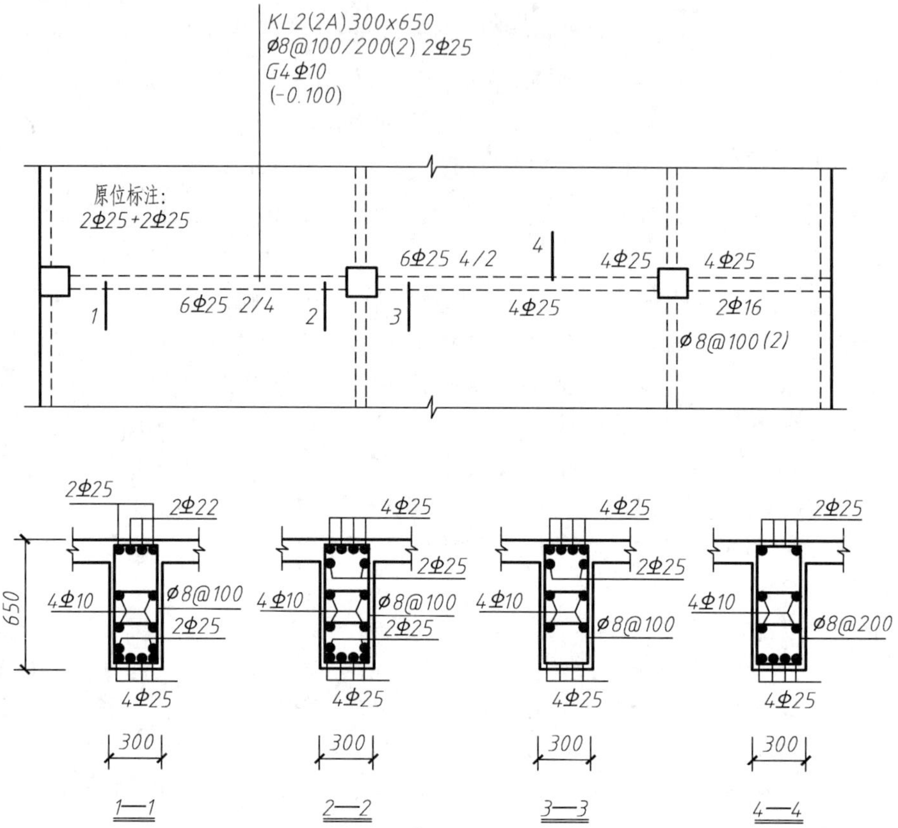

图 8.32　梁平法施工图平面注写方式图解

2. 截面注写方式

截面注写方式，是在梁平面布置图上，分别在不同编号的梁中各选择一根梁，在用剖切符号引出的截面配筋详图上注写截面尺寸与配筋具体数值，来表达梁平面整体配筋图。在截面配筋详图上注写的内容和表达形式与平面注写方式相同。截面注写方式既可以单独使用，也可与平面注写结合使用。当梁平面整体配筋图中局部区域的梁布置过密或表达异形截面梁的尺寸、配筋时，用截面注写方式比较方便，如图 8.33 所示。

特别提示

在实际工程中，框架结构房屋梁的平面整体配筋图常采用平面注写方式。

层号	标高/m	层高/m
屋面2	65.670	
塔层2	62.370	3.30
屋面1(塔层1)	59.070	3.30
16	55.470	3.60
15	51.870	3.60
14	48.270	3.60
13	44.670	3.60
12	41.070	3.60
11	37.470	3.60
10	33.870	3.60
9	30.270	3.60
8	26.670	3.60
7	23.070	3.60
6	19.470	3.60
5	15.870	3.60
4	12.270	3.60
3	8.670	3.60
2	4.470	4.20
1	-0.030	4.50
-1	-4.530	4.50
-2	-9.030	4.50

结构层楼面标高
结构层高

注：可在结构层楼面标高、结构层高表中加设混凝土强度等级等栏目。

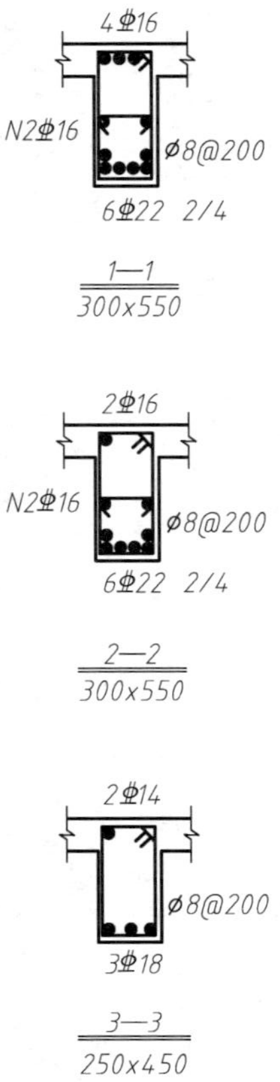

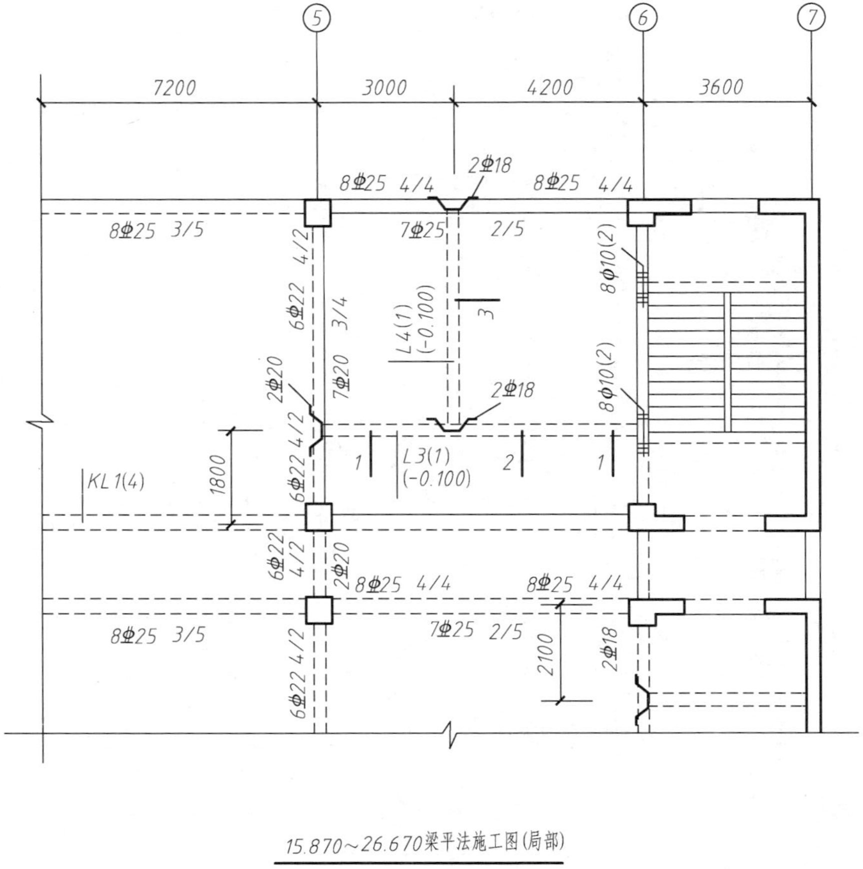

图 8.33 梁平法施工图截面注写方式

8.6 单层工业厂房结构施工图

单层工业厂房一般由预制构件连接而成，除了基础外，均采用的是预制构件。其中绝大部分通过标准图集来选用，因而图样数量较少；对于标准图集没有的特殊部位则需要单独绘制。单层工业厂房结构施工图一般包括基础结构图、结构平面布置图和屋面结构图等。

8.6.1 基础结构图

和民用建筑一样，单层工业厂房基础结构图包括基础平面图和基础详图。

基础平面图反映基础和基础梁的平面布置、编号和尺寸等。基础详图则具体反映基础的形状、尺寸、配筋，以及基础之间或基础与其他构件之间的连接情况。

图 8.34 所示为某厂房的基础平面图，图中画出了Ⓐ轴线上的基础梁和柱下独立基础的投影。图 8.35 所示为该厂房的基础详图。

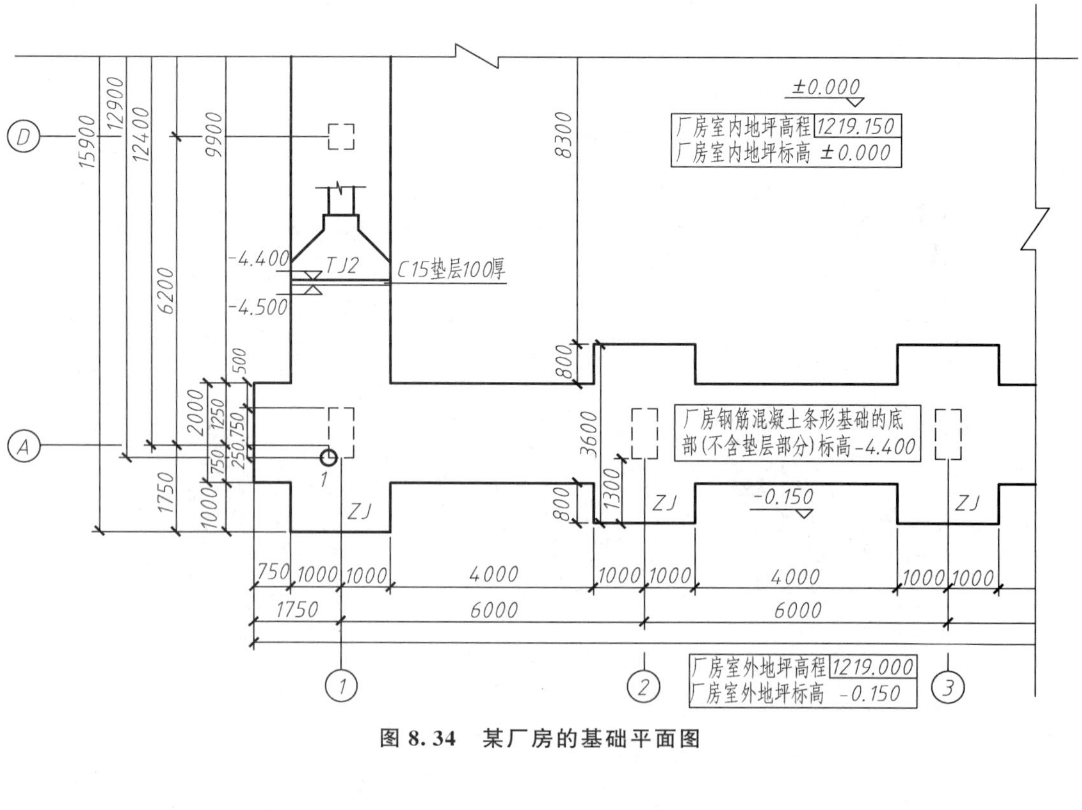

图 8.34　某厂房的基础平面图

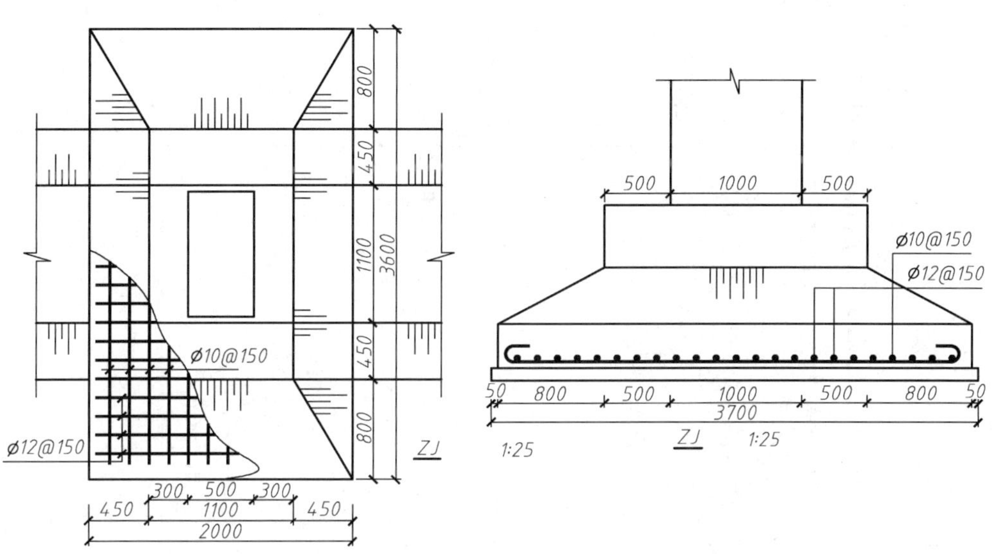

(a) 基础梁　　(b) 柱下独立基础

图 8.35　某厂房的基础详图

8.6.2 结构平面布置图

图 8.36 所示为某厂房的结构平面布置图，图 8.37 和图 8.38 所示分别为某厂房结构立面框架配筋图及框架断面图，框架的钢筋明细表见表 8－11。

厂房的结构平面布置图可以反映板的配筋、平面结构体系及局部构造，厂房的结构立面框架配筋图可以反映支撑厂房的骨架的形状尺寸和配筋情况。

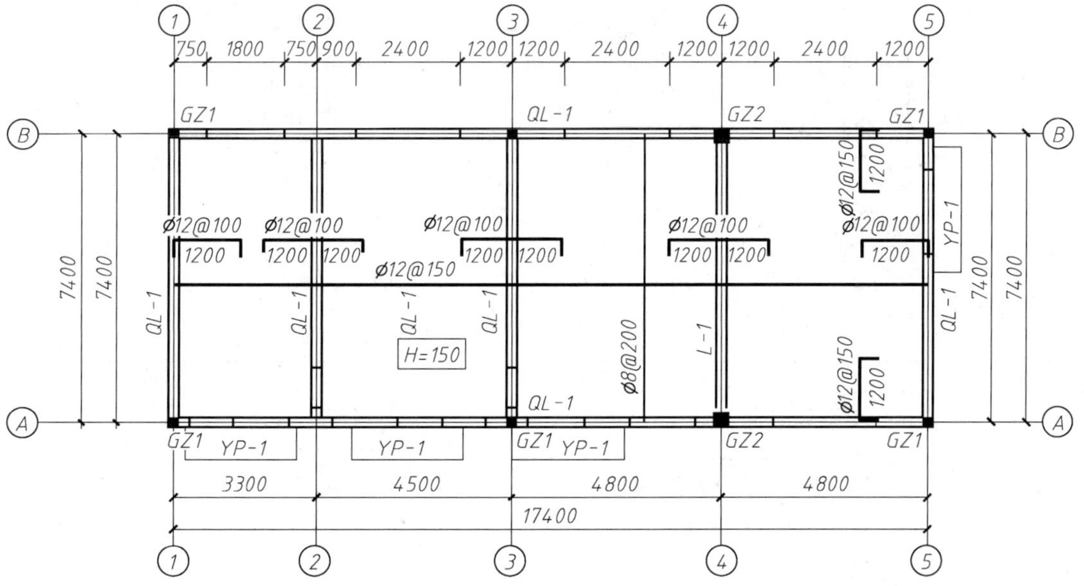

图 8.36　某厂房的结构布置图

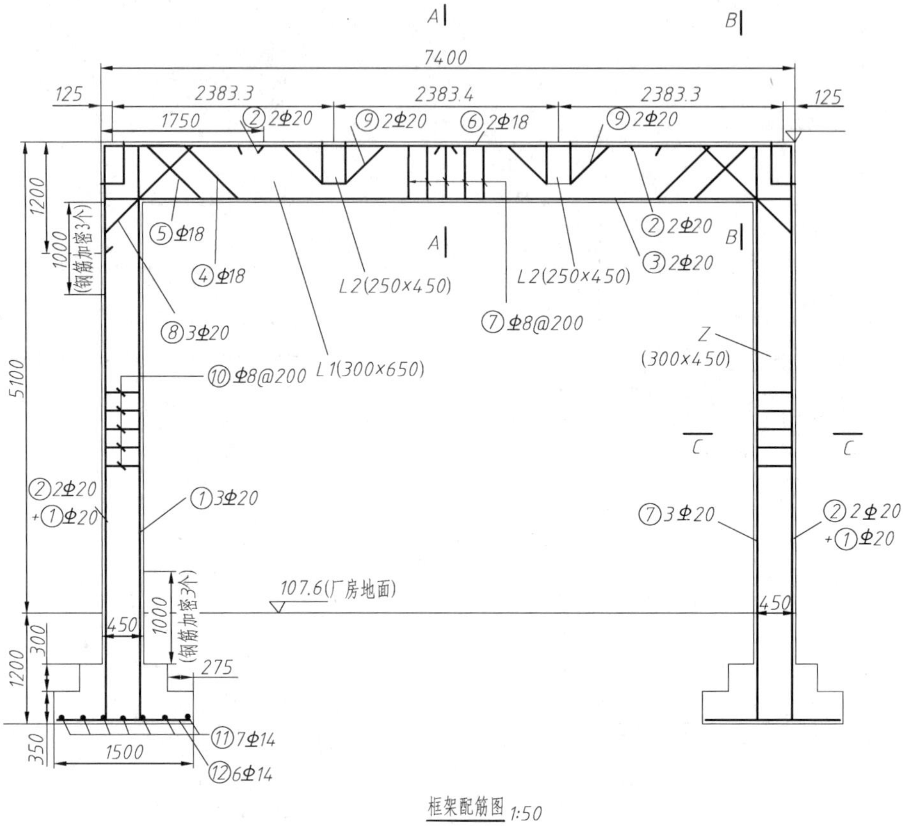

图 8.37　某厂房结构立面框架配筋图

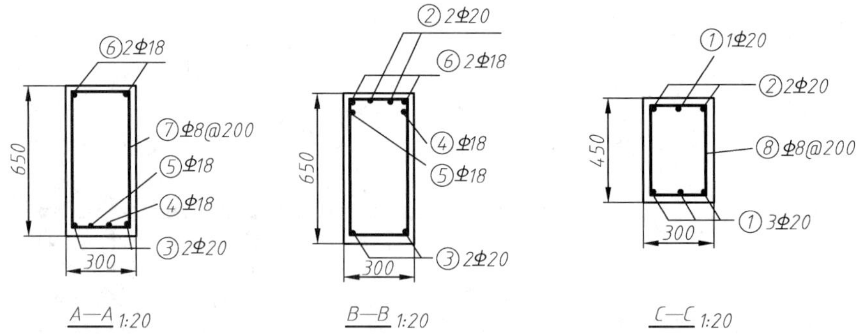

图 8.38　某厂房结构框架断面图

表 8-11　框架的钢筋明细表

钢筋	型号	直径/mm	形式与尺寸	长度/mm	条数	总长/m	质量/kg
①	Φ	20	6220　200	6420	8	51.360	126.90
②	Φ	20	1720　6220　200	8140	4	32.560	80.40
③	Φ	20	150　7350　150	7650	2	15.300	37.80

续表

钢筋	型号	直径/mm	形式与尺寸	长度/mm	条数	总长/m	质量/kg
④	Φ	20	150 470 763 5320 763 470 150	8086	1	8.086	21.90
⑤	Φ	20	150 870 763 4520 763 870 150	8086	1	8.086	21.90
⑥	Φ	18	1200 7350 1200	9750	2	19.500	39.00
⑦	Φ	8	260 50 50 610 610 260	1840	43	79.120	31.65
⑧	Φ	20	400 1336 400	2136	4	8.544	21.09
⑨	Φ	20	150 400 564 350 564 400 150	2578	4	10.312	25.47
⑩	Φ	8	260 50 50 410 410 260	1440	64	92.160	36.86
⑪	Φ	14	1440	1040	7	7.280	8.74
⑫	Φ	14	1440	1440	6	8.640	10.37

8.6.3 屋面结构图

屋面结构图主要表明屋架、屋盖支撑系统、屋面板、天窗结构构件等的平面布置情况。其中屋面配筋图是最重要的。图 8.39 所示为某厂房的屋面配筋图，其钢筋明细表见表 8-12。

表 8-12 某厂房屋面钢筋明细表

编号	型号	直径/mm	形式与尺寸	长度/mm	条数	总长/m	质量/kg
①	Φ	8	50 13750 50	13850	33	457.050	182.80
②	Φ	8	50 7350 50	7450	61	454.450	181.80
③	Φ	8	50 700 70 1600 80	2500	306	765.000	306.00
④	Φ	8	80 1800 80	1960	99	194.040	77.60
⑤	Φ	8	80 1320 80	1480	122	180.560	72.20
⑥	Φ	12	80 2000 80	2160	12	25.920	23.30
⑦	Φ	6	40 7350 40	7430	24	178.320	39.60

续表

编号	型号	直径/mm	形式与尺寸	长度/mm	条数	总长/m	质量/kg
⑧	Φ	6	40 13750 40	13830	18	247.140	54.80
⑨	Φ	6	13750～14750 7350～8350 7350～8350 13750～14750	42280～46280	8	354.24	78.60

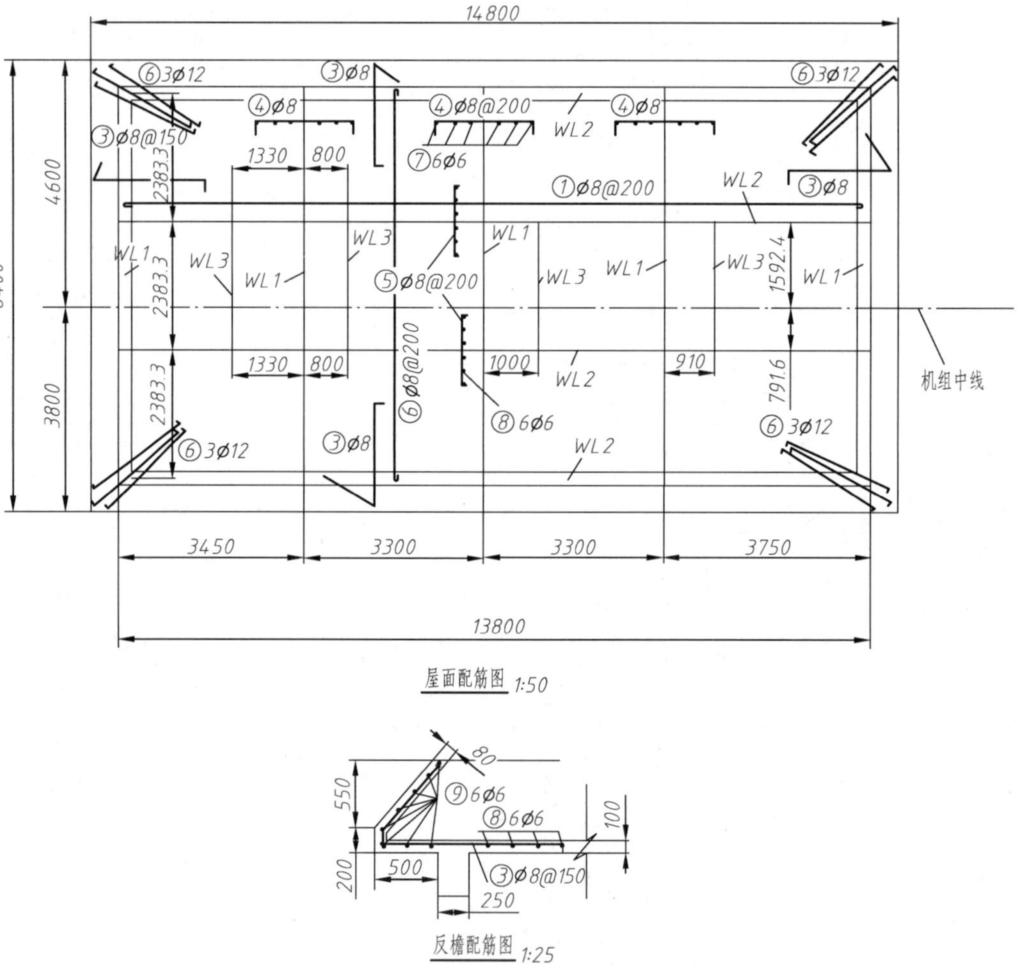

图 8.39　某厂房的屋面配筋图

特别提示

重工业厂房一般是单层厂房，由于设备和机械的布置，其层高一般比民用建筑的层高大。轻工业厂房一般是多层厂房，其结构和施工与民用建筑类似。

小　结

本章是全书的重点内容，是前面所学知识的具体应用；本章知识应用性、实践性强，能否掌握本章知识，将关系到后续有关课程的学习。本章主要介绍了以下内容。

(1) 结构施工图制图规则。

(2) 基础平面图的形成、作用、图示内容及识读方法。

(3) 基础详图的图示内容及识读方法。

(4) 楼层结构平面布置图的形成、作用、图示内容及识读方法。

(5) 钢筋混凝土构件详图的形成、图示内容及识读方法。

(6) 平面整体表示方法制图规则。

(7) 梁、板、柱等构件平面整体配筋图识读方法。

(8) 单层工业厂房结构施工图识读方法。

学习本章除了要求掌握以上基本知识之外，关键在于画图能力、识图能力的培养，以增强空间想象能力，使自身具备工程技术人员应有的最基本的制图和识图能力。

思考题

1. 结构施工图的基本内容包括哪些？
2. 基础平面图是如何形成的？有何作用？图示内容有哪些？
3. 基础详图的图示内容有哪些？
4. 楼层结构平面布置图是如何形成的？有何作用？图示内容有哪些？
5. 钢筋混凝土构件详图由哪几部分组成？
6. 什么是平面整体表示方法？
7. 柱平面整体配筋图表示方法有哪几种？
8. 梁平面整体配筋图的平面注写方式有哪些规则？

参 考 文 献

白丽红，闫小春，2019. 建筑工程制图与识图［M］. 3 版 . 北京：北京大学出版社 .

莫章金，毛家华，2013. 建筑工程制图与识图［M］. 3 版 . 北京：高等教育出版社 .

苏小梅，2008. 建筑制图［M］. 北京：机械工业出版社 .

王冰，2015. 工程制图［M］. 2 版 . 北京：高等教育出版社 .

魏明，2013. 建筑构造与识图［M］. 2 版 . 北京：机械工业出版社 .

魏艳萍，2017. 建筑制图［M］. 2 版 . 北京：中国电力出版社 .

张小平，2013. 建筑识图与房屋构造［M］. 2 版 . 武汉：武汉理工大学出版社 .

赵景伟，2012. 建筑制图与阴影透视习题集［M］. 2 版 . 北京：北京航空航天大学出版社 .